Las Producciones Metálicas del III y II Milenio Cal ANE en el Suroeste de la Península Ibérica

Manuel Eleazar Costa Caramé

BAR International Series 2106
2010

Published in 2016 by
BAR Publishing, Oxford

BAR International Series 2106

Las Producciones Metálicas del III y II Milenio Cal ANE en el Suroeste de la Península Ibérica

ISBN 978 1 4073 0647 6

BAR Publishing is the trading name of British Archaeological Reports (Oxford) Ltd. British Archaeological Reports was first incorporated in 1974 to publish the BAR Series, International and British. In 1992 Hadrian Books Ltd became part of the BAR group. This volume was originally published by Archaeopress in conjunction with British Archaeological Reports (Oxford) Ltd / Hadrian Books Ltd, the Series principal publisher, in 2010. This present volume is published by BAR Publishing, 2016.

Printed in England

BAR
PUBLISHING

BAR titles are available from:

BAR Publishing
122 Banbury Rd, Oxford, OX2 7BP, UK
EMAIL info@barpublishing.com
PHONE +44 (0)1865 310431
FAX +44 (0)1865 316916
www.barpublishing.com

INDICE

LISTA DE GRÁFICOS

LISTA DE TABLAS

LISTA DE FIGURAS

1 PREÁMBULO

La metalurgia es una actividad productiva que ha causado un gran interés dentro del mundo de la investigación arqueológica y que siempre ha sido considerada como un motor principal de los cambios socioeconómicos y culturales que tuvieron lugar durante la Prehistoria. Desde la introducción de técnicas arqueométricas, a mediados de los años 60 del Siglo XX, se ha producido un avance teórico y metodológico sin precedentes, aunque este ha sido mucho más tardío en la Península Ibérica.

La Prehistoria es uno de los períodos de la Historia del Ser Humano en el que se han producido una mayor cantidad de innovaciones tecnológicas. Durante este larguísimo período de tiempo se descubrió la manera de producir útiles líticos, la agricultura, la ganadería, la manufactura de cerámica, el trabajo textil y la metalurgia, actividades productivas que han sido la base económica de los diferentes sistemas socioeconómicos que han existido hasta la llegada de la Revolución Industrial. A pesar de la gran importancia de estas innovaciones, este período no ha sido valorado como se merece y es percibido por la mayoría de los historiadores como una etapa de la Historia lejana a los grandes acontecimientos históricos más relevantes y carente de interés. Desde el final de la Protohistoria se produjo una cierta "ralentización" de los descubrimientos tecnológicos, por lo que el segundo estadio de la innovación tecnológica de la Historia del Ser Humano se desarrolló durante la Antigüedad Tardía y la Edad Media. En este período de tiempo se extendieron una serie de mejoras técnicas, antes conocidas y que no habían sido empleadas (como por ejemplo el estribo, el arado con vertedera y la yunta), y la aparición de nuevos conocimientos tecnológicos que, ahora sí, empezaron a ser aplicados al ámbito productivo. Por poner unos ejemplos, durante la Edad Media se produjo la aplicación de sistemas de engranajes a los molinos de viento y de agua y también aparecieron relojes que permitían cuantificar de manera exacta el tiempo. El final de la Edad Media vino acompañado de otra paralización de los avances tecnológicos que continuó hasta las revoluciones industriales. Las innovaciones técnicas y tecnológicas realizadas en los últimos 300 años han producido un cambio radical de las actividades productivas descubiertas en la Prehistoria.

El descubrimiento de la mayor parte de los metales que fueron empleados hasta la Revolución Industrial se produjo durante la Prehistoria. Los metales trabajados en la este período fueron el oro, el cobre, el estaño, la plata, el plomo, el hierro, que empezó a ser beneficiado a finales de este período, y el antimonio. El cinc y el mercurio fueron trabajados durante la Época Clásica y en la Edad Media se mejoraron las técnicas de producción de acero. Al igual que sucede para otras actividades económicas, la segunda gran innovación se realizó durante la Revolución Industrial. En esta etapa, gracias a los avances tecnológicos realizados, se pudieron beneficiar y obtener nuevos metales desconocidos hasta el momento como por ejemplo el cromo, el vanadio, el níquel, el aluminio, el tungsteno o el titanio.

Actualmente, se han publicado una gran cantidad de trabajos sobre el proceso metalúrgico y las producciones metálicas prehistóricas de varias zonas de la península Ibérica. En estos se ha valorado el papel que tuvo esta actividad económica en la organización socioeconómica de las comunidades prehistóricas. Aunque el Suroeste cuenta con varios estudios doctorales sobre el sistema productivo metalúrgico prehistórico, estos no han abordado la cuestión de las producciones metálicas de una manera global y se han centrado más en la metalurgia. Por poner un ejemplo, hasta la realización de este trabajo se desconocía la cantidad de artefactos documentados. Este estudio se planteó para solventar esta carencia y pretende ser una obra de consulta que sea útil para el futuro.

Este estudio no ha surgido se inserta dentro de las líneas de investigación del grupo de investigación ATLAS (*Territorios y Paisajes en la Prehistoria Reciente de Andalucía*) (HUM-694). Su equipo lleva realizando desde hace muchos años una labor de investigación sin precedentes en el campo de estudio de la arqueometalurgia y de la minería prehistórica en el suroeste peninsular. Actualmente, este grupo ha recibido varios proyectos de investigación que permitirán afianzar y complementar los conocimientos obtenidos (Proyecto del MEC "*Tecnología de Materiales de Recursos Abióticos en la Prehistoria Reciente (III-II milenios cal ANE" (2005-2008)*" y Proyecto de excelencia de la Consejería de Innovación, Ciencia y Empresa de la Junta de Andalucía "*El Patrimonio Histórico Minero de Andalucía.*" (2006-2009). Como consecuencia la actividad investigadora realizada, el Grupo Atlas ha publicado numerosos artículos en actas de congreso y en revistas de difusión científica, así como una tesis doctoral titulada *Prehistoric Mining and Metallurgy in Southwest Iberian Península* (Hunt Ortiz, 2003).

Deseo expresar mi más sincero agradecimiento al Ministerio de Educación de España por la Beca de Formación de Profesorado Universitario que me ha sido concedida y sin la cual hubiese sido difícil realizar un estudio de este tipo. También deseo agradecer a los Doctores Leonardo García Sanjuán y Mark Andrew Hunt Ortiz, sus correcciones, sus críticas, su paciencia, su esfuerzo y su dedicación. Otras personas a las que quiero expresar mi gratitud son Sergio Ortiz Moreno y Mario Delgado Canela, con los cuales he mantenido largas horas de conversación que me han permitido contrastar opiniones. También a Carolina Sanchís Morales, por todo su apoyo en los momentos más duros.

1 PREAMBULE

Metallurgy is a productive activity which has caused a great concern within the world of archaeological research and which has always been considered as a main driver of socioeconomic and cultural changes that took place in Prehistory. Since the introduction of archaeometric techniques, in the mid-60s of the twentieth century, there has been a theoretical and methodological improvement, but this was much later in the Iberian Peninsula.

Prehistory is one of the periods of human history in which a greatest amount of technological innovations have been produced. During this period, were discovered how to produce stone tools, agriculture, livestock, manufacturing of ceramics, textiles and metal work, productive activities that have been the economic basis of different socio-economic systems that have existed until to the arrival of Industrial Revolution. Despite the great importance of these innovations, the Prehistory hasn't been valued as it deserves and is seen by most historians as a period of history located far away from the great historical events and irrelevant. Since the end of the Protohistory there was some "slowdown" of technological discoveries, so that the second stage of technological innovation in human history took place during Late Antiquity and Middle Ages. In this time a number of technical improvements was extended, which were known before but not used (such as the stirrup, the moldboard plow and yoke). An emergence of new technological knowledge started to be applied to the field of production. To give some examples, during the Middle Ages took place the implementation of gear systems to the windmills and clocks appeared to quantify accurately the time. The end of the Middle Ages was accompanied by another shutdown of technological advances and continued until the Industrial Revolution. The technical and technological innovations made in the last 300 years have produced a radical change in productive activities discovered in Prehistory.

Most of the metals that were used until the Industrial Revolution were discovery during Prehistory, for example gold, copper, tin, silver, lead, iron and antimony. The zinc and mercury were worked during the Classical Age and in the Middle Ages steelmaking techniques were improved. Like for other economic activities, the second major innovation was made during the Industrial Revolution. In this stage, thanks to technological advances, it could be possible to benefit unknown metals such as chromium, vanadium, nickel, aluminium, tungsten or titanium.

Actually, numerous papers about the metallurgical process and prehistoric metal production from several areas of the Iberian Peninsula have been published and have evaluated the role played by this economic activity in the socio-economic organization of prehistoric communities. Although two doctoral studies of prehistoric metallurgical production system in the Southwest have been made, in them the metallic productions haven't been analysed by a global perspective and they have paid attention to metallurgical process. For example, the number of artefacts documented in this area was unknown until the end of this work. This study was conceived to address this gap and to be a reference book useful for the future.

This study has is inserted into the research lines of the group ATLAS (Territory and Landscape in Recent Prehistory of Andalusia) (HUM-694). For many years his team has made an unprecedented research in the issue of prehistoric mining and metallurgy in southwest Spain. This group has received several research projects that will enhance and complement the knowledge gained (MEC Project "Materials Technology Abiotic Resources in Recent Prehistory (III-II millennia cal ANE (2005-2008) and Excellence Project from the Department of Innovation, Science and Business of Andalusia "The Mining Heritage of Andalusia." (2006-2009). As a result of research activities conducted, the Atlas Group has published numerous articles, conference proceedings, scientific articles and a doctoral thesis titled Prehistoric *Mining and Metallurgy in Southwest Iberian Peninsula* (Hunt Ortiz, 2003).

I want to express my sincere gratitude to the Ministry of Education of Spain by the Grant Teacher Training College that was granted to me and without which it would have been impossible to carry out this study. Also, I wish to thank Drs Leonardo Garcia Sanjuan and Mark Andrew Hunt Ortiz for their corrections, criticism, patience, effort and dedication. Other people who I want to express my gratitude are Sergio Ortiz Moreno and Mario Delgado Canela, who have spent hours of conversation which me and have helped me to contrast my opinions. Also, thanks to Carolina Sanchis Morales, for their support in the hardest times.

2 INTRODUCCIÓN: DELIMITACIÓN ESPACIAL Y TEMPORAL Y OBJETIVOS

La Arqueometalurgia es aquel campo de investigación de la Arqueología que tiene como objetivo el estudio de la actividad productiva metalúrgica y de las producciones metálicas del pasado. Este campo de estudio, que experimentó un rápido desarrollo desde la década de los años 70 del siglo XX en Europa, ha tenido un desarrollo tardío dentro de la investigación española. A pesar de su reciente implantación en España, el desarrollo que ha tenido en los últimos 15 años ha sido más que notable. Los estudios realizados para el Sureste (Montero Ruiz, 1994), el Noroeste peninsular (Comendador Rey, 1998), el Valle del Ebro (Rodríguez de la Esperanza, 2005), la Meseta Norte (Herrán Martínez, 2008) y el Levante (Simón García, 1998) han permitido elaborar un corpus de datos sin precedentes y que deberá ser tenido en cuenta en futuras investigaciones.

Los estudios arqueometalúrgicos sobre el Suroeste peninsular son cuantiosos y su número ha aumentado en los últimos años como consecuencia de la actividad llevada a cabo en proyectos de investigación sistemáticos, tesis doctorales e investigaciones publicadas en revistas y actas de congresos. Recientemente, han sido publicadas dos tesis doctorales sobre la metalurgia prehistórica del Suroeste que, más que agotar el tema de estudio, han servido para aumentar el interés de los investigadores en este campo de investigación. Los resultados obtenidos en ambos estudios son de enorme interés, aunque en cada uno se defiende una interpretación socioeconómica diferente sobre cómo se organizó el sistema productivo metalúrgico en la Prehistoria (Hunt Ortiz, 2003; Rodríguez Bayona, 2008). A pesar de que las tesis doctorales anteriores han servido para conocer de manera más exacta y a partir de una información muy dispersa el sistema productivo, lo cierto es que no ha habido un trabajo sobre el Suroeste que recopile la información de todos los artefactos metálicos prehistóricos hallados en esta zona. De este modo, sigue siendo necesario que se cree un corpus de datos sistemático que recopile toda la información que existe en esta zona para la Prehistoria Reciente como el que existe para otras áreas de la Península Ibérica en los trabajos anteriormente citados. Esta labor es, ahora más que nunca, necesaria para la Prehistoria de una zona sobre la cual se hán escrito varias tesis doctorales que pretenden sistematizar la información existente hasta el momento.

A simple vista puede parecer sencillo responder a preguntas como por ejemplo ¿cuál es el número de artefactos metálicos de la Prehistoria hallados en el Suroeste? o ¿es el número de artefactos de la Edad del Cobre y de la Edad del Bronce el mismo?; no obstante, estas preguntas no tienen una respuesta sencilla. Para empezar porque toda la información que existe sobre los artefactos metálicos está dispersa y recopilar esta gran cantidad de información ha sido un trabajo lento y difícil. Además, también ha sido necesario realizar un gran esfuerzo para poder homogeneizar toda la información que existe a día de hoy. A pesar de estos inconvenientes, el trabajo realizado ha servido para obtener conclusiones inéditas hasta el momento y para plantear, ahora que ya existe una base teórica, preguntas más complejas.

El término "Suroeste" es un concepto impreciso que debe ser definido antes de empezar a desarrollar este trabajo. En esta investigación sido empleado para hacer referencia a un espacio geográfico que ocupa 100.868 Km^2 y que actualmente está dividido en las provincias españolas de Badajoz, Cádiz, Córdoba, Huelva y Sevilla y en los distritos portugueses de Beja, Évora, Faro, Portoalegre y Setúbal. No se ha incluido la provincia de Cáceres por motivos geográficos, ya que esta provincia realmente no está situada en el Suroeste peninsular. Por otra parte, hay que señalar que la información arqueológica que existe sobre la provincia de Cáceres es bastante escasa, ya que hasta el momento casi todos los esfuerzos de la investigación se han centrado en la provincia de Badajoz.

En este trabajo de investigación se han incluido todos los materiales arqueológicos relacionados con el proceso metalúrgico datados entre la Edad del Cobre y Edad del Bronce Final. Como límite inicial se ha establecido el 3200 Cal ANE y como límite final el 850 Cal ANE.

El límite inicial de este estudio está bien definido, ya que se considera que la aparición de la metalurgia en la Edad del Cobre sirve como gran elemento cultural diferenciador respecto del Neolítico. El primer yacimiento neolítico de la Península Ibérica en el que se han encontrado evidencias de actividad metalúrgica es el de Cerro Virtud (Cuevas de Almanzora, Almería). Este yacimiento está datado por radiocarbono entre el 4949-4400 Cal ANE (Montero Ruiz y Ruiz Taboada, 1996a). A pesar de que este hallazgo ha servido para defender la hipótesis de un origen autóctono para la metalurgia prehistórica española, no se han descubierto otros similares, por lo que las siguientes evidencias de actividad metalúrgica de cobre de la Península Ibérica están datadas ya en la Edad del Cobre. El hallazgo de Cerro Virtud es bastante controvertido en tanto que retrasa la aparición de la metalurgia del cobre en la península Ibérica al Neolítico. No obstante, hay que señalar que tiene una datación similar a la hallada en otros yacimientos neolíticos europeos de la zona de los Balcanes, en donde también se han encontrado evidencias de producción metalúrgica datadas en el V Milenio Cal ANE en los yacimientos serbios de Selevac, Stapari y Gorjea Tuzla (Montero Ruiz, 2000).

El límite final elegido para este trabajo es el 850 Cal ANE. Aunque existen varias periodizaciones para el Bronce Final del Suroeste, los límites de este período de la Prehistoria Reciente en esta zona continúan siendo muy difusos. Las dataciones absolutas obtenidas para el Depósito de la Ría de Huelva, permiten fechar de manera precisa el conjunto de artefactos de bronce más importante de la Península Ibérica y uno de los más importantes de Europa (Castro Martínez *et alii*, 1996; 209). A pesar de que el número de dataciones existentes es reducido, se considera, por la comparación con otras fechas obtenidas en otros yacimientos de la Península Ibérica, que el siglo IX a. C. debe ser considerado el límite inicial de la Edad del Hierro (Ruiz-Gálvez Priego, 1995: 82). El estudio arqueométrico al que han sido sometidos los artefactos de dicho depósito de bronces demuestra que fueron producidos dentro de un sistema productivo diferente al que existió en los períodos posteriores (Rovira Llorens, 1995). Aún siendo conciente de que la investigación avanza a una gran velocidad y de que las periodizaciones empleadas en la actualidad pueden cambiar dentro de poco tiempo, el límite final parece quedar definido de manera más o menos sólida mientras no aparezcan nuevos datos que permitan corregir las cronologías existentes.

Los objetivos de este trabajo son los siguientes:

-1) Realizar un estudio historiográfico que permita conocer la evolución de la investigación y las interpretaciones que se han realizado sobre las producciones metálicas del Suroeste de España.

-2) Conocer el número mínimo de artefactos metálicos de la Prehistoria Reciente del Suroeste de la Península Ibérica.

-3) Realizar una valoración de las categorías morfológicas presentes en estas producciones metálicas y conocer las características morfométricas de cada uno de los tipos de artefactos metálicos que han aparecido en esta zona.

-4) Caracterizar las producciones metálicas del Suroeste de España por medio de la información arqueométrica publicada.

-5) Conocer los contextos arqueológicos en los que se han documentado estos artefactos y observar las diferencias diacrónicas existentes para los contextos de cada período. También se pretende cuantificar la descontextualización que afecta a los artefactos metálicos documentados dentro del límite espacio-temporal propuesto.

-6) Observar las diferentes características de los conjuntos funcionales de artefactos del Suroeste de cada período de la Prehistoria Reciente y conocer si existen similitudes o diferencias entre ellas.

-7) Realizar un estudio general sobre la distribución del número de artefactos metálicos en cada área geográfica del Suroeste.

-8) Comparar la información obtenida para los artefactos metálicos del Suroeste con la información existente para otras zonas de la Península Ibérica.

3 METODOLOGÍA

3.1 FASES DE LA INVESTIGACIÓN

Para conseguir los objetivos propuestos se han seguido las siguientes fases de trabajo:

-1) Reunión de toda la masa empírica de datos que cumpla el límite espacial y temporal propuesto y que esté relacionado con los objetivos planteados. Toda la información existente se ha recopilado en una base de datos realizada con el programa Microsoft Access 2003. Esta base de datos incluye varios tipos de información:

-Tipológica: que sirve para conocer las características morfológicas de los artefactos.

-Métrica: que hace referencia a las características métricas de las piezas estudiadas.

-Contextual: es aquella información que describe el contexto arqueológico en el que ha aparecido cada una de los artefactos recopilados.

-Arqueométrica: esta información es la que se obtiene tras la aplicación de técnicas de análisis fisicoquímico o isotópico sobre dichos artefactos.

-2) Análisis de la información recopilada. Dentro de esta fase se han realizado varios tipos de análisis cuando la información existente lo ha permitido:

-Análisis global y diacrónico de las evidencias recopiladas en la base de datos.

-Análisis morfológico, morfométrico y analítico de cada tipo de artefacto documentado a partir de la información obtenida en la publicaciones señaladas.

Análisis estadísticos a partir de una muestra del total de las evidencias documentadas.

-Análisis tecnológico con los datos arqueométricos recopilados.

-Análisis comparativo entre los resultados obtenidos para el Suroeste y los obtenidos para otras zonas de la Península Ibérica. El objetivo de este estudio comparativo es el de establecer las posibles diferencias y analogías que se observan en el sistema productivo metalúrgico y las producciones metálicas de cada una de las zonas estudiadas.

-3) Interpretación de los resultados obtenidos en dichos análisis

-4) Conclusiones

3.2 EL ARTEFACTO ARQUEOMETALÚRGICO

El artefacto arqueometalúrgico es toda aquella evidencia material que está relacionada con la actividad de extracción, procesamiento y de transformación de los minerales metalíferos y con el proceso de manufactura de los artefactos metálicos. Esta serie de evidencias son estudiadas por la Arqueometalurgia, campo de investigación de la Arqueología que tiene como objetivo el estudio de la actividad productiva metalúrgica y de las producciones metálicas del pasado, así como de sus posibles repercusiones económicas, sociales e ideológicas en las comunidades que la practican.

El concepto de artefacto "arqueometalúrgico" permite referirse a la totalidad de evidencias materiales que pueden ser estudiadas por la Arqueometalurgia a diferencia de otros conceptos que son mucho más vagos e imprecisos. El concepto de artefacto metálico sólo hace referencia a aquellos objetos realizados en metal, mientras que excluye al resto de restos materiales relacionados con el proceso metalúrgico y que están realizados en otros materiales, como por ejemplo los moldes, los crisoles o las escorias.

La manera de concebir los artefactos en Arqueología ha cambiado durante el tiempo. La arqueología historicista considerada a los artefactos arqueológicos como objetos dotados de valor estético. Esta concepción cambió gracias a las innovaciones teóricas del procesualismo, corriente epistemológica que consideraba que los artefactos daban información sobre la adaptación del Ser Humano y el Medio Ambiente y sobre la manera en que el primero se relacionaba con el segundo. La clasificación artefactual de Binford ha sido criticada sobre todo por arqueólogos defensores de postulados marxistas, ya que en ella se olvida que los artefactos también forman parte de las relaciones sociales entre los seres humanos (Ruiz Rodríguez *et alii*, 1986: 66). Los artefactos arqueológicos, y los artefactos arqueometalúrgicos también, están insertos dentro de las relaciones sociales de cualquier sistema de organización socioeconómico y juegan un importante papel en ellas (Ruiz Rodríguez *et alii*, 1986: 67). Estos son producidos, se consumen y además son empleados tanto en las relaciones de intercambio que se establecen entre los individuos de una comunidad, como en las relaciones que se establecen con otras comunidades (Ruiz Rodríguez *et alii*, 1986: 70). En los últimos años, las nuevas corrientes cognitivas de la Arqueología Postprocesual han matizado la manera de concebir los artefactos y la cultura material que habían caracterizado a las corrientes epistemológicas anteriores. El Postprocesualismo ha enfatizado el valor simbólico de la cultura material, que es concebida como un medio por el cual las relaciones sociales se materializan y se articulan y por el cual se legitima el orden social e ideológico existente (Shanks y Tilley, 1992: 133). De este modo, el artefacto dejaría de tener una función pasiva para adquirir una función activa en la articulación y en la construcción de la identidad de una comunidad frente al mundo (Shanks y Tilley, 1992: 133).

La Arqueometalurgia estudia dos tipos de fuentes de información (Tabla 1):

Tabla 1: La Información del artefacto arqueometalúrgico			
Información Directa			Información Indirecta
Primaria	**Secundaria**	**Terciaria**	-Fuentes textuales -Fuentes iconográficas -Etnografía -Arqueología Experimental
-Minerales -Mazas de minero -Picos -Molederas -Cinceles -Hachas -Fuentes textuales -Fuentes gráficas	-Escorias -Hornos -Vasijas-horno -Crisoles -Combustible -Fundentes -Moldes -Goterones de metal -Lingotes -Tortas de metal -Fuentes textuales -Fuentes gráficas	-Artefactos metálicos -Yunques -Tenazas -Martillos -Fuentes textuales -Fuentes gráficas	

-A) Información Directa: es aquella información que se obtiene a partir de las evidencias existentes en el registro arqueológico, textual o iconográfico que hacen referencia de manera directa al proceso productivo metalúrgico. En aquellos casos en los que los artefactos arqueometalúrgicos tienen una naturaleza material, estos pueden ser analizados por medio de técnicas físicoquímicas. Este tipo de evidencias se subdividen en:

-Primarias: son todas aquellas fuentes de información que nos hablan de cómo era el proceso de extracción y de procesamiento del mineral. En el proceso de concentración o de procesamiento del mineral se separa el mineral útil de la ganga, nombre recibido por el mineral que no tiene utilidad alguna.

-Secundarias: son todas aquellas evidencias materiales o inmateriales que nos informan sobre los procesos de reducción, fundición o refundición realizados en el pasado. Dentro de este proceso que va desde la transformación de los minerales hasta el vertido en el molde se pueden desarrollar los siguientes procedimientos:

-1) Reducción o transformación: es el proceso por el cual se separa el metal presente en los minerales metalíferos de los otros minerales no útiles.

-2) Fundición y eliminación de impurezas: es el proceso por el cual el metal se funde con el objetivo de eliminar aquellas impurezas de mayor tamaño.

-3) Fundición o refundición: es el proceso por el cual el metal es fundido con el objetivo de ser vertido en el molde.

-Terciarias: son las producciones metálicas obtenidas de los anteriores procesos, que pueden ser sometidas a tratamientos posteriores (por ejemplo forjado o recocido).

-B) Información Indirecta: son aquellas fuentes de información que nos hablan de manera indirecta de la actividad metalúrgica realizada en el pasado. Son las siguientes:

-Iconográficas: es aquella fuente de información que estudia las representaciones de los artefactos metálicos o de las diferentes actividades relacionadas con el proceso productivo metalúrgico. Este tipo de información ha sido tradicionalmente poco estudiada, aunque es de gran interés en ciertos períodos cronológicos como por ejemplo el III y el II Milenio Cal ANE.

-Textuales: es aquel tipo de información que se encuentra en aquellas fuentes de naturaleza escrita y que hace referencia de manera indirecta al proceso productivo metalúrgico. En el caso de la Prehistoria, ésta se caracteriza por la ausencia de fuentes escritas, por lo que este tipo de información no está disponible a la hora de reconstruir esta actividad económica.

-Etnográficas: es aquella información obtenida a través de la etnografía y que se basa en la observación directa de la actividad productiva de aquellas comunidades humanas que conservan un sistema productivo preindustrial. Este tipo de información es muy útil a la hora de conocer la organización económico-social en la que está inserta la producción metalúrgica. Sin embargo, este tipo de información es orientativa, ya que nunca permite una reconstrucción absoluta del pasado. Esto se debe a que es muy difícil precisar el grado de similitud que existe entre las comunidades estudiadas en el presente y las existentes en el pasado.

-Experimentales: la arqueología experimental es aquel campo de investigación de la Arqueología que intenta reproducir los procesos productivos del pasado por medio de la experimentación. Este tipo de información ha sido muy usada en el campo de la Arqueometalúrgia y ha permitido obtener información sobre algunas de las características del sistema productivo que no se podrían haber conocido de otra manera.

3.3 LAS FUENTES DE INFORMACIÓN

Dentro de la base de datos se ha recopilado toda la información que está publicada y que está relacionada con los objetivos propuestos. Los tipos de fuentes documentales que se han consultado han sido los siguientes:

-Hallazgos casuales publicados y de los cuales se desconocen las circunstancias en las que se produjo el hallazgo.

-Prospecciones superficiales realizadas con el objetivo de detectar yacimientos a través de los restos materiales que se encuentran en superficie y cuyos resultados han sido publicados.

-Prospecciones superficiales realizadas con el objetivo de documentar las evidencias antiguas de explotación y cuyos resultados han sido publicados.

-Excavaciones arqueológicas, ya estén realizadas dentro de un proyecto sistemático o que tengan un carácter de urgencia. Estas pueden haber sido publicadas como monografías o dentro de anuarios autonómicos o estatales en los que se recopilan las intervenciones arqueológicas realizadas cada año.

-Inventarios de colecciones particulares publicados en las que están ubicados artefactos metálicos situados dentro del espacio y la cronología propuestos.

-Publicaciones de carácter científico, ya sean revistas, actas de congresos o monografías, en las se mencione la existencia de artefactos relacionados con el proceso metalúrgico o extractivo. También se ha recopilado la información incluida en las publicaciones del siglo XIX.

3.4 LA BASE DE DATOS

La base de datos que ha sido empleada para recopilar toda la información existente no ha sido creada *ex novo*, sino que mantiene la estructura de la base de datos METRA, que fue creada por Mark Hunt Ortiz y Silvia Fernández Cacho miembros del Grupo de Investigación ATLAS (HUM-694) para recopilar la información obtenida en el proyecto de investigación del Ministerio de Ciencia e Innovacion "Tecnología de Materiales de Recursos Abióticos en la Prehistoria Reciente (III-II milenios cal ANE) en el Suroeste de España". Dadas las limitaciones de espacio establecidas en la publicación ha sido imposible incluir los datos recopilados (unos 2788 objetos que habrían aumentado las páginas de esta publicación considerablemente). Esta base de datos ha sido creada con el programa Microsoft Office Access 2003. A pesar de que se ha empleado una estructuración similar, se han realizado una serie de cambios para conseguir que las variables existentes de adecuasen mejor a la información recopilada. Estos cambios se irán detallando conforme se vaya describiendo cada una de las partes que forman la base de datos. Esta se divide en varias partes:

-A) Descripción del artefacto: En esta primera parte de la base de datos se describe el artefacto de la manera más completa posible. Consta de los siguientes variables:

-1) Número de registro: en este campo que está situado en la parte superior de la derecha y en el que aparece un número en rojo, se almacena el número de registro de cada ficha. Este número es único y no se repite, por lo que cada pieza sólo tiene una sigla de registro.

-2) Signatura: es el número de inventario que recibe cada artefacto dentro del museo o la sigla que se da a la pieza cuando es documentada por medio de métodos arqueológicos, ya sean de prospección superficial o de excavación. Este tipo de información no suele aparecer en las publicaciones, por lo que sólo se ha incluido esta información en aquellos casos en los que se ha encontrado este dato.

-3) Ubicación: en este campo se señala el lugar en el que está depositado cada una de las evidencias documentadas. Estas, por lo general, suelen estar depositadas en museos o en colecciones privadas. En otros casos se desconoce el lugar en el que está ubicada la pieza, ya que esta información no suele incluirse en las publicaciones.

-4) Descripción: la información de estos registros describe la evidencia material arqueológica documentada. En el primer campo se hace una descripción muy genérica que permite distinguir entre metal, subproducto del proceso metalúrgico, mineral, molde, cerámica escorificada, conjunto de evidencias y otros. Aunque en este trabajo de investigación sólo se va a realizar un estudio de los artefactos metálicos, la información recopilada de los otros tipos de evidencias sera incluida en la tesis doctoral que se realizará tras este trabajo. Dentro de la categoría de conjunto de evidencias se han incluido todas aquellas referencias bibliográficas en las que se indica de manera poco precisa la aparición de varias evidencias de producción o de artefactos de metal. Este concepto hace referencia a aquellos conjuntos de evidencias en los no se describe ni el número, ni el tipo de artefacto encontrado. Tras esta primera descripción, existe un segundo campo en el que se especifica el tipo de artefacto al que se hace mención. Finalmente, hay un tercer campo en el que se especifica el tipo de metal en el que se ha realizado el artefacto metálico señalado. Dentro de este campo se incluyen metales como el oro, la plata, el plomo, el hierro y la denominación de "base de cobre". Se ha elegido esta denominación porque en la mayoría de los casos, a excepción de los artefactos analizados, se desconoce si el artefacto metálico realizado en cobre está producido en cobre puro o si está aleado con otros metales como por ejemplo el estaño o el arsénico. Por ello, se ha preferido emplear el concepto de "base de cobre" antes que otros como por ejemplo, cobre puro, bronce o cobre arsenicado.

Esta parte de la base de datos ha sido modificada respecto de la base original. En la base de datos METRA se incluían dentro del segundo campo una serie de tipologías que se han eliminado ya que eran propias de períodos posteriores, estando, por lo tanto, ausentes del período de estudio planteado en este trabajo de investigación. Por otra parte, se ha incluido el tercer campo del que ya se ha hablado y que no existía en la base de datos original.

-5) Medidas del artefacto: bajo esta denominación se incluyen una serie de campos en los que se hace referencia a aquellas medidas máximas de los artefactos documentados. Estas son longitud, anchura, grosor, y diámetro, que se expresan en milímetros, y peso, que se expresa en gramos. En el caso de las medidas de grosor y diámetro, son campos nuevos que no existían en la base de datos METRA. El objetivo de esta base de datos es ofrecer una información genérica, de ahí que no se hayan incluido otro tipo de medidas como por ejemplo las de cada una de las partes de los artefactos metálicos estudiados. En aquellos casos en los que la pieza está fragmentada, las medidas se refieren al fragmento conservado. En el caso de que el lector tenga interés por una información mucho más específica sobre las medidas siempre se puede acudir a las obras de referencia que se señalan en el botón denominado "Información bibliográfica".

-6) Función: en este registro, que ha sido creado *ex novo* (y por lo tanto ausente en la base de datos original), se asigna un valor que describe la posible función de los artefactos. En algunos ocasiones conocer la funcionalidad de los mismos es fácil, como por ejemplo ocurre con las herramientas o las armas; mientras que en otras, es mucho más complejo determinar cual pudo ser su función, como por ejemplo ocurre con las láminas de metal. Los criterios que se han seguido en esta clasificación son descritos más adelante.

-7) Observaciones: campo en el que se añade cualquier información relacionada con el artefacto arqueometalúrgico que no ha sido incluida en los campos anteriores.

-B) Descripción del contexto:

-1) Ubicación del yacimiento: dentro de esta parte de la base de datos se incluyen una serie de campos en los que se recoge información relacionada con la procedencia de las evidencias materiales documentadas. En el primer campo se especifica el país, en el segundo la provincia o distrito, en el tercero el Término Municipal o el *Concelho* y el cuarto la *Fregresia* portuguesa en donde está ubicada el yacimiento o en donde se produjo el hallazgo descontextualizado. En el quinto campo se incluye el nombre del yacimiento o del lugar en el que se encontró la pieza. Finalmente, existe un campo que recibe el nombre de sector geográfico y que hace referencia a la zona geográfica en la cual se sitúa el yacimiento o el hallazgo casual. Algunas de estas zonas se han delimitado teniendo en cuenta las características orogénicas de cada una de ellas. En otros casos se han creado algunas zonas teniendo en cuenta la problemática que existe en cuanto a la aparición de artefactos metálicos. Las zonas delimitadas son las siguientes:

-Zona 1 (Tierra Llana de Huelva): esta zona coincide con la delimitación de la Tierra Llana de la Provincia de Huelva. La aparición de artefactos metálicos de la Edad del Cobre en poblados y en contexto funerarios de esta provincia es escasa, aunque esto no sucede en las provincias cercanas de Sevilla y de Badajoz (Piñón Varela, 2005). Hasta el momento, sólo se ha hallado una mayor cantidad de artefactos en el yacimiento de Cabezo Juré (Alosno, Huelva). Sin embargo, este poblado está ubicado en el Andévalo y debe ser incluido en la zona de Sierra Morena, no zona de la Tierra Llana. La provincia de Huelva se divide en dos zonas geológicas. La primera está formada por las estribaciones de Sierra Morena y se compone de dos zonas principales, la Zona de Ossa-Morena, que sigue hasta el norte y entra en la provincia de Badajoz y la Zona Subportuguesa, que está situada entre la Franja Pirítica y el Algarbe y el Alentejo. La segunda zona, que es la que recibe el nombre de la Tierra Llana, se sitúa en el sur de la provincia y está formada por depósitos terciarios y cuaternarios.

-Zona 2 (Valle del Guadalquivir): la depresión del río Guadalquivir o Depresión Bética tiene una superficie aproximada de 35.000 Km² y una longitud de 600 Km. Por el norte está limitado por Sierra Morena y por el sur con las Cordilleras Béticas. Tiene una altura media de 100 m sobre el nivel del mar, siendo una de las depresiones más bajas de la Península Ibérica. Está formada por sedimentos terciarios y cuaternarios. Dentro de esta zona se han incluido los hallazgos realizados en todos los municipios de las provincias de Córdoba y de Sevilla que se sitúan en dicho valle.

-Zona 3 (Sierra Morena): Sierra Morena es una cordillera que tiene en torno a unos 400 Km de longitud formada por montañas de poca altura mezcladas con sierras de mayor altura. Sus ríos se caracterizan por tener un trayecto corto y salvan grandes desniveles, lo que aumenta su capacidad erosiva. Esta cordillera está formada por un plegamiento alpino que separa los materiales paleozoicos de la Meseta y los sedimentos terciarios y cuaternarios de la Depresión Bética. En esta zona se han incluido los municipios de la Sierra Norte de Huelva, Sevilla y de Córdoba. También se han incluido los municipios que están situados en el Andévalo onubense y los municipios del sur de la provincia de Badajoz. Estos se ubican dentro de la zona geológica de Ossa-Morena, que forma parte de Sierra Morena y que continúa hasta la parte norte de las provincias de Córdoba y de Sevilla.

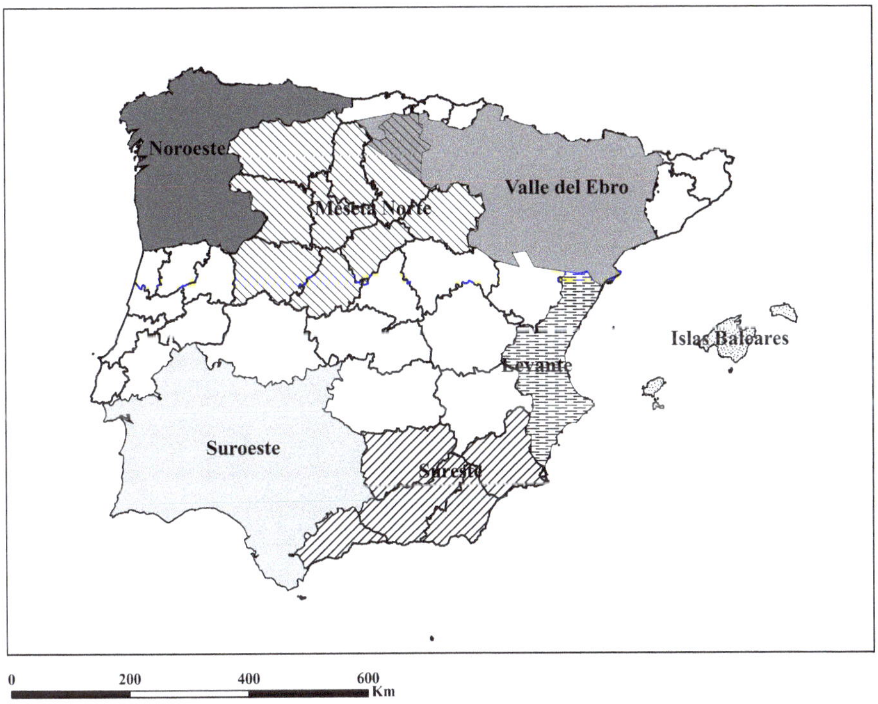

Figura 1: Zonas de la Península Ibérica empleadas en el estudio comparativo de este trabajo de investigación

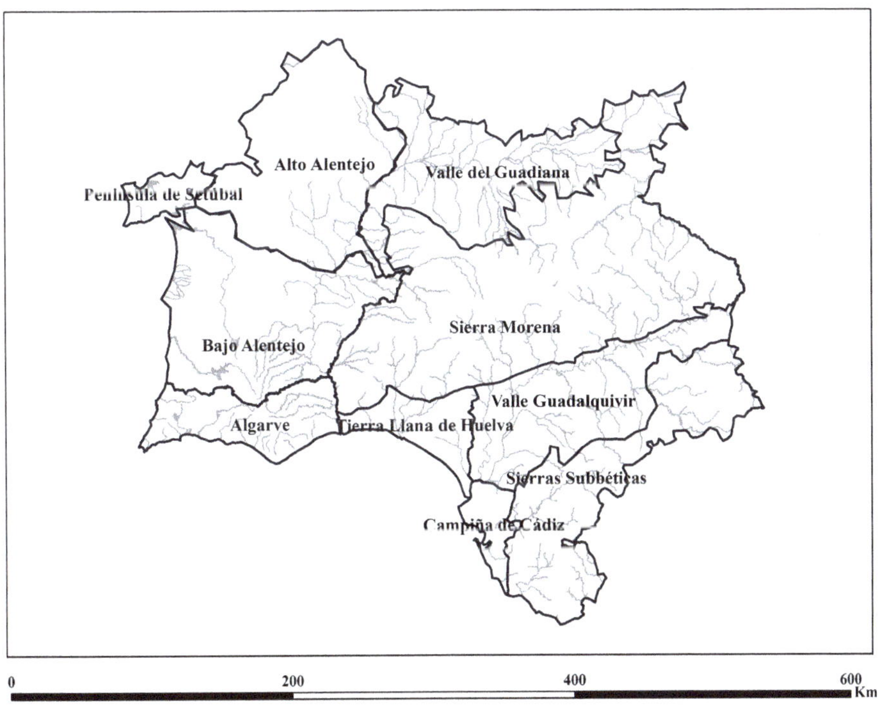

Figura 2: Zonas del Suroeste utilizadas en el análisis comparativo por áreas

-Zona 4 (Valle del Guadiana): este área está limitada al sur por Sierra Morena, al norte por los Montes de Toledo y al este por algunas de las sierras del Sistema Ibérico. Esta zona está formada por sedimentos terciarios y cuaternarios depositados en ambientes de tipo fluvial y lacustre. Dentro de esta zona se han incluido todas las evidencias encontradas en los municipios de la provincia de Badajoz situados en este valle.

-Zona 5 (Sistemas Béticos): es un conjunto montañoso de más de 600 Km que nace en el Golfo de Cádiz y llega hasta las Islas Baleares. En el Suroeste sólo se han incluido los términos municipales situados en las cordilleras Penibética y Subbética. La Cordillera Penibética está formada por materiales sedimentarios del fondo del mar que han sufrido procesos metamórficos como consecuencia del levantamiento alpino y aparecen junto a materiales de origen volcánico. La Cordillera Subbética está formada por sedimentos plegados levantados por el impulso alpino, aunque esta zona no se ha visto afectada por fenómenos metamórficos ni por vulcanismo relacionado con el propio plegamiento alpino.

-Zona 6 (Campiña Gaditana): esta zona, formada por sedimentos terciarios y cuaternarios, está delimitada por todos los Municipios situados en la parte llana de la provincia de Cádiz. Esta área se ha separado de la zona de los Sistemas Béticos para comparar si existen o no diferencias en cuanto a la cantidad de artefactos de ambas zonas.

-Zona 7 (Algarve): esta región, que tiene una superficie de 4.960 km^2, tiene una orografía montañosa formada por las estribaciones occidentales de Sierra Morena y compuesta por las sierras de Monchique y de Caldeirão. Estas sierras, que son de poca altitud, separan la meseta del Alentejo de la costa sur portuguesa, en la cual desembocan ríos como por ejemplo el Guadiana, el Ancâo y el Arade y cuyos limos han formado llanuras fértiles entre las sierras mencionadas y la costa atlántica.

-Zona 8 (Alentejo): esta zona tiene una superficie de 23.683 km^2. Su orografía está formada por una meseta de escasa altitud a excepción de las sierras de São Mamede y de Marvão que tienen una mayor altura. Los principales ríos que recorren esta zona son el Río Sado, el Río Mira y el Río Guadiana. Se ha excluido el distrito de Santarém de este estudio, ya que está situado al norte y por lo tanto no debería ser incluido dentro del Suroeste.

-Zona 9 (Península de Setúbal): esta zona tiene una superficie de 1.421 km^2. Esta ubicada al norte del Distrito de Setúbal y se caracteriza por tener una superficie llana con algunas elevaciones de escasa altitud. Al norte queda delimitada por la desembocadura del Río Tajo y al sur por la desembocadura del Río Sado.

-2) Coordenadas geográficas: esta parte de la base de de datos, que se divide en cuatro campos, es nueva ya que no existía en la base de datos METRA original. En el primero se indica la zona y el huso según la Proyección de Mercator en la que se sitúa el yacimiento. En el segundo y en el tercer campo se incluyen las coordenadas geográficas en los ejes X e Y. Por último, en el cuarto campo se especifica la altura sobre el nivel del mar (expresada en metros) a la que se encuentra el yacimiento. Este último campo recibe en la base de datos el nombre abreviado de "Z".

-3) Descripción del yacimiento: en los dos primeros campos se especifica si este es un yacimiento arqueológico o un yacimiento mineral. La primera casilla aparece en blanco en aquellas fichas en las que se hace referencia a artefactos descontextualizados de los cuales se desconoce su precedencia exacta. A continuación, existe un campo en el que se señala la cronología del yacimiento y de la pieza metálica documentada. En aquellos casos en los que se ha obtenido una datación absoluta esta información se ha incluido en otro campo creado a tal efecto. Hay otro campo que recibe el nombre de COD. SIPHA. Este recoge el número de inventario del yacimiento dentro del catálogo del Sistema de Información del Patrimonio Histórico de Andalucía (SIPHA).

-4) Descripción del contexto: esta parte ha sido modificada por completo respecto de la base de datos METRA, que sólo permitía recoger datos muy genéricos. En el primer campo, situado a la derecha del título "Funcionalidad" se describe de manera básica el contexto. Para ello, se han empleado una serie de valores como por ejemplo poblado, funerario, productivo, votivo y descontextualizado. En el segundo campo se especifica de manera más concreta el contexto exacto en el que fue encontrada la evidencia material descrita, por lo que cuenta con una mayor cantidad de valores que el campo anterior. Uno de los valores más empleado es el de "zona de habitación". Bajo este nombre se hace referencia a aquella parte interior del poblado en la que no hay ninguna cabaña pero en la cual hubo actividad antrópica doméstica. Por otra parte, existe otro campo denominado "Asociación" en el que se hace referencia a aquellas evidencias materiales que aparecieron en el contexto en el que se documentó el resto material descrito. Finalmente, hay otro campo que recibe el nombre de "Descripción", en el que se incluye toda la información que se pueda añadir sobre el contexto y que no ha sido incluida en los otros campos.

-C) Analíticas realizadas:

-C.1) Análisis elementales y mineralógicos: en esta parte de la base de datos se han incluido todos aquellos análisis cuya finalidad es la de conocer la composición elemental o mineralógica de la muestra tomada. Cada análisis tiene una ficha propia, por lo que en aquellos casos en los que existen varios análisis de una misma pieza, estos aparecen en fichas que reciben cada una un número diferente.

-1) Referencia: en este campo se incluye la sigla que identifica a cada uno de los análisis recopilados. Este número se da en el laboratorio donde se realiza el análisis, suele ser único, y no tiene porque coincidir con el número de inventario de la pieza analizada. En el caso en que este campo esté en blanco esto significa que se desconoce el código de la muestra a pesar de que se conoce el resultado del análisis de la misma. En algunas ocasiones existen diferentes análisis realizados en una sola pieza que se suelen diferenciar por el uso de letras que acompañan a la sigla de referencia del laboratorio.

-2) Tipo: en este campo, que ha sido modificado respecto de la base de datos METRA, se indica cual es el método analítico que se ha empleado para analizar la pieza. Se han añadido métodos de análisis que no estaban incluidos en la base de datos METRA como por ejemplo la Difracción de Rayos X, la Espectrometría de Rayos X por Inducción de Protones o la Espectrometría de Rayos X por Inducción de Electrones. Los diferentes métodos analíticos están abreviados de la siguiente manera:

-AAS: Espectrometría por Absorción Atómica.
-DRX: Difracción de Rayos X.
-FRX: Fluorescencia de Rayos X.
-EEO: Espectrometría por Emisión Óptica.
-MEB: Microscopía Electrónica de Barrido.
-PIGE: Emisión de Rayos Gamma por Inducción de Protones.
-PIXE: Espectrometría Rayos X por Inducción de Partículas.
-NE (No Especificado): esta abreviatura se ha empleado en aquellos casos en los que se conoce el resultado pero no el método analítico que fue utilizado para conocer la composición.

-3) Elementos presentes: estos registros han sido creados *ex novo* ya que no existían en la base de datos METRA. En estos campos se señala la cantidad de aquellos elementos químicos que están presentes en composición de la muestra analizada. Se han incluido los siguientes elementos: Cu, Sn, As, Au, Ag, Pb, De, Ni, Zn, Bi. Si, S, Mn, Mg, y Sb. Las abreviaturas coinciden con las empleadas en la tabla periódica para denominar a los elementos químicos. Se expresan siempre en tantos por ciento (%) salvo en aquellos casos en los que se indica la abreviatura ppm que indica que el elemento se mide en partes por millón. En algunos casos se han detectado en los análisis algunos elementos menos comunes que se incluyen en un campo que recibe el nombre de otros elementos y en el cual se pone la abreviatura del elemento químico seguido de su cantidad en la muestra (se expresan también en tanto por ciento salvo que se acompañe de la abreviatura ppm). En los análisis mineralógicos aparece el nombre del mineral completo seguido de su cantidad presente en la muestra. Finalmente, existe un registro que ha recibido el nombre de observaciones en el que se señalará aquellas cuestiones que no se han incluido en los campos anteriores.

En algunos casos aparece la abreviatura *tr* que indica que el elemento es un elemento traza o lo que es lo mismo que está presente en la muestra por debajo del 0,01%. En aquellos casos en los que no se ha detectado el elemento esto se indica con la abreviatura *nd*. En otras ocasiones se ha detectado un elemento pero desconocemos la cantidad del mismo en la que está presente en la muestra, para señalar esta situación se ha empleado la abreviatura *pnc* (presente pero no cuantificado). En aquellos análisis en los que la cuantificación ha sido menos exacta, la presencia de los elementos se señala con las palabras "elemento mayoritario", en aquellos casos en los que dicho elemento esté presente por encima del 1% en la muestra, o "elemento minoritario" en el caso de que este presente en la composición por debajo del 1% del total de la composición de la muestra y por encima del 0,1%.

-C.2) Estructura interna: en esta parte de la base de datos se han incluido aquellas analíticas que se han realizado con el objetivo de conocer la estructura interna de artefacto analizado. En algunos casos se han realizado varios análisis sobre una misma pieza que aparecen en fichas separadas.

-1) Referencia: al igual que ocurre en los campos anteriores que reciben el mismo nombre, es un registro en el cual se incluye la sigla del análisis realizado.

-2) Tipo: en este campo se señala el tipo de análisis que se ha realizado para conocer la estructura interna. Puede ser de dos tipos: estudios metalográficos, en los que se estudia la cristalización interna por medio de un pulido en la superficie del artefacto y un ataque con un reactivo que permite conocer su cristalización interna y estudios con Microscopio Electrónico de Barrido, que permiten un estudio más detenido y de mayor precisión (señalado con la abreviatura MEB en el campo).

-3) Zona analizada. en este registro, que no estaba presente en la base de datos METRA, se especifica el lugar en el cual se ha realizado el estudio. Esto, como se explicará más adelante, es importante, ya que en ciertas ocasiones el tratamiento al que se somete a las diferentes partes de una misma pieza no es el mismo.

-4) Trabajos aplicados: este campo no existía en la base de datos METRA y ha sido creado *ex novo*. La información de este registro hace referencia a los tratamientos que han sido aplicados en un artefacto metálico tras su extracción del molde. Para indicar los procesos aplicados se ha empleado un sistema de abreviaturas que permite describir de una manera breve la información. Este sistema, que en adelante será empleado de manera abreviada, ya fue empleado por Rovira Llorens y Ramos Gómez (1997) y es de gran utilidad en tanto que permiten una mayor velocidad a la hora de gestionar la información:

-F: se emplea para indicar que el artefacto metálico tiene una estructura de bruto de colada o dendrítica propia de un proceso de fundición del metal. Esta abreviatura no se ha empleado para describir aquellos casos en los que se ha empleado un trabajo de forjado, aunque puede llevar a la confusión el que fusión y forjado empiezan por la misma letra.

-FF: se ha empleado para señalar aquellos casos en los que las piezas han recibido un tratamiento de forjado en frío.

-R: indica que la pieza sufrió una recocido que ha permitido (si ha alcanzado el tiempo y la temperatura necesaria) que la estructura interna recristalice.

-?: se emplea detrás de las abreviaturas señaladas antes para indicar aquellos casos en los que no esta claro el proceso aplicado a la pieza metálica.

-5) Descripción: en esta parte se explica de una manera más extensa cual es la estructura interna y sus características. Dentro de este campo también suele incluirse información sobre el tipo de inclusiones existentes dentro de la muestra analizada y sobre las impurezas presentes.

-C.3) Isótopos de plomo: en esta sección de la base de datos se han incluido los análisis que se han realizado con el objetivo de conocer el origen de la materia prima que se empleó. En todos estos se empleo la técnica analítica de Espectrometría de Masas por Ionización Térmica (TIMS).

-1) Referencia: en este registro se incluye la sigla que con la que se identificada cada análisis realizado.

-2) Tipo: se señala el tipo de análisis que se ha empleado para obtener los resultados.

-3) Composición Isotópica: en este registro se incluyen la relación que existe en la composición entre cuatro isótopos (Pb^{208}/Pb^{206}, Pb^{207}/Pb^{206} y Pb^{206}/Pb^{204}).

En la parte inferior de la base de datos aparecen dos botones:

-D) Información bibliográfica:

-1) Registro: campo en el que se indica el número de registro de cada pieza al que hace referencia la bibliografía citada.

-2) Autor: en este campo se incluye el nombre y los apellidos del autor o de los autores.

-3) Titulo: se señala el título de la obra.

-4) Revista/Obra colectiva: en este campo se indica la obra en la que se puede encontrar el artículo o el capítulo de libro señalado en el título.

-5) Año: año de edición.

-6) Ciudad: lugar de edición de la obra.

-7) Páginas: campo en el que se indican las páginas en las que se encuentra la referencia citada. En aquellos casos en los que la publicación es un artículo o un capítulo de un libro se indica las páginas del mismo.

-8) Localización: lugar en el que se puede consultar la obra citada.

-9) Comentarios: en este registro se señalan aquellos comentarios que se han querido añadir.

-E) Información gráfica:

-1) Registro: campo en el se señala el número de registro al que hace referencia la información que se almacena en esta parte de la base de datos. Este número de registro es el central que se puede observar en la parte superior de la derecha del formulario.

-2) Clasificación: en este campo se ha señalado el tipo de imagen que se ha incluido en la base de datos. Esta puede ser de diferentes tipos, un dibujo, una fotografía de la pieza o una fotografía de un análisis metalográfico o de MEB.

-3) Referencia: la información que se almacena en este campo hace referencia a la obra en la que se puede encontrar la imagen señalada. La cita que se hace en este campo solo hace referencia a al autor y al año (según el método Harvard) de tal manera que la descripción completa de la obra se hace en la bibliografía en donde se han incluido todas las obras consultadas.

-4) Descripción: en este campo se incluye toda la información referente a la página en la que se encuentra la imagen citada, así como el nombre con el que aparece denominada en la bibliografía original.

-F) Otras funciones:

-1) Buscar registro: al presionar este botón con el ratón aparece una ventana de búsqueda en la pantalla. En esta ventana se puede elegir la opción de deseada de búsqueda, que se desarrollará en el campo del formulario que se mantenga activo.

3.5 OBSERVACIONES DE LA BASE DE DATOS

En esta no se han cuantificado ni las escorias, ni tampoco las vasijas-horno o los crisoles, que cuentan con una ficha propia para cada yacimiento en el que han sido encontradas. Por el contrario, si se han creado fichas propias para las evidencias de este tipo que han sido analizadas o que ha aparecido dentro del mismo yacimiento pero en contextos o estratos diferentes.

No se han incluido las mazas de piedras a pesar de que estos artefactos suelen ser muy comunes en todas las bocas de mina. Esta decisión se debe a los múltiples problemas que existen tanto para datar estas piezas, cuyo su uso se extiende desde la Prehistoria hasta la época romana; como para conocer la función exacta de las mismas, puesto que este tipo de piezas fueron empleadas en labores mineras y también en otro tipo de actividades artesanales y domésticas.

Dentro de la base de datos se ha incluido la información referente a las analíticas realizadas sobre los minerales de las minas. También se han recopilado todos aquellos análisis de isótopos de plomo que se han realizado sobre mineralizaciones en las cuales no hay evidencias de explotación, ya que este tipo de información puede resultar de gran interés a la hora de definir la caracterización isotópica de las mismas.

Por último, hay que señalar que las coordenadas recopiladas se refieren a la situación geográfica del yacimiento en el que se documentó la evidencia descrita y no al lugar exacto en el que se documentó su aparición.

3.6 LA CUANTIFICACION

La cuantificación de las evidencias documentadas no ha sido sencilla. En muchas ocasiones es frecuente encontrar dentro de las publicaciones referencias vagas e imprecisas que no permiten determinar el número de artefactos metálicos encontrados. Algunas de las expresiones que suelen ser empleadas para la cuantificación son por ejemplo "varios", "muchos", "numerosos" o "pocos", adjetivos de cantidad que imposibilitan determinar el número mínimo de hallazgos. Ante esta dificultad, se ha considerado que el número de artefactos encontrados no es el total que existió en el pasado, sino el número mínimo de artefactos documentados (NMO) de los cuales tenemos información. Esta manera de cuantificar los artefactos a estudiar no es exclusiva de los estudios arqueometalúrgicos, sino que también se emplea en los estudios arqueozoológicos y de antropología física para cuantificar el número de individuos de los cuales se ha conservado sus restos óseos. Por otra parte, hay que señalar que este sistema de cuantificación ha sido ya empleado en los estudios realizados para otras zonas de la Península Ibérica en las cuales existe el mismo problema como por ejemplo el Sureste (Montero Ruiz, 1992: 98) y el Noroeste (Comendador Rey, 2004).

Dentro de la base de datos se han incluido todos los artefactos de metal, estén analizados o no, datados entre la Edad del Cobre y la Edad del Bronce Final. También se han recopilado aquellas referencias que aparecen en la bibliografía y en las que se indica que aparecen varios artefactos de metal pero no su número. Esta serie de evidencias han sido incluidas dentro de la cuantificación de este estudio y han sido contadas como un artefacto, ya que se considera que por lo menos existe un artefacto de este tipo. Este sistema de recuento ha sido empleado en los estudios realizados para otras zonas de la Península Ibérica como por ejemplo el Sureste (Montero Ruiz, 1994). Otra observación que debe de ser realizada dentro de los artefactos metálicos, es que no se han cuantificado los remaches. Esto se debe a que no pueden ser considerados como artefactos sino como partes de artefactos que se han conservado y cuyo número varía dependiendo del número de orificios para los mismos de la pieza.

En la base de datos no se han cuantificado ni los minerales, ni las escorias, ni los crisoles, ni las cerámicas escorificadas, ni tampoco los goterones de metal, aunque si se indica el peso de los mismos si se incluye esta información en la publicación en la que se hace referencia a estas evidencias materiales. Este tipo de evidencias materiales suelen aparecer fragmentadas, motivo por el cual es prácticamente imposible establecer, a diferencia de los metales el número mínimo de evidencias. La presencia de estos artefactos permite conocer si hubo o no actividad metalúrgica y su cantidad en los contextos arqueológicos puede llegar a ser muy variable. Salvo excepciones, estas evidencias materiales son escasas dentro del registro arqueológico y no suelen tener una cronología precisa asociada, ya que tienen las mismas características formales durante todo el período de estudio. La aparición de una mayor cantidad de artefacto de este tipo no siempre indica que existiese una mayor intensidad productiva.

3.7 LA CRONOLOGÍA DE LOS ARTEFACTOS METÁLICOS

El mayor problema que existe a la hora de determinar la cronología de las evidencias de producción y de los artefactos metálicos es la falta de un sistema de periodización claramente definido a partir de cronologías absolutas. En este estudio se ha mantenido la cronología de los artefactos que aparece en las publicaciones en donde son descritos y que se suele realizar teniendo en cuenta la morfología de los otros materiales asociados y el contexto de aparición. Este sistema de datación relativa es relativamente fiable cuando se conoce bien el contexto, aunque bastante impreciso cuando el objeto aparece descontextualizado, ya que la morfología de los artefactos no suele cambiar de manera tajante entre períodos y suele ser frecuente que la forma de los mismos perdure un cierto período de tiempo.

Teniendo en cuenta estas limitaciones cronológicas, que hacen imposible una seriación cronológica más precisa, se ha realizado una clasificación de todos los artefactos en tres etapas:

-Edad del Cobre (*c.* 3200 Cal ANE-*c.* 2200 Cal ANE): el estudio de las dataciones absolutas calibradas existentes para los yacimientos del Suroeste establece que este período se fecharía entre el 3200-2300/2200 a. C. (Castro Martínez *et alii*, 1996: 89).

-Edad del Bronce (*c.* 2200 Cal ANE- *c.* 1300 Cal ANE): este período estaría datado aproximadamente por medio de fechas radiocarbónicas entre el 2200-1300 a. C., aunque sus límites no están bien definidos debido a que existe un bajo número de dataciones (Castro Martínez *et alii*, 1996: 144). Por otra parte, hay que señalar que existen muy pocas dataciones en el Suroeste para el período comprendido entre el 1550-1300 a. C. Hasta el momento el único yacimiento datado en el Suroeste que tiene una ocupación en este período es el de El Llanete de los Moros (Montoso, Córdoba). Existe un mejor conocimiento de este período en otras zonas de la Península Ibérica, de ahí que haya sido clasificado como otro período cronológico diferente que se denomina Bronce Tardío (Castro Martínez *et alii*, 1996: 234). No obstante, si está mejor datado el inicio del período posterior a través de dataciones en otros yacimientos peninsulares, lo que ha llevado a establecer la fecha de 1200 a.C. como límite entre la Edad del Bronce y la Edad del Bronce Final (RUIZ-GÁLVEZ PRIEGO, 1995: 82).

-Edad del Bronce Final (*c.* 1300 Cal ANE-*c.* 850 Cal ANE): esta etapa cronológica está definida por medio de las dataciones obtenidas en la Ría de Huelva y en los yacimientos de El Trastejón y de Chinflón (Castro Martínez *et alii*, 1996: 209). No existen dataciones absolutas para los otros artefactos metálicos del Suroeste que se han incluido en este estudio y que presentan evidentes similitudes formales con los artefactos de la Edad del Bronce Final hallados en la Ría de Huelva.

En este trabajo de investigación sólo se ha corregido la cronología de aquellas piezas que han aparecido en contextos claros. Estas correcciones aparecen recogidas en el campo denominado "Descripción" que se encuentra en la parte del contexto de la base de datos y solo se han realizado en aquellos casos en los que existe una gran diferencia cronológica entre los elementos del contexto y de la pieza metálica.

En algunas ocasiones existen dataciones absolutas que se han incluido en la ficha de descripción cronológica de la pieza. Estas dataciones no sirven para conocer la cronología precisa del artefacto metálicos, aunque si el momento final en el que se produjo la deposición y la amortización de los mismos.

Otro tipo de información que permite realizar algunas aclaraciones cronológicas es la relacionada con el análisis arqueométrico. La composición de los artefactos permite asignar una cronología *post quem* aunque no dar una cronología absoluta. Así por ejemplo, los artefactos de bronce y de plata solo pueden tener una cronología de la Edad del Bronce o posterior. Estas correcciones cronológicas han sido realizadas en otros trabajos de investigación como por ejemplo el del Sureste (Montero Ruiz, 1992).

3.8 LA INFORMACIÓN CONTEXTUAL

Uno de los objetivos de este trabajo de investigación es el de valorar el grado de descontextualización que existe para el total de artefactos metálicos en el Suroeste de España. Sin embargo, el nivel de los mismos no es uniforme, por lo que no puede ser medido de manera homogénea. La descontextualización puede ser de dos tipos:

-Total: se aplica a aquellos artefactos metálicos que fueron hallados en lugares y en circunstancias desconocidas. En algunas ocasiones estos artefactos metálicos han sido hallados en labores agrícolas en las cuales no han aparecido otros restos materiales asociados, aunque casi siempre estos artefactos proceden de expolios altamente destructivos y en los que se produce una destrucción patrimonial y pérdida de información irreparable.

Parcial: se aplica a aquellos artefactos metálicos que fueron hallados en la superficie de un yacimiento arqueológico. A diferencia de los anteriores, se conoce el lugar de procedencia de los mismos, aunque no el contexto exacto en el que se encontró. Esta descontextualización es la que se da en aquellos artefactos metálicos hallados en la superficie de yacimientos documentados en las prospecciones arqueológicas superficiales y también en los artefactos que han aparecido en excavaciones arqueológicas pero de los cuales se desconoce el lugar exacto de aparición a nivel micro, que no suele ser especificado en las publicaciones. Los procesos deposicionales y postdeposicionales deben ser tenidos en cuenta a la hora de determinar la relación entre artefacto y yacimiento, ya que en muchas ocasiones estos procesos producen alteraciones que afectan tanto a la conservación de los restos materiales, como a la ubicación y desplazamiento de los mismos (Taylor, 2000). Sólo se ha considerado que los artefactos han aparecido en la superficie de un poblado cuando en las publicaciones consultadas se especifica que existe una asociación clara entre los artefactos metálicos y otros restos materiales que indican la existencia inequívoca de un poblado. Por el contrario, se ha considerado que los artefactos encontrados de manera casual tienen una descontextualización total.

3.9 LA INFORMACIÓN MORFOLÓGICA Y MORFOMÉTRICA

En este trabajo de investigación se ha mantenido la misma clasificación morfológica que se empleó en las publicaciones originales en las que aparecen descritas las piezas metálicas recopiladas. Sólo se ha cambiado la clasificación de las piezas que han sido reinterpretadas posteriormente.

Las puntas de flechas han sido muy estudiadas y existen varias clasificaciones tipológicas sobre su morfología. En este estudio se ha utilizado para las puntas de flecha la tipología establecida por Germán Delibes de Castro en su obra *El Vaso Campaniforme en la Meseta Norte Española* (Delibes de Castro, 1977). Aunque existen clasificaciones posteriores mucho más exactas (como por ejemplo la de Kaiser, 2003), estas resultan demasiado complejas cuando se tienen que aplicar a puntas de flechas descritas en publicaciones que rara vez se acompañan de dibujos o fotos de las mismas. Otro de los problemas de este tipo de clasificaciones es la abundancia de tipos y de subtipos y la frecuente escasez de artefactos que, al final, se pueden clasificar dentro de los mismos.

A la hora de clasificar las alabardas se ha seguido la tipología realizada por Schubart (1975), que sigue siendo la única existente hoy en día para la Península Ibérica.

En la clasificación de las hachas no se ha empleado la tipología de Luís Monteagudo (1977). Esta es una obra magnífica que recoge todas las tipologías de las hachas de Europa y que continúa siendo una obra de consulta hoy en día. A pesar de estas ventajas, no resulta útil emplear un sistema de clasificación creado a nivel europeo para una región como el Suroeste en la cual hay una menor variedad de tipos.

Una vez finalizada la clasificación morfológica de las evidencias documentadas se ha realizado un análisis morfométrico de las mismas. Este tipo de análisis permite conocer las posibles similitudes y diferencias morfométricas entre varios tipos de piezas y han resultado ser de gran utilidad en otros campos de estudio dentro de la Arqueología como por ejemplo los estudios cerámicos, la arqueozoología o los estudios sobre industria lítica. El principal problema de los análisis morfométricos es la falta de datos, ya que en las publicaciones no se suelen incluir los datos relativos a las dimensiones de las piezas.

Una cuestión que debe de ser tenida en cuenta es que en los análisis morfométricos no se han incluido los datos de aquellos artefactos metálicos que aparecen fragmentados. Esto se debe a que se desconocen las medidas exactas de la pieza, por lo que emplear estos datos y compararlo con otras medidas de piezas enteras sería un grave error metodológico.

3.10 LAS PRODUCCIONES METÁLICAS Y SU POSIBLE FUNCIONALIDAD

Los primeros estudios arqueológicos intentaron conocer la funcionalidad de los artefactos manufacturados a traves del estudio de la forma y del contexto de aparición de los mismos. Este método de análisis formal por el que se intenta la reconstrucción de la funcionalidad de los artefactos del pasado continúa siendo empleado hoy en día a aunque no está exento de problemas.

El análisis traceológico tiene como objetivo conocer y caracterizar las marcas de uso de los útiles líticos y supuso una revolución en la investigación de la industria lítica prehistórica europea. A pesar de que la traceología ha tenido una amplia repercusión en los estudios líticos, no ha sido aplicada en los estudios arqueometalúrgicos. Durante mucho tiempo se pensó que la corrosión y el afilado podían borrar las marcas de uso en los artefactos metálicos y que por lo tanto era imposible reconstruir su uso originario. Los últimos estudios realizados han demostrado que el análisis traceológico en artefactos de metal es de gran utilidad cuando se emplea con otro tipo de información como por ejemplo la contextual, aunque necesita de una identificación previa que permita identificar aquellas marcas que proceden del proceso metalúrgico y de las condiciones postdeposicionales que han alterado a la pieza (Ottaway y Robert, 2003). Otro de los problemas de los estudios traceológicos en artefactos de metal es la falta de un corpus de datos que permita identificar las posibles marcas que quedan en los artefactos tras el uso. Este problema ha sido solucionado por medio de la arqueología experimental, que ha permitido obtener algunos datos provisionales, a pesar de lo cual sigue siendo muy difícil interpretar las marcas observadas en los artefactos metálicos (Ottaway y Robert, 2003).

En este estudio, la clasificación funcional de los artefactos metálicos se ha realizado de acuerdo con las categorías básicas y las descripciones realizadas por Montero Ruiz en su estudio del Sureste (1994:57). Esta clasificación funcional se creó en base a la forma de los objetos, ya que la falta de información traceológica no ha permitido su contraste. En esta se establecieron varias categorías funcionales:

-Herramienta: es cualquier instrumento que es empleado para obtener materias primas o para transformar las mismas en manufacturas. Según otros estudios estos artefactos servirían para ayudar y mejorar las actividades económicas desarrolladas por las comunidades prehistóricas (Rodríguez de la Esperanza, 2005: 91). Han sido clasificados como tales los punzones, cinceles, anzuelos, espátulas, cuchillos, hoces, agujas y hojas de metal.

-Arma-Herramienta: dentro de esta categoría se han incluido aquellos artefactos que pudieron ser empleados como herramientas y como armas para un uso bélico, como por ejemplo las hachas, los puñales o las puntas de flecha. En el caso de las puntas de flecha, estas pudieron ser empleadas tanto para la caza como para la guerra.

-Armas: este es en un concepto genérico que ha provocado no pocos malentendidos. Generalmente se concibe como arma a cualquier instrumento destinado a atacar o defenderse. A pesar de que cualquier instrumento puede ser empleado con estos fines, en este trabajo de investigación solo se considerado como arma a aquellos artefactos que sabemos que fueron producidos *ad hoc*, es decir, aquellos artefactos de metal que fueron creados *ex profeso* para un uso bélico defensivo u ofensivo. Estas armas tendrían un uso bélico y no tienen otra función salvo la bélica (Montero Ruiz, 1994: 57). Por el contrario; en otros estudios se ha considerado que como armas también fueron empleados aquellos artefactos que tuvieron un uso cinegético (Rodríguez de la Esperanza, 2005: 78). A pesar de esta otra interpretación, en este trabajo de investigación se ha empleado el concepto de arma utilizado por Ignacio Montero Ruiz por considerarse que tiene una mayor precisión terminológica y se han clasificado como tales las puntas de lanza, las puntas de jabalina, las espadas y las alabardas.

-Adornos: un adorno es cualquier artefacto que tiene la función de complementar el aspecto físico y que no tiene ninguna otra función (Montero Ruiz, 1992). Se considera que todos los artefactos realizados en oro o en plata fueron empleados como adornos, ya que estos metales carecen de las cualidades mecánicas necesarias para ser empleadas en procesos de trabajo (Montero Ruiz, 1994: 56). En el caso de los artefactos de cobre, es mucho más difícil poder determinar qué artefactos fueron empleados con esta finalidad. Se han incluido dentro de esta clasificación todos los artefactos realizados en oro y plata y los artefactos de cobre como las espirales, los botones, anillos, pendientes y brazaletes.

Los adornos se dividen en dos grupos: los que tienen un sistema de suspensión directo y confeccionados con una lámina de metal y los que tienen un sistema de suspensión indirecto, es decir que necesitan de un elemento intermedio para la sujeción como por ejemplo cordones (Alday Ruiz, 1992: 43). Otros investigadores consideran que estos dos tipos de adornos son diferentes, de ahí que los primeros hayan sido clasificados como adornos y los segundos (como por ejemplo los botones y las láminas de cobre) como complementos de la ropa, accesorios o adornos complejos (Montero Ruiz, 1992: 57). A pesar de que estas clasificaciones intentan definir la posible funcionalidad de estos artefactos, continúan existiendo bastantes dudas sobre como fueron empleados por lo que se ha preferido simplificar al máximo emplear el concepto genérico de adorno.

-Función desconocida: se han clasificado dentro de esta categoría todos aquellos artefactos de los cuales se desconoce su verdadera función como por ejemplo las láminas, las placas, los amorfos y los alambres. Este tipo de artefactos han sido clasificados en otras investigaciones como "adornos complejos" (Montero Ruiz, 1994), aunque en realidad se desconoce cual pudo ser su verdadera función, razón por la cual se ha preferido no emplear esta definición en este trabajo de investigación.

-Complementos de artefactos: con esta categoría, que no existe dentro de la clasificación de Montero Ruiz, se hace referencia aquellos artefactos metálicos que fueron empleados en la confección de otro artefacto o para darle un mayor valor. Dentro de esta categoría se incluyen artefactos como los remaches o las empuñaduras de oro o plata que se usan para reforzar el carácter de prestigio de determinados artefactos. Este tipo de artefactos no deben ser cuantificados, ya que su cantidad es variable y no existen *per se*.

3.11 LA INFORMACIÓN ARQUEOMÉTRICA

Dentro de la base de datos se ha recopilado toda la información de aquellos análisis que han sido publicados hasta el momento, incluidos los que son considerados poco representativos o los que tienen algún fallo de cuantificación.

El número total de artefactos analizados es de 876, de los cuales 872 han sido analizados para conocer su composición, 144 han sido analizados con el objetivo de observar su estructura interna y 36 han sido analizados por el método de isótopos de plomo. Se ha documentado un total de 1889 artefactos metálicos, de las cuales 876 tienen algún tipo de análisis o en algunas ocasiones varios de ellos. Esto significa que el 46% de las evidencias han sido analizadas, frente al 54% que no han sido sometidas a ningún análisis. En esta investigación no se han realizado nuevos análisis, ya que su objetivo principal es el de conocer el número mínimo de artefactos metálicos que existen y la cantidad de estos que están analizados.

3.11.1 MÉTODOS Y TECNICAS DE ANÁLISIS

Dentro de la Base de datos se han incluido los resultados analíticos obtenidos por medio de varias técnicas de análisis. Estas son las características básicas de cada una de ellas y los límites de detección de las mismas:

-AAS (Espectrometría por Absorción Atómica): esta técnica de análisis se aplica para conocer la composición elemental de los artefactos analizados. La muestra es disuelta en ácido y posteriormente convertida al estado gaseoso por medio de una llama (proceso de atomización o nebulización). Posteriormente, los átomos de la muestra son excitados por medio de varias luces de diferente onda que pasan a través de la llama. Estas ondas son absorbidas de manera proporcional a su cantidad en la muestra analizada. Esta técnica analítica detecta más de 40 elementos, siempre y cuando estos no se encuentren en la muestra por debajo 1 ppm (Hughes *et alii*, 1976). Este método de análisis es complementario a la FRX, ya que detecta elementos de un peso atómico bastante bajo (Hunt Ortiz, 2003, 14). Esta técnica de análisis tiene dos inconvenientes principales: el primero, se debe a que ésta destruye la muestra, por lo que no puede aplicarse a artefactos que se quieren conservar de manera íntegra; el segundo se debe a que hay que seleccionar individualmente los elementos que se quieren analizar, de tal manera, que sólo se obtendrán resultados para aquellos elementos ensayados y se necesita un gran período de tiempo para realizar los análisis (Hughes *et alii*, 1976).

-DRX (Difracción de Rayos X): esta técnica es de gran utilidad para analizar aquellos fragmentos cerámicos que están relacionados con el proceso metalúrgico como por ejemplo los moldes, los crisoles, las vasijas-horno o las copelas. La DRX es una técnica destructiva, ya que la muestra debe ser pulverizada y prensada en una pastilla. Posteriormente, esta es introducida en una cámara sin luz y es iluminada con un haz de rayos X. La cristalización de cada mineral es diferente y esto hace que la difracción del espectro que incide sobre la muestra dependa de los minerales que estén presentes en la misma. Además, la intensidad del espectro permite calcular la cantidad que existe en la muestra de cada mineral. Esta técnica de análisis no detecta aquellos minerales que estén presentes en la muestra por debajo de un 1%.

-ICP-AES (Espectrometría de Emisión Óptica): la muestra, extraída por medio de un taladro, es quemada y nebulizada. Posteriormente, se emiten fotones que excitan los átomos de cada elemento y emiten un espectro electromágnético cuya longitud de onda depende del peso atómico de cada elemento. Esto permite identificar los elementos presentes en la muestra y la intensidad de las ondas emitidas permite cuantificar su presencia. Actualmente, en vez de fotones se usa plasma para la inducción por lo que se denomina ICP-AES (Espectrometría de Emisión por Inducción de Plasma Acoplado). Esta técnica permite detectar la mayoría de los elementos químicos, a excepción del H, He, C, N, O, F, Ne y el Ar (Young *et alii*, 1997). El límite de detección de este método analítico es de 1 parte por millón para los elementos ligeros y de 50 partes por trillón para los elementos pesados (Young *et alii*, 1997). La cantidad de muestra que se necesita para el análisis es muy baja (apenas son necesarios unos pocos miligramos), a pesar de lo cual hay que señalar que el ICP-AES es un método destructivo que no se puede aplicar a artefactos que deben conservarse de manera íntegra.

-FRX (Fluorescencia de Rayos X): el principio de este método analítico se basa en bombardear la muestra con un haz de rayos X y en medir los rayos X secundarios emitidos por los electrones de cada elemento químicos. Como cada elemento químico tiene un número atómico propio los espectros emitidos por cada uno de ellos tienen una intensidad y una duración diferente, lo cual permite detectar los elementos presentes en la muestra y cuantificarlos. Tiene dos métodos de aplicación: el análisis por dispersión, que no se puede aplicar en instrumentos portátiles, y el análisis por dispersión de energía. La capacidad de penetración de este método es de 20 µm para metales, lo que le convierte en un método analítico no destructivo que puede ser aplicado en aquellos artefactos que se quieren conservar de manera íntegra. La Fluorescencia de Rayos X tiene una alta capacidad de detección y puede llegar a detectar límites de hasta 10 ppm. El principal problema de este método de análisis es que no permite cuantificar los elementos más ligeros con un número atómico inferior al Na (Z=11), por lo que es poco útil para analizar cerámica y vidrio. Además, los espectros emitidos por cada elemento pueden superponerse. Por ejemplo, se ha documentado que el espectro emitido por el titanio se confunde con el del bario. Esto hace que este método analítico sea poco útil cuando aplicar sobre muestras con el objetivo de detectar estos elementos (Milazzo, 2004). A pesar de los inconvenientes señalados, este método es el más empleado en los análisis aplicados sobre metales en España y en Europa (López Romero de la Aleja y Montero Ruiz, 2006).

-MEB (Microscopio Electrónico de Barrido): esta técnica analítica tiene una doble aplicación. Por una parte, se emplea para conocer la composición elemental de los artefactos analizados; por otra, también se emplea como microscopio para observar la superficie y la estructura interna de las muestras analizadas. Este tipo de técnica analítica es de enorme utilidad para el análisis de escorias, ya que tienen una superficie y una composición muy heterogénea. La muestra es colocada dentro de una cámara al vacío y, posteriormente, es bombardeada con un haz de electrones que produce una excitación de los átomos de la muestra y una emisión de tres tipos de partículas:

-Electrones secundarios: son los electrones emitidos por los átomos de la muestra bombardeada. Como la superficie de la muestra es irregular la recepción de los mismos no es igual, por lo que se emplean para visualizar la superficie aumentada de la misma.

-Electrones retrodispersados: estos electrones son rebotados al impactar con la superficie. La intensidad de su señal es proporcional a la masa del átomo bombardeado.

-Rayos X: estas ondas se producen al situarse los electrones de las capas externas en las capas internas de los átomos bombardeados y que han emitido un electrón secundario. La intensidad de la onda de rayos X depende del peso atómico de cada átomo, lo que permite identificar el elemento químico bombardeado (Martín Calleja *et alii*, 1994).

-Microsonda: este método de análisis es similar al Microscopio Electrónico de Barrido. La diferencia respecto del primero es que el haz es de unas dimensiones menores, lo que permite el análisis de regiones de muy reducido tamaño (Somogyi *et alii*, 2005). Para reducir este haz se emplean lentes magnéticas cuadrupolares que son capaces de focalizar el haz de iones hasta el orden de 1 µm (CNA, 2006). El análisis por microsonda tiene la ventaja de que se puede focalizar el eje del haz de electrones y hacer barridos sobre determinadas áreas, lo que permite conocer la composición de las mismas.

-Metalografía: este tipo de análisis se realiza con el objetivo de conocer la estructura interna del registro material que está relacionada tanto con la composición del artefacto como con sus propiedades físicas. Para ello, la muestra es pulida y posteriormente observada en el microscopio. El primer estudio microscópico permite detectar aquellas inclusiones, fisuras y poros de la estructura de la pieza (Rovira Llorens y Gómez Ramos, 2003: 40). En una segunda fase la superficie es atacada con un reactivo, lo que permite visualizar la microestructura de la pieza. Este método de análisis es empleado en las piezas metálicas, aunque para el estudio de la escoria y de las cerámicas escorificadas se suele emplear el MEB.

-PIXE (Emisión de Rayos X por inducción de partículas): en este método de análisis la muestra es bombardeada con un haz de protones a través de un acelerador de partículas. El impacto de los protones hace que la muestra emita rayos X que son medidos en un sensor. La intensidad y la duración de estas radiaciones dependen del número atómico de cada elemento químico, que emite un tipo de espectro diferente. La ventaja de este método de análisis respecto de los anteriores es que, además de no ser destructivo, tiene un límite de detección menor, ya que detecta y cuantifica todos aquellos elementos químicos cuyo número atómico es mayor que 20 (Demortier, 2004). Otra de las ventajas del mismo es que permite realizar análisis sobre zonas concretas, razón por la cual ha sido muy empleado para estudiar soldaduras en las piezas de orfebrería. Aunque este método analítico puede ser empleado para detectar elementos químicos situados en la tabla periódica entre el sodio y el fósforo, no es aconsejable emplearlo con el objetivo de detectar estos elementos ligeros, ya que la presencia de elementos con un peso atómico mayor suele ocultar el espectro emitido por los elementos más ligeros (Demortier, 2004).

-PIGE (Emisión de Rayos γ por inducción de protones): este método analítico es similar al método PIXE con la diferencia de que se miden los rayos gamma emitidos y no los rayos X. El método PIGME suele ser de mucha utilidad para detectar aquellos elementos ligeros que no pueden ser detectados por PIXE, ya que el espectro emitido por la incisión de los rayos γ es mucho más fuerte y puede ser medido de manera más certera. Dependiendo de energía con la que se mandan las partículas puede tener una capacidad de penetración entre 4 μm para las partículas α a 1 MeV y 3,2 mm a 7 MeV de protones (Demortier, 2004).

3.11.2 LOS PROCESOS POSTDEPOSICIONALES Y LA COMPOSICIÓN DE LOS ARTEFACTOS METÁLICOS

La composición de las piezas metálicas no es estable y puede sufrir modificaciones a lo largo del tiempo como consecuencia de las condiciones físicas y químicas del contexto de deposición. Estos cambios pueden ser un grave problema, ya que la composición que tuvo el artefacto de metal en el pasado, no necesariamente tiene porque ser igual que la composición actual. Los estudios realizados, han demostrado que la superficie de los artefactos sufre una gran corrosión al estar en contacto con el agua o en terrenos en los que predominan los suelos ácidos, proceso que no se da en aquellos suelos alcalinos en los que las condiciones de preservación son mucho más ventajosas (Tylecote, 1979). Asimismo, se ha observado que la pérdida de elementos como el estaño y el cinc puede ser muy grande, produciéndose así un cambio que "falsea" los resultados de la información obtenida en los análisis (Tylecote, 1979). El estaño suele permanecer en la pieza cuando se encuentra en aleaciones superiores al 12%, mientras que la reducción del cinc es mucho mayor, ya que es más soluble. Se sabe que los bronces muy homogeneizados (estructuras de tipo α) son muy resistentes a los diferentes tipos de corrosión durante un período corto de tiempo, aunque la deposición el artefacto durante miles de años pueden producir una fuerte corrosión que puede penetrar hasta medio centímetro (Tylecote, 1979).

Otro factor que puede influir en el proceso de corrosión de las piezas metálicas son los microorganismos. Estos tienen un importante papel en el avance de la corrosión en los artefactos realizados en determinados metales como por ejemplo el hierro. En el caso del cobre se sabe que no suele verse muy afectado por la acción microbiana. Las alteraciones sufridas hacen que la corrosión del mismo produzca la aparición de sulfatos y sales de cobre, que suelen ser muy dañinos para la actividad bacteriana, lo que limita su papel en la corrosión (Tylecote, 1979).

3.11.3 OBSERVACIONES

El principal problema a la hora de recopilar la información analítica se debe a la ausencia de datos en las publicaciones relativos a las características de los aparatos empleados para el análisis y a las correcciones que se han realizado a la hora cuantificar los elementos presentes en la muestra. Esta falta de información aparece con una mayor frecuencia en aquellos trabajos de investigación en los que se publican los resultados de unos pocos análisis, aunque es mucho más escasa en aquellas publicaciones en las que se incluyen una gran cantidad de resultados analíticos, que por lo general suelen ser mucho más exhaustivas. Esta carencia informativa no es propia sólo de las publicaciones de arqueometría metálica, sino que también ha sido observada en las publicaciones de arqueometría cerámica (Cordero Ruiz *et alii*, 2006).

A continuación se describen de manera somera las características de los aparatos empleados y de las correcciones realizadas en aquellas series de análisis publicados en las que se ha podido encontrar este tipo de información:

-Análisis del Museo Británico: estos se realizaron a partir de muestras extraídas del interior de los artefactos metálicos. Este procedimiento fue empleado para conocer la composición del artefacto y no la de la capa de corrosión que suele tener una composición alterada respecto a la pieza original (Harrison *et alii*, 1981). Para los análisis se empleó un Perkin Elmer 306 de espectrómetro de doble haz. Una de las observaciones que debe de ser tenida en cuenta en esta serie de análisis es que el Pb y el Sn son detectados pero no por debajo del 0,01%. Por otra parte, hay que señalar que en esta serie de análisis la cantidad de As y de Ag está sobrevalorada (Montero Ruiz, 1994: 49). La desviación estándar de las muestras es de ±1% para elementos mayoritarios y de ±30% para elementos presentes en cantidades por debajo del 0,2% (Montero Ruiz, 1994).

-Análisis del Proyecto SAM: la revisión de los análisis realizados en la década de los años 60 del Siglo XX por el equipo de Junghans ha puesto de manifiesto que los resultados obtenidos tienen algunos errores de cuantificación. Esto se debe a que se empleó acido nítrico para preparar la muestras antes del análisis. El ácido nítrico no afecta al estaño pero sí elimina el cobre, por lo que las cantidades de estaño y de arsénico presente en las piezas estaban sobrevaloradas (Harrison *et alii*, 1981: 158). Además hay que señalar que las cantidades de Sb, Ni, Fe, Ag y Zn son muy diferentes a las que se han cuantificado en la serie de análisis del Proyecto de Arqueometalurgia de la Península Ibérica. Por esta razón, se ha preferido no emplear estos datos en los estudios estadísticos al igual que se hizo en el estudios del Sureste por las mismas razones (Montero Ruiz, 1994: 49).

-Análisis del Proyecto de Arqueometalurgia de la Península Ibérica: los análisis realizados en este proyecto que van precedidos casi siempre en la sigla por las letras "PA" o "AA" y se llevaron a cabo con un espectrómetro Kevex Mod. 7000 por energía dispersiva de Rayos X. Los límites de detección son señalados en el prólogo de la obra en la que se publican los análisis de composición y son inferiores a 0,01% en las líneas Kα (excepto para la Ag y Sb que es del orden del 0.001%). En el caso de las líneas Kβ y Lβ la sensibilidad es menor (0,01 o más) (Rovira Llorens *et alii*, 1997). Las características del analizador hacen que no se puedan detectar aquellos elementos ligeros cuyo número atómico es inferior a 20 (Ca). Otro problema que es señalado en el prólogo de dicha publicación, es el relacionado con la superposición de espectros. En el caso del Zn(Kα) este no se puede cuantificar por debajo del 0,4-0,5%, ya que el espectro emitido por el Cu(Kβ) se superpone. Otra superposición que se observa es la que se da con el espectro del Ni(Kα) que puede verse sobrevalorado por el plomo, sobre todo si este está presente en la muestra por encima del 3-4% (Rovira Llorens *et alii*, 1997). Además, el plomo puede también superponerse al As. Finalmente, hay que señalar que antes de realizar el análisis se eliminó parte de la pátina de corrosión superficial de los artefactos, que suele estar alterada y tener una composición diferente a la del metal no corroído (Rovira Llorens *et alii*, 1997).

Los análisis estadísticos de este trabajo sólo se han realizado con datos analíticos que proceden de los resultados obtenidos en el Proyecto de Arqueometalurgia de la Península Ibérica. Sólo estos datos han sido analizados por medio de la misma técnica analítica y por medio de una máquina que tiene la misma calibración, los mismos patrones de cuantificación y las mismas características.

-Análisis de la obra de Domergue: a la hora de cuantificar el cobre y el plomo se ha verificado el resultado obtenido por la espectrometría por inducción de plasma acoplado por medio de la electrolisis. En el caso de los elementos traza se ha empleado la espectrometría para su detección. El principal problema de este método de análisis es que no cuantifica bien aquellos elementos presentes en la muestra que están por debajo del 0,001 (límite de los elementos traza) (Domergue, 1982). Otro de los problemas de los métodos de análisis empleados es que, como se indica en el capítulo correspondiente de dicha publicación, no detectan aquellos elementos químicos cuyo número atómico es inferior a 12 (Domergue, 1982). Por último, hay que señalar que el análisis de las escorias se realizó por análisis químicos, aunque en la obra no se indica cuales fueron los análisis químicos empleados (Domergue, 1982).

-Análisis del Proyecto Exploración Arqueometalúrgica de Huelva: la mayoría de los análisis que se realizaron dentro de este proyecto fueron realizados por el método de AAS. Algunos elementos no fueron incluidos dentro del esquema porque el tratamiento de la muestra previo al análisis pudo reducir su cantidad, como por ejemplo ocurrió con el arsénico. Otra cuestión que debe de ser tenida en cuenta es que otros elementos, como por ejemplo la plata, no han sido cuantificados en algunas muestras como consecuencia de la falta de sensibilidad, ya que se encuentran en pequeñas proporciones (Blanco Freijeiro y Rothenberg, 1981: 292). En los análisis realizados en este proyecto de investigación se emplearon hasta 16 métodos para estimar los diferentes elementos presentes, métodos que no vamos a describir aquí dada su complejidad y extensión y que pueden ser consultados en la obra original (Blanco Freijeiro y Rothenberg, 1981).

-Analisis del trabajo de investigación *Megalitismo e Metalurgia no Alto Algarve Oriental* (Gonçalves, 1989): en este estudio no se hace referencia a la técnica analítica empleada, ni tampoco a los equipos usados durante el estudio analíticos, así como los datos referentes a la calibración de los mismos.

-Análisis de la publicación *Prehistoric Mining and Metallurgy in South West Iberian Peninsula* (Hunt Ortiz, 2003). En esta tesis doctoral no se incluye la información relativa a los equipos que fueron empleados para realizar las analíticas, ni los límites de detección de las mismas. Sólo se hace referencia a la institución en donde fueron llevados a cabo (Hunt Ortiz, 2003: 14-26).

-Análisis realizados en la tesis *La investigación de la actividad metalúrgica durante el III Milenio A.N.E. en el Suroeste de la Península Ibérica* (Rodríguez Bayona, 2008). Los análisis incluidos en esta tesis doctoral publicada fueron realizados con una Microscopio Electrónico de Barrido JEOL JSM-5410. Este equipo dispone de un sistema de Microanálisis por Dispersión de Energía de Rayos,-X Link Isis de Oxford, detector A.T.W. Pentafet con ventana de berilio y resolución de 138 eV con KMn (5,9 keV), rango de voltaje de aceleración de 0.5 kv a 30 kv, detector de Electrones retrodispersados Tetra Link, de Oxford, de 4 diodos, con resolución de 0.1 Z. El microscopio tiene una resolución de trabajo de 8mm y una aceleración de 30 Kv-. Los análisis semicuantitativos realizados en esta tesis fueron corregidos mediante modelo ZAF. Las principales líneas espectrales medidas fueron las de Si(K), P(K), S(K), V(K), Cl(K), Fe(K), Co(K), Cu(K), Zn(K), As(K), Se(K), Sn(L), Sb(L), Pb(L) y Bi(K) (Rodríguez Bayona, 2008). Las condiciones de trabajo fueron prefijadas en 100 segundo de tiempo de exposición, potencial de aceleración 20-25 kv, distancia de 20 mm, corriente de sonda de 3.7 x 10^{-10} Amp y diámetro de haz de 22 nm (Rodríguez Bayona, 2008).

3.12 LOS ANÁLISIS ESTADISTICOS

Una de las grandes novedades metodológicas que introdujo la Nueva Arqueología a mediados de los años 60 del siglo XX fue la introducción de técnicas estadísticas dentro en los estudios arqueológicos. El impacto que esta disciplina ha tenido dentro de la Arqueología a nivel epistemológico ha sido más que notable, en tanto que ha permitido crear nuevos métodos para contrastar hipótesis y nuevas maneras de abordar el estudio del registro arqueológico. Actualmente, existen una gran cantidad de publicaciones sobre como aplicar este tipo de técnicas (Shennan, 1991; Drennan, 1996; Barceló, 2007), a pesar de lo cual esta disciplina apenas se incluye en la mayoría de los programas curriculares de las facultades de historia de las universidades españolas.

En este trabajo se ha empleado la estadística descriptiva. Las medidas estadísticas utilizadas han sido las siguientes:

-Cálculo de la media: la media es la suma de todos los valores partido por el número de casos observados. Esta medida es poco robusta, es decir, que se ve muy alterada por los valores altos.

-Cálculo de la mediana: la mediana es el valor que está situado en la mitad de todos los casos. Para calcularla se suman los números que están a un lado y otro de la mitad y se divide por dos. En el caso de que el número de casos sea impar, la mediana es el valor que se encuentra en la mitad de todos los casos.

-Desviación estándar o típica: esta medida sirve para medir la desviación media de los valores respecto de la media. Se calcula sumando el resultado obtenido de la resta del valor respecto de la media. Posteriormente, se divide entre el número de casos observados menos 1, y finalmente, se realiza la raíz cuadrada del resultado obtenido.

-Gráfico de distribución de frecuencia: indica la distribución de los datos de la muestra según su valor. Este análisis sirve para conocer el grado de frecuencia de los valores de un conjunto de datos. En este trabajo se ha empleado este análisis para conocer la frecuencia de las presencia de As y Sn en las composición de los artefactos analizados.

-Gráfico de distribución en dos dimensiones: en este gráfico se representa en dos dimensiones la distribución de los datos según los valores de dos variables. Estos valores se distribuyen en torno a dos ejes y pueden estar agrupados o no. Este tipos de gráficos se han realizado aplicado para los análisis morfométricos, en los que se representan la anchura máxima y la longitud máxima en los ejes X e Y respectivamente. También se ha empleado este tipo de gráficos para ver la distribución de los artefactos en el eje x e y según su composición.

4 HISTORIA DE LAS INVESTIGACIONES

4.1 LOS PRIMEROS ESTUDIOS SOBRE LA METALURGIA Y LAS PRODUCCIONES METÁLICAS PREHISTÓRICAS DEL SUROESTE (1868-1939).

El primer estudio sobre la Prehistoria de Andalucía fue el realizado por Manuel de Góngora y Martínez en el año 1868. Su obra *Antigüedades Prehistóricas de Andalucía* fue el primer referente sobre algunos de los monumentos y materiales prehistóricos de esta zona de la Península Ibérica. Sin embargo, esta obra sólo describe una serie de visitas que se realizaron a yacimientos arqueológicos de las provincias de Jaén, Granada, Málaga y Almería, quedando el resto de las provincias de la zona occidental de esta región sin visitar. De Góngora y Martínez sólo visitó y describió los monumentos de la zona Sureste de Córdoba, como por ejemplo la Cueva de los Murciélago (Zuheros, Córdoba), aunque no el resto de la provincia. De este modo, se inició una larga tradición investigadora en Andalucía que, durante un siglo, ha fomentado el estudio del Sureste de Andalucía frente a la zona occidental de esta Comunidad Autónoma.

Las investigaciones realizadas por Francisco Tubino en el año 1868 en el dolmen de la Pastora (Valencina de la Concepción, Sevilla) y las visitas de Machado y Núñez a los monumentos megalíticos de este yacimiento fueron un punto de inflexión en los estudios prehistóricos del suroeste. Las labores desarrolladas provocaron un aumento del interés de la sociedad sevillana por la Prehistoria de esta parte de Andalucía. La fundación del Ateneo de Sevilla en el año 1887 es un hecho de especial relevancia, ya que tuvo durante las dos décadas finales del siglo XIX un papel importantísimo en la difusión y en la organización de visitas a los nuevos monumentos y yacimientos descubiertos. Al frente del mismo estuvo el estudioso Manuel Sales y Ferré, persona de un enorme prestigio nacional y que tuvo una especial significación para la Prehistoria por haber escrito una de las primeras obras sobre la Prehistoria de España. La concesión de un premio del Ateneo de Sevilla a los dos mejores trabajos escritos sobre la Prehistoria de la provincia de Sevilla sirvió de revulsivo para que apareciesen dos obras en el año 1894. La primera realizada por Carlos Cañal y Migolla en el año 1894 se titula *Sevilla Prehistórica: yacimientos prehistóricos de la provincia de Sevilla*. Cañal realizó una visita y una descripción de algunos de los monumentos y yacimientos más famosos de esta provincia. Esta labor de documentación fue completada con la información obtenida de la descripción de algunos artefactos metálicos descontextualizados y con la información que se había obtenido hasta el momento de la excavación de algunos de estos yacimientos por parte de otros investigadores como por ejemplo El Acebuchal o El Judío (Carmona, Sevilla) (Cañal y Migolla, 1894: 151). El segundo trabajo realizado por Feliciano Candau y Pizarro se titula *Prehistoria de la Provincia de Sevilla*. En este trabajo Candau complementó la información obtenida en el trabajo anterior con la información obtenida en las excavaciones realizadas por él mismo en el Castillo de las Aguzaderas (El Coronil, Sevilla).

El trabajo *Antiguidades Monumentaes do Algarve* de Sebastião Philipes Estácio da Veiga en 1886 supuso la primera obra de recopilación de la información arqueológica prehistórica portuguesa. En esta publicación, el autor recopiló toda la información existente en el Sur de este país referente a los artefactos aparecidos, los yacimientos y las minas con evidencias de explotación prehistórica. Su obra consta de varios volúmenes que fueron publicados en años sucesivos y supuso un avance considerable en el estudio arqueológico del sur de Portugal a la vez que introdujo innovaciones metodológicas importantes. Por primera vez y adelantándose a las innovaciones de carácter teórico realizadas por la Nueva Arqueología en los años 60 del siglo XX se consideró a las comunidades prehistóricas en relación con los recursos del territorio. Estácio da Veiga, fue el primero que hizo una relación de minas de cobre explotadas en época prehistórica, datos que sin duda le sirvieron para defender la hipótesis de la existencia de un origen autóctono de la metalurgia. A pesar de la importancia del trabajo realizado, es triste señalar que su metodología novedosa e innovadora en el contexto de finales del siglo XIX no tuvo continuidad y que hubo que esperar casi cien años, para que volvieran a realizarse prospecciones en minas con el objetivo de documentar explotaciones prehistóricas.

La obra de Jorge Bonsor *Las Colonias Prerromanas del Valle del Betis*, publicada en el año 1899 fue, y continúa siendo hoy en día, una obra de referencia en la investigación arqueológica del Suroeste. En ella se describen los hallazgos que tuvieron lugar en las excavaciones realizadas en varios yacimientos con una metodología arqueológica mucho más moderna que en las publicaciones anteriores. Aunque en su obra Bonsor estudió yacimientos y no los artefactos metálicos de manera específica, incluyó la descripción de los contextos precisos en los que aparecieron cada uno de los artefactos metálicos. Su estudio es de enorme importancia ya que por primera vez se empezó a contextualizar los artefactos metálicos documentados. Hasta su obra, las referencias a los contextos eran vagas e imprecisas y apenas se tenía interés por describir las circunstancias del hallazgo, por lo que la obra de Bonsor supuso una ruptura respecto de trabajos de investigación anteriores.

El comienzo del siglo XX supuso un cambio importante respecto de los períodos anteriores. Durantes este período, que se caracterizó por una situación política, económica y social convulsa, se produjo una reducción de publicaciones de carácter científico. A pesar de esta situación, se publicaron algunos artículos aislados que recogían las piezas metálicas descubiertas en otras provincias de Andalucía occidental como por ejemplo el artículo *Antigüedades Prehistóricas en la Provincia de Huelva*, escrito por Antonio Blázquez en el año 1924. Por el contrario, no se escribieron obras monográficas más extensas y de una mayor consistencia como las que sí se habían escrito a finales del siglo XIX. No obstante, hay que señalar que la labor llevada a cabo en este período fue de enorme importancia desde el punto de vista de la creación y consolidación de instituciones públicas cuyo objetivo era velar por la conservación del patrimonio y la investigación arqueológica.

El desarrollo y la institucionalización de los estudios prehistóricos en Portugal fue anterior al que se produjo en España (Jiménez Díaz, 1993: 247). La Universidad de Coimbra, la Asociación de Arqueólogos Portugueses y la Comisión de Trabajos Geológicos de Portugal apoyaron la realización de excavaciones y se hicieron cargo del coste de las publicaciones (Jiménez Díaz, 1993: 247). Por otra parte, es importante señalar que la aparición en Portugal a finales del siglo XIX de revistas especializadas en Prehistoria es un hecho que tuvo importantísimas repercusiones (Jiménez Díaz, 1993: 247). La revista *O Arqueológo Português*, fundada en 1895 por José Leite de Vasconcelos, y la *Revista de Guimarães*, creada en 1884, cumplieron una labor esencial en la difusión de los resultados de las investigaciones realizadas. Debido a que la arqueología prehistórica tuvo en Portugal un fructífero desarrollo a finales del siglo XIX, pronto esta se convirtió en un modelo a seguir dentro de los estudios españoles (Jiménez Díaz, 1993: 247)

La mayoría de los trabajos realizados en Portugal se centraron en el estudio de monumentos megalíticos desde un punto de vista local, aunque también se publicaron algunas obras de carácter general, como por ejemplo la de Pereira da Costa (1868). La labor de recopilación de los yacimientos conocidos en el Algarve realizada por Estacio da Veiga (1878) tuvo una enorme trascendencia para el conocimiento de la Prehistoria del suroeste.

En conclusión se puede decir que los estudios realizados en este período sirvieron para realizar una primera aproximación a las características morfológicas de las producciones metálicas de esta zona. Las excavaciones realizadas permitieron contextualizar algunos de los artefactos metálicos documentado y avanzar en su seriación cronológica. Desde los inicios de la investigación arqueológica europea y española, que en estos primeros momentos no tenía un bagaje teórico propio, las producciones metálicas se convirtieron en un fósil director (Gómez Ramos, 1997). La obra de Thomsen, publicada en el año 1833, es un claro ejemplo de estos primeros trabajos de la Prehistoria Europea y en ella los artefactos metálicos sirvieron para definir una etapa tecnológica diferente de las anteriores y un estadio evolutivo superior. Esta interpretación ha sido poco rebatida en España hasta los primeros estudios del Sureste que empezaron a cuestionar la importancia del sistema productivo metalúrgico (Chapman, 1980). Durante este período hubo un gran interés por las producciones metálicas, aunque no por los subproductos de la actividad metalúrgica que no eran considerados restos arqueológicos, salvo para algunos investigadores como por ejemplo Vilanova i Piera o Alves Pereira o los hermanos Siret que realizaron análisis de escorias y cerámicas escorificadas halladas en poblados calcolíticos y argáricos del Sureste (Gómez Ramos, 1997). La labor de los hermanos Siret, basada en la aplicación de técnicas de análisis fisicoquímicas al registro arqueológico, no tuvo continuidad en la investigación española, hecho que hubiese adelantando a nuestro país respecto de la investigación llevada a cabo en otros países europeos (Gómez Ramos, 1997). Por el contrario si hubo un mayor desarrollo de estos estudios analíticos en Portugal en donde investigadores como Santos Rocha, Estácio da Veiga o Joaquim Fortes siguieron realizando análisis a artefactos aislados, pero nunca de una manera sistemática (Vilaça y Merideth, 1997: 125).

4.2 LA INTRODUCCIÓN E IMPLANTACIÓN DEL POSITIVISMO Y DEL DIFUSIONISMO DENTRO LA INVESTIGACIÓN PREHISTÓRICA DE LA PENÍNSULA IBÉRICA (1940-1970).

La investigación desarrollada en estos años en España en el campo de las producciones metálicas y del sistema productivo fue bastante escasa, de ahí que este período haya sido calificado por algunos investigadores como "desolador" (Gómez Ramos, 1997: 140). Durante este período se publicaron algunos artículos sobre hallazgos de artefactos sueltos, aunque se perdió la tradición de grandes recopilaciones de restos materiales que había prosperado en el período anterior.

Durante este período aparecieron algunas obras sobre los artefactos metálicos que estaban expuestas en algunos museos o en algunas exposiciones. El trabajo *Tesoros Españoles Antiguos en el Museo Arqueológico Nacional* escrito por Francisco Álvarez-Ossorio y Farfán de los Godos en el año 1954 realiza una primera descripción de los artefactos de oro que están expuestos en las vitrinas de este museo. El estudio sólo tiene en cuenta criterios morfológicos, aunque a día de hoy es la única información publicada que existe sobre algunas de las piezas depositadas en esta institución. Otra obra similar es la titulada *Catálogo de la Exposición de Arqueología celebrada en Sevilla con motivo del Congreso*, escrita por Fernández-Chicarro en el año 1963 y que describe las piezas de la exposición organizada como parte de la celebración del VII Congreso Nacional de Arqueología.

Los estudios portugueses sobre artefactos metálicos del suroeste que se llevaron a cabo dentro de este periodo son también escasos. Los productos metálicos fueron estudiados por medio de criterios morfológicos, con el objetivo de determinar su cronología a través de sus características formales. Los productos metálicos eran estudiados como un parte más del registro arqueológico, pero al igual que sucedía en España, no existía un interés por conocer el proceso productivo, ni por las repercusiones sociales o económicas de la metalurgia. La mayor parte de los estudios se centraron en la excavación de necrópolis como la de Caldas de Monchique (Monchique, Faro) (Viana *et alii*, 1949) o la de Atalaia (Ourique, Beja) (Schubart, 1964). Los artefactos obtenidos en estas intervenciones arqueológicas sirvieron para definir la cultura material propia de la Edad del Bronce del Suroeste. Mucho más escasas fueron las excavaciones realizadas en poblados de la Edad del Bronce como por ejemplo la llevada a cabo en el poblado de Rotura (Setúbal) (Tavares da Silva, 1967).

Durante esta etapa empezó a surgir un verdadero interés por conocer el origen de la metalurgia en la Península Ibérica, aunque no por el estudio de los restos materiales relacionados con esta actividad productiva. La aparición de la metalurgia en la Península Ibérica fue interpretada como una consecuencia más de la llegada de poblaciones foráneas. Esta explicación difusionista, no sólo se aplicó a la metalurgia, sino también a cualquier cambio cultural que se observaba en el registro material arqueológico. Las hipótesis de George y Vera Leisner sobre la introducción de la metalurgia por especialistas metalúrgicos procedentes de Oriente fue expuesta en su obra *Die Megalithgräber der Iberischen Halbinsel: Der Süden* publicada en el año 1943. Esta hipótesis continuó siendo defendida en obras posteriores como por ejemplo el trabajo de Almagro Basch titulado *Prehistoria*, donde se afirmaba que se produjo una penetración en la Península Ibérica por el Sureste y una posterior expansión por el Suroeste motivada por la búsqueda de nuevas fuentes de materias primas (Almagro Basch, 1970). Si en un primer momento estas poblaciones vinieron buscando fuentes de cobre, en uno posterior, identificado con el período de desarrollo de Cultura del Argar, se habría producido una nueva invasión de gentes del Próximo Oriente que buscaría fuentes de estaño y plata (Almagro Basch, 1970: 767). Esta hipótesis sobre los orígenes de los invasores se contradecía con la de Martínez de Santa-Olalla, que defendía un origen anatólico de los invasores y no mesopotámico ni levantino (Martínez de Santa Olalla *et alii*, 1947). Posteriormente, estas hipótesis fueron rechazadas aunque se consideró que la metalurgia tuvo su inicio con la introducción de pueblos relacionados con la cultura campaniforme centroeuropea (Fernández Miranda *et alii*, 1995).

Desde los años 60 del siglo XX, surgieron en Europa los primeros trabajos que aplicaron análisis fisicoquímicos a las piezas con el objetivo de conocer su composición elemental. El principal objetivo de estos estudios era el de conocer la presencia de elementos traza para determinar la procedencia de la materia prima. Esta hipótesis, que posteriormente fue rechazado tras los estudios realizados por Tylecote (1977), favoreció la aplicación de técnicas analíticas al registro arqueológico. La publicación en dos volúmenes en los años 1960 y 1968 de la obra *Studien zu den Anfängen der Metallurgie (SAM)* escrita por Junghans, Sangmeister y Schöder incluía miles de análisis sobre piezas de todas las partes de Europa aunque sus resultados fueron bastante limitados. La innovación metodológica realizada en este estudio fue de gran importancia aunque los resultados de los análisis realizados por la Universidad de Stuttgart no fueron muy útiles ya que el método analítico empleado sobrevaloraba varios elementos como el As, el Ag, el Ni y el Zn y minusvaloraba la cantidad de Cu (Montero Ruiz, 1994). No obstante, es importante tener en cuenta que el estudio analítico que se realizó sobre multitud de artefactos prehistóricos de España y Portugal, con una metodología de análisis sistemática, supuso un precedente de gran relevancia.

En España los estudios arqueométricos sobre artefactos de metal se introdujeron mucho más tarde, a pesar de que en el siglo XIX ya los hermanos Siret realizaron algunos análisis sobre piezas metálicas del Sureste. Su obra *Las Primeras Edades del Metal en el Sureste Español*, publicada en el año 1890, es el primer referente sobre los estudios tecnológicos arqueometalurgicos y en ella se incluyeron los resultados de los primeros análisis de escorias, minerales y artefactos de metal (Gómez Ramos, 1997). Es significativo que estos dos estudiosos no fueran hombres de formación humanística sino de ciencias naturales, hecho que fue decisivo en la aplicación de unas técnicas analíticas para las que era necesaria una formación específica. La única publicación española sobre artefactos metálicos del Suroeste en la que se emplearon técnicas analíticas es el estudio realizado por Martín Almagro Basch sobre las puntas de jabalina del dolmen de La Pastora (Valencina de la Concepción, Sevilla). Este estudio fue publicado en el año 1962 y en él se incluía el resultado de la composición de varias jabalinas. A pesar de este avance metodológico, Almagro consideraba que estos artefactos procedían de Próximo Oriente, hipótesis que se ha mantenido hasta el reciente estudio de Montero Ruiz, que ha defendido un origen autóctono para estas producciones (Montero Ruiz y Teneishvili, 1996).

Los avances llevados a cabo en España y en Portugal durante este período en el estudio de las producciones de metálicas y de los subproductos de la metalurgia fueron escasos. Aunque se publicaron algunos trabajos que se caracterizaron por emplear unas técnicas de análisis morfológico poco diferenciadas de la que se utilizaban en el siglo XIX, los resultados obtenidos fueron bastante modestos. Por el contrario, en Europa surgieron los primeros estudios analíticos sobre piezas metálicas. Esto supuso una innovación metodológica sin precedentes y de la cual quedó rápidamente desligada la investigación lusa y española.

4.3 LA INTRODUCCIÓN DE LAS TÉCNICAS DE ESTUDIO ARQUEOMÉTRICAS EN LA INVESTIGACIÓN LUSOESPAÑOLA (1970-1990)

Desde los años 70 del siglo XX se produjo en Europa un aumento del número de estudios que se interesaron por el estudio del sistema productivo prehistórico desde el punto de vista analítico (Gómez Ramos, 1997). El concepto de "Arqueometalurgia" se consolidó en Europa en este período, aunque su implantación fue mucho más tardía en España. Esta es un campo de investigación de la Arqueología que tiene como objetivo el estudio de la actividad productiva metalúrgica y de las producciones metálicas del pasado a partir de las fuentes materiales, textuales e iconográficas. Las obras de Tylecote *Metallurgy in Archaeology* (1964), *A History of Metallurgy* (1972) o *Chalcolithic Copper Smelting* (Tylecote *et alii*, 1978) produjeron una auténtica revolución metodológica dentro de los estudios arqueometalúrgicos. Los análisis no sólo se aplicaron a los artefactos metálicos, sino por primera vez también al resto de subproductos relacionados con el proceso metalúrgico y cuyo estudio hasta entonces no había sido considerado de interés. Esta nueva metodología no tuvo mucho desarrollo en España y Portugal durante los años setenta, período en el cual se publicaron algunas obras de pequeña entidad. Aunque se realizaron algunos estudios sobre la metalurgia de algunos yacimientos, estos no consistían en obras de conjunto que tuvieran una visión más amplia, por lo que sus resultados fueron bastante limitados (Gómez Ramos, 1997).

Las investigaciones arqueometalúrgicas en el Suroeste de la Península Ibérica fueron bastante numerosas desde los inicios de los años ochenta del siglo XX, período en el se produjo un aumento del número de publicaciones que aplicaban técnicas de análisis fisicoquímicos al registro arqueológico. La introducción de los estudios arqueométricos en la investigación lusoespañola sobre el Suroeste fue bastante lenta y desigual. A día de hoy, todavía el número de publicaciones que emplean una metodología de estudio basada en la morfología de los artefactos es superior a la cantidad de trabajos de investigación que realizan estudios arqueométricos sobre metales y subproductos del proceso metalúrgico.

Los primeros estudios sobre el sistema productivo prehistórico fueron los realizados por los ingenieros de minas. Estos describieron de manera indirecta algunos de los trabajos que pudieron estar relacionados con las explotaciones de época antigua y que todavía se conservaban antes de la explotación moderna de las minas de la provincia de Huelva. El libro *Piritas de Huelva: su historia, minería y aprovechamiento* escrito por Ignacio Pinedo Vara y publicado en el año 1963 fue y sigue siendo de gran importancia ya que ha permitido conocer muchas explotaciones antiguas que actualmente han desaparecido por las labores de minería posteriores. Este investigador realizó una primera recopilación sobre las explotaciones onubenses y los restos de explotación antigua que se conservaban en las mismas. Aunque el estudio de estas minas no se realizó con un enfoque arqueológico, sí se describieron algunas de las labores antiguas que se descubrieron en las minas y se realizaron algunos análisis con el fin de conocer qué recursos minerales fueron explotados en el pasado.

La primera investigación arqueométrica en España que se llevó a cabo con una visión de conjunto fue la realizada por Antonio Blanco Freijeiro y Beno Rothenberg en la faja pirítica de Huelva. Los resultados publicados en *Exploración Arqueometalúrgica de Huelva (EAH)* (Blanco Freijeiro y Rothenberg, 1981) y la labor de catalogación y de análisis que se llevó a cabo en el primer proyecto multidisciplinar de este tipo en España no tenían precedentes y sirvieron como referente para publicaciones posteriores. La falta de conocimientos de los investigadores españoles sobre este tema ha sido considerada como una de las causas de que los resultados de esta obra tuvieran una difusión limitada (Gómez Ramos, 1997: 142).

La metodología del estudio anterior no tuvo continuidad dentro de la investigación lusa y española, por lo que los estudios arqueométricos de los años siguientes fueron realizados por instituciones extrajeras. Los análisis realizados sobre piezas de procedencia española del Museo Británico fueron publicados en el artículo *A study of the Bronze Age Metalwork from the Iberian Peninsula* y sirvieron como una primera aproximación al estudio arqueométrico de artefactos metálicos españoles (Harrison *et alii*, 1981). El estudio *Catalogue des Mines et des fonderies antiques de la Péninsule Iberique* (Domergue, 1980) recopiló todas las evidencias de explotación minera del Suroeste de la Península Ibérica y continúa siendo una obra de consulta de referencia hoy en día. El estudio de Domergue introdujo una innovación metodológica importante, ya que por primera vez en España se empleó la prospección arqueológica a gran escala junto con el análisis arqueométrico de minerales y subproductos del proceso metalúrgico. Por otra parte, hay que señalar que en este estudio se empleó una escala de análisis territorial macro que era muy superior a la empleada en el proyecto de Exploración Arqueometalúrgica de Huelva. Asimismo, es de gran importancia la publicación de Hartmann titulada *Prähistorische Goldfunde aus Europa* (1982). Este trabajo de investigación se realizó una labor analítica sistemática sobre artefactos de oro de toda Europa. Multitud de artefactos prehistóricos de oro de España y Portugal fueron analizados de manera sistemática para conocer su composición y, a día de hoy, es la única información analítica que se tiene sobre algunos de ellos. Estos tres estudios muestran cómo las instituciones españolas y portuguesas existentes en ese momento se mostraron incapaces de desarrollar proyectos de investigación sistemáticos que aplicasen métodos fisicoquímicos y arqueológicos dentro del mismo estudio hasta inicios de la década de los 80 del siglo XX.

Durante los años ochenta aparecieron una gran cantidad de publicaciones en revistas españolas en las que se publicaron los resultados de análisis aplicados sobre artefactos aislados. El principal objetivo de estos análisis era el de conocer la composición de las piezas analizadas, aunque no el de conocer el sistema tecnológico que lo produjo. Los resultados de estos estudios han sido poco útiles, ya que los análisis fueron realizados sin objetivos concretos y por parte de gente que carecía de la formación necesaria para interpretarlos. En algunos casos, los datos de estos análisis son incluidos en los anexos de las monografías en las que se publican los resultados de excavaciones realizadas, como por ejemplo ocurre en la obra de *La Mesa de Setefilla* (Aubet Semmler *et alii*, 1983) o en *El Llanete de los Moros, Montoro, Córdoba* (Martín de la Cruz, 1987: 199). A la misma vez, fueron desarrollándose otros estudios de recopilación de artefactos procedentes de zonas que no habían sido estudiadas hasta el momento, como por ejemplo Badajoz. La obra *El Bronce Final y el Período Orientalizante en Extremadura* de Martín Almagro Gorbea (1977) no aplicó una metodología arqueométrica, a pesar de lo cual la recopilación de artefactos que se llevo a cabo sigue siendo hoy en día la única que se ha realizado para los artefactos de la Edad del Bronce Final de esta Comunidad Autónoma.

En el caso de la investigación portuguesa hay que señalar que no empezaron a aplicarse técnicas arqueométricas en los estudios arqueometalúrgicos hasta la década de los años 80 del siglo XX. Hasta ese momento, los estudios realizados mantuvieron una metodología taxonómica que sólo valoraba la morfología de los artefactos y que apenas prestaba atención al resto de subproductos metalúrgicos aparecidos en contextos arqueológicos. Otro de los grandes problemas de los trabajos de investigación publicados es que se realizaba un análisis local de los artefactos, de tal manera que faltaban publicaciones en las que se recopilase la información existente. El artículo de Schubart *Las Alabardas tipo Montejicar* (1973) o la obra de Monteagudo titulada *Die Beile auf der Iberischen Halbinsel* (1976), sirvieron para tener una visión de conjunto de algunas de las producciones metálicas portuguesas y, en el segundo caso, también española. Los primeros estudios arqueométricos del Suroeste realizados por portugueses fueron llevados a cabo por Tavares da Silva y Soares (1984) sobre artefactos metálicos aparecidos en Escoural (Montemor-o-Novo, Évora) y Monte da Tumba (Torrao, Alcacer do Sal, Setúbal). Aunque en los trabajos realizados se documentaron escorias y cerámicas escorificadas, no fueron analizadas por medio de técnicas arqueométricas. Estos dos arqueólogos siguieron realizando investigaciones en estos dos yacimientos y publicaron nuevos datos arqueométricos en años posteriores, pero sólo de artefactos metálicos (Tavares da Silva y Soares, 1985; Tavares da Silva y Soares, 1987).

El estudio de Gonçalves, titulado *Megalistimo e metalurgia no alto Algarve Oriental*, es de gran importancia. En este se realizó un análisis sobre la metalurgia en varios yacimientos calcolíticos del Algarve oriental y fue publicado en el año 1989. En este trabajo se analizó esta actividad productiva, así como sus posibles repercusiones en la organización socioeconómica de estas comunidades. Para ello, se emplearon datos de excavaciones, de prospecciones y de análisis de artefactos metálicos y de escorias, minerales y cerámicas escorificadas. Este estudio supuso un hito en la investigación portuguesa, ya que fue el primero que analizó la metalurgia en cada fase productiva por medio de análisis que se realizaron de manera sistemática y con unos objetivos claros y definidos.

La creación del Instituto de Ciências e Engenharia Nucleares en 1985 (actual Instituto Tecnológico e Nuclear, Lisboa) también supuso un hecho importante dentro de los estudios arqueométricos. Por primera vez se creaba una institución que tenía como principal objetivo la aplicación de técnicas nucleares para fines no energéticos. Hasta ese momento, las instituciones portuguesas que contaban con equipos que permitían realizar análisis fisicoquímicos sobre materiales, se habían creado para controlar los recursos energéticos y las centrales nucleares portuguesas. A pesar de la creación de esta institución, que cambió de hombre repetidas veces en pocos años, hubo que esperar hasta los años 90 del siglo XX para que se desarrollasen líneas de investigación relacionadas con el análisis de materiales arqueológicos.

En conclusión se puede decir que en esta etapa se consolidaron las bases de las investigaciones que se llevaron a cabo en el período siguiente. La mayor parte de los estudios se centraron en el estudio morfológico de artefactos metálicos. En algunos casos, estos trabajos de investigación eran complementados con resultados de análisis incluidos en anexos, realizados sin un objetivo fijo y que rara vez eran interpretados. Por otra parte, hay que señalar que, a excepción de algunos trabajos realizados por investigadores de la península Ibérica como por ejemplo el de Gonçalvez (1989) o el de Blanco Freijeiro y Rothenberg (1981), los subproductos del proceso metalúrgico no eran estudiados por medio de técnicas analíticas.

4.4 LA CONSOLIDACIÓN DE LOS ESTUDIOS ARQUEOMETALÚRGICOS EN LA PENÍNSULA IBÉRICA (1990-2009)

Aunque desde los años ochenta habían quedado sentadas las bases de la investigación arqueometalúrgica en la Península Ibérica, no fue hasta la década de los años noventa cuando empezaron a difundirse algunos de los resultados obtenidos una década antes. El proyecto de Arqueometalurgia de la Península Ibérica se inició en el año 1982, aunque sus resultados no fueron publicados hasta inicios de los años noventa del siglo XX. La labor de los integrantes de este proyecto y la compra de varios equipos de FRX por parte del Ministerio de Cultura permitieron crear una base de datos analítica sin precedentes para el registro material de la Península Ibérica. Con este proyecto se dotaba al Museo Arqueológico Nacional de un laboratorio propio para el estudio de artefactos arqueológicos. Algunos de los resultados de estos análisis sobre piezas del Suroeste fueron publicados en artículos como por ejemplo "La metalurgia prehistórica en la Sierra de Aracena (Huelva)" (Gómez Ramos *et alii*, 1999) o "Metales Prehistóricos del Entorno Gaditano" (Rovira Llorens y Montero Ruiz, 1994). Por otra parte, hay que señalar que los resultados obtenidos en este estudio se han convertido en la base teórica de los estudios arqueometalúrgicos de la Península Ibérica y fueron empleados en la elaboración de varias tesis doctorales como por ejemplo el realizado para el Sureste (Montero Ruiz, 1994), el Noroeste

(Comendador Rey, 1998), el Valle del Ebro (Rodríguez de la Esperanza, 2005) y el Levante (Simón Garcia, 1998). En otros campos de estudio más especializados dentro de la arqueometalurgia, como por ejemplo los estudios de orfebrería, el desarrollo ha sido paralelo (Perea Caveda, 1989).

La publicación de la tesis titulada *Obtención de metales en la Prehistoria de la Península Ibérica* (Gómez Ramos, 1999) es un hecho de gran relevancia. Hasta el momento es la única tesis que se ha dedicado a analizar sólo subproductos del proceso metalúrgico de la Prehistoria y de la Protohistoria de la Península Ibérica. Los anteriores trabajos habían puesto demasiado énfasis en el análisis de artefactos metálicos, pero apenas se habían realizado estudios analíticos sobre escorias, minerales, y cerámicas escorificadas relacionadas con el proceso metalúrgico. Esta labor analítica ha permitido conocer de manera más precisa cómo se llevaron a cabo las labores de reducción de minerales, de fundición y de refundición del metal y ha permitido conocer cuáles de estos trabajos se llevaron a cabo en cada yacimiento. Según este estudio, la metalurgia prehistórica habría sido realizada por mano de obra no especializada, ya que esta actividad productiva se caracterizaría por su poca innovación tecnológica y por realizarse en condiciones muy poco propicias para la correcta reducción del mineral (Gómez Ramos, 1999). A día de hoy se han hallado una mayor cantidad de subproductos en contextos arqueológicos, por lo que es necesario que se realicen nuevos estudios de este tipo que incluyan este tipo de evidencias.

En Portugal la situación ha sido muy diferente respecto de la de España. Aunque existen instituciones como el Instituto Tecnológico e Nuclear (ITN), no se han llevado a cabo proyectos de investigación parecidos al Proyecto de Arqueometalurgia que tengan como objetivo realizar análisis sistemáticos de las producciones prehistóricas de Portugal. A día de hoy, los artefactos metálicos y los subproductos de cada yacimiento son analizados de manera separada y dentro del marco de las actuaciones realizadas en cada uno de ellos. Esto ha producido que los resultados obtenidos no sean comparables entre sí ya que proceden del empleo de técnicas diferentes, de laboratorios diferentes y están expresados en valores diferentes, problemas que también han sido hallados en algunas publicaciones científicas españolas (Montero Ruiz *et alii*, 2007: 36). El único estudio que tuvo como objetivo la creación una base de datos de análisis comparables, es el realizado para los artefactos de oro prehistóricos y protohistóricos de Portugal (Monge Soares *et alii*, 2004). Sin embargo, a día de hoy hace falta que se realice un estudio similar para los artefactos metálicos prehistóricos portugueses producidos en base de cobre.

Los trabajos de investigación en el Suroeste han seguido un camino propio. En la mayoría de las tesis doctorales se han incluido tanto resultados de análisis realizados dentro del proyecto de arqueometalurgia, como resultados obtenidos en otros trabajos deinvestigación. En la tesis titulada *Metalurgia Extractiva Prerromana en Huelva* (1996), Juan Aurelio Pérez Macías realizó una primera recopilación de datos de la provincia de Huelva que ha servido como base para otras investigaciones posteriores. En este trabajo de investigación se compiló la información relativa a algunas de las explotaciones prehistóricas de esta zona y se prospectaron algunas de las explotaciones mineras de esta provincia ubicadas en la faja pirítica. Además se aplicaron técnicas de análisis fisicoquímico para caracterizar las especies minerales explotadas y los subproductos metalúrgicos aparecidos en estas explotaciones. El sistema productivo prehistórico y protohistórico del Suroeste fue estudiado en otra tesis posterior titulada *La minería y metalurgia prehistórica en el Suroeste de la Península Ibérica* (Hunt Ortiz, 2003). Este trabajo de investigación puso un mayor énfasis en el estudio del sistema minero y productivo que el anterior. Por primera vez se analizaron las técnicas y los sistemas de explotación mineros empleados en la Prehistoria de manera precisa. Por otra parte, se llevó a cabo una labor de análisis de las especies minerales presentes en las minas prehistóricas y se intentó caracterizar las mismas desde el punto de vista isotópico. Además, se llevó a cabo una primera aproximación al estudio de los artefactos metálicos de esta zona con el objetivo de caracterizar las primeras producciones metálicas del Suroeste. Por otra parte, hay que señalar que este estudio ha permitido conocer de manera más precisa las características propias de la metalurgia de este período y las diferencias existentes entre los procesos productivos llevados a cabo en cada etapa cronológica de la Prehistoria Reciente y los inicios de la Protohistoria.

En el año 2004 se publicaron los resultados del Proyecto Sistemático de Investigación Odiel (Nocete Calvo, 2004). Este proyecto se centró en el análisis de los yacimientos calcolíticos del Andévalo onubense y sobre todo en el análisis de la información obtenida en la excavación del yacimiento de Cabezo Juré (Alosno, Huelva). En esta monografía se defiende la existencia de una metalurgia llevada a cabo por un mano de obra especializada en el Calcolítico (Nocete Calvo, 2004). Asimismo, esta actividad habría producido una deforestación de todo el suroeste y una minería intensiva habría degradado el medio ambiente de toda esta zona (Nocete Calvo, 2004). Esta hipótesis es argumentada por los resultados de varios análisis polínicos realizados en varios yacimientos calcolíticos del Suroeste y de varios análisis de metales pesados realizados sobre los depósitos malacológicos hallados en contextos arquelógicos (Nocete Calvo, 2004). Los resultados de estos análisis y la metodología empleada han sido recientemente criticados y se ha llegado a considerar que las hipótesis han sido llevadas más allá de lo que los datos pueden sustentar (Montero Ruiz *et alii*, 2007: 36).

Recientemente se ha publicado la tesis titulada *La Investigación de la Actividad Metalurgica durante el III Milenio a.n.e. en el Suroeste de la Península Ibérica. La arqueometalurgia y la aplicación de análisis composicionales en el estudio de producción de artefactos de metal* (Rodríguez Bayona, 2008). En este estudio se realizaron nuevas interpretaciones a partir del registro arqueológico y se defiende, desde los postulados de la arqueología social, de clara orientación teórica marxista, la hipótesis de la existencia de una especialización artesanal en la actividad metalúrgica durante la Edad del Cobre. Esta hipótesis se contradice con la defendida en otras tesis doctorales en las que se considera que no existió un sistema productivo especializado hasta el Período Orientalizante (Hunt Ortiz, 2003). La situación dista mucho de estar resuelta, por lo que se augura un debate epistemológico en los próximos años que sin duda suele ser proclive al avance teórico y a la creación de nuevos corpus de datos.

Actualmente, se constata en España y en Portugal un aumento del número de publicaciones sobre arqueometría de metales. Sin embargo, la mayoría de las investigaciones se deben al esfuerzo de unos pocos investigadores y no existen instituciones que estudien la metalurgia, ni revistas especializadas que recopilen los resultados obtenidos como por ejemplo las que si existen en Reino Unido. Esto ha provocado que los artículos estén dispersos, pero también que se haya mantenido demasiado interés por la composición de los artefactos y poco sobre el proceso metalúrgico completo (Gómez Ramos, 1997). Por otra parte, hay que señalar que no existen obras de difusión a un público general de los resultados obtenidos. Estas publicaciones si existen a nivel mediterráneo (Montero Ruiz, 2000) y mundial (Mohen, 1992) y son de gran ayuda a la hora de difundir los resultados de las investigaciones realizadas.

En conclusión, se puede decir que los avances que se han producido en los últimos años pueden ser calificados de revolucionarios. A pesar de esta situación, los estudios suelen publicarse de manera irregular y los análisis se realizan cuando los medios económicos lo permiten, por lo que sus conclusiones suelen ser poco representativas. Sólo la creación de proyectos específicos en el futuro permitirá la creación de nuevos corpus de datos comparables y que sirvan de avance a la situación actual.

5 ESTUDIO GLOBAL: CRONOLOGÍA, CONTEXTOS Y MARCO FUNCIONAL

5.1 EDAD DEL COBRE

5.1.1 EL NÚMERO MÍNIMO DE ARTEFACTOS Y SU DISTRIBUCIÓN GEOGRÁFICA

El número mínimo de artefactos de la Edad del Cobre en el Suroeste peninsular es de 1341, de los cuales 1288 son de base de cobre y 53 de oro (96% y 4% respectivamente). Si comparamos el número mínimo de artefactos (en adelante indicado en el texto como NMA) con la cantidad de artefactos documentados en otras zonas de la Península Ibérica, se observa que el Suroeste es la zona que más artefactos metálicos tiene de la Península Ibérica (Gráfico 1). El espacio que abarca dicho territorio es bastante amplio y abarca cinco provincias, frente a las tres incluidas para el Sureste (Montero Ruiz, 1994) y las tres de Levante (Simón García, 1998). Por esta razón, se ha calculado la densidad de artefactos por Km^2 dividiendo el NMA por la superficie de cada una de las zonas estudiadas. El resultado de este cálculo demuestra que el Suroeste es la zona de la Península Ibérica con más artefactos metálicos por Km^2 (0,013), seguido del Sureste (0,0110), de Levante (0,007), de la Meseta Norte (0,0036) y finalmente del Valle del Ebro (0,002). La cantidad media de artefactos por siglo durante todo el período de la Edad del Cobre es de 134,1.

La mayor parte de los artefactos de base de cobre han aparecido en el Valle del Guadalquivir, en el Valle del Guadiana, el Algarve, en Sierra Morena y en el Alto Alentejo (Gráfico 2). La mayor parte de los artefactos de oro también han aparecido en estas zonas, aunque en la Península de Setúbal se han hallado 7 artefactos de este tipo. El resto de las zonas tienen una cantidad de artefactos similar y no se observan grandes diferencias entre ellas. Casi todas estas zonas tienen entre un 1% y un 5% de los artefactos de base de cobre documentados, excepto la zona de la campiña gaditana que es la que tiene menos de ellos. Finalmente, hay que señalar que se desconoce la procedencia exacta de un 2% de los objetos metálicos.

Si se tiene en cuenta la cantidad de artefactos por provincias actuales se observa que la mayor cantidad de artefactos metálicos del Suroeste ha aparecido en la provincia de Córdoba, seguida de Sevilla y de Badajoz (Tabla 2). Los conjuntos metálicos de Portalegre y Cádiz son los de menor tamaño. Si se analiza la distribución geográfica teniendo en cuenta el tipo de metal empleado, se observa que las provincias que mayor cantidad de artefactos de cobre son Córdoba, en primer lugar, Sevilla, en segundo lugar, y Badajoz en tercer lugar. Respecto a los artefactos de oro hay que señalar que la mayor parte de ellos han aparecidos en las provincias de Sevilla, Badajoz y Córdoba. Esta información se complementa con la obtenida tras el cálculo de la densidad de artefactos por Km^2. La provincia según su densidad de artefactos por Km^2 se distribuyen así: Faro (0,026), Córdoba (0,025), Setúbal (0,019), Sevilla (0,017), Évora (0,014), Badajoz (0,01), Huelva (0,008), Beja (0,005), Portalegre (0,003) y Cádiz (0,002).

5.1.2 CRONOLOGÍA

En este trabajo de investigación no se han tenido en cuenta las diferentes etapas cronológicas en las que se subdivide la Edad del Cobre. Esto se debe a que la datación de la mayoría de los artefactos metálicos se realiza teniendo en cuenta su morfología y esto hace que exista una gran imprecisión cronológica. Este problema no es exclusivo de los objetos metálicos sino que también se da en la mayoría de los yacimientos arqueológicos publicados cuya datación también es bastante imprecisa.

Si se tienen en cuenta las diferentes cronologías asignadas en las publicaciones a los artefactos metálicos de la Edad del Cobre, se observa que 1210 de ellos (91%) están datados en la Edad del Cobre, sin que se puedan realizar clasificaciones de mayor precisión cronológica, 2 en la etapa Precampaniforme (0%), y 129 piezas (9%) en el período campaniforme. Esto indica que resulta imposible asignar una cronología a los artefactos de acuerdo con sus características morfológicas. A continuación se ha calculado el porcentaje de piezas metálicas según su zona de aparición y su cronología. La mayor parte de las piezas halladas en contextos campaniformes han sido encontradas en la zona del Valle del Guadalquivir, Sierra Morena, aunque representan un pequeño porcentaje a diferencia de otras zonas como la campiña de Cádiz o la Península de Setúbal (Gráfico 3). En el caso de las piezas cuya procedencia se desconoce se puede ver que todas están fechadas dentro de la Edad el Cobre, ya que al desconocer que artefactos que aparecieron asociados a los mismos, no se realizar mayores precisiones en cuanto a su cronología.

5.1.1.3 ESTUDIO CONTEXTUAL

Casi todos los artefactos de metal de la Edad del Cobre hallados en el Suroeste sufren algún tipo de descontextualización. De los 1341 artefactos metálicos documentados, 236 (un 18% de los artefactos) tienen una descontextualización total, mientras que los 1105 restantes (un 82%) han aparecido en contexto o en la superficie de los yacimientos arqueológicos (Gráfico 4). De estos últimos, 839 de ellos han aparecido en poblados (unos 62%), 239 en contextos funerarios (18%), 14 en el interior de estructuras subterráneas (1%), 4 en el interior de minas (2%) y 5 de ellos en cueva (1%).

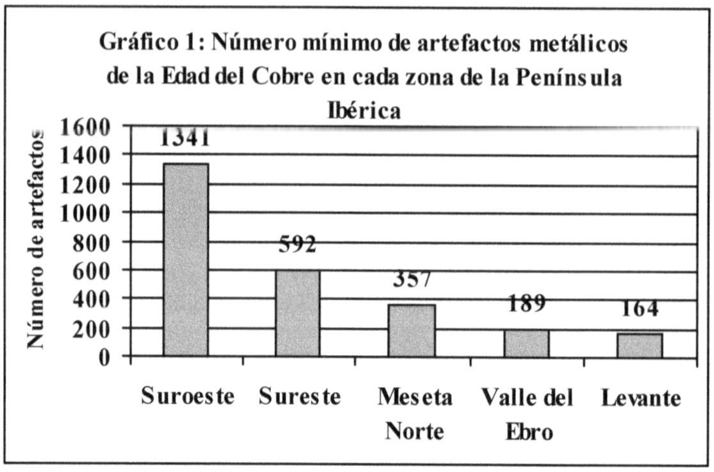

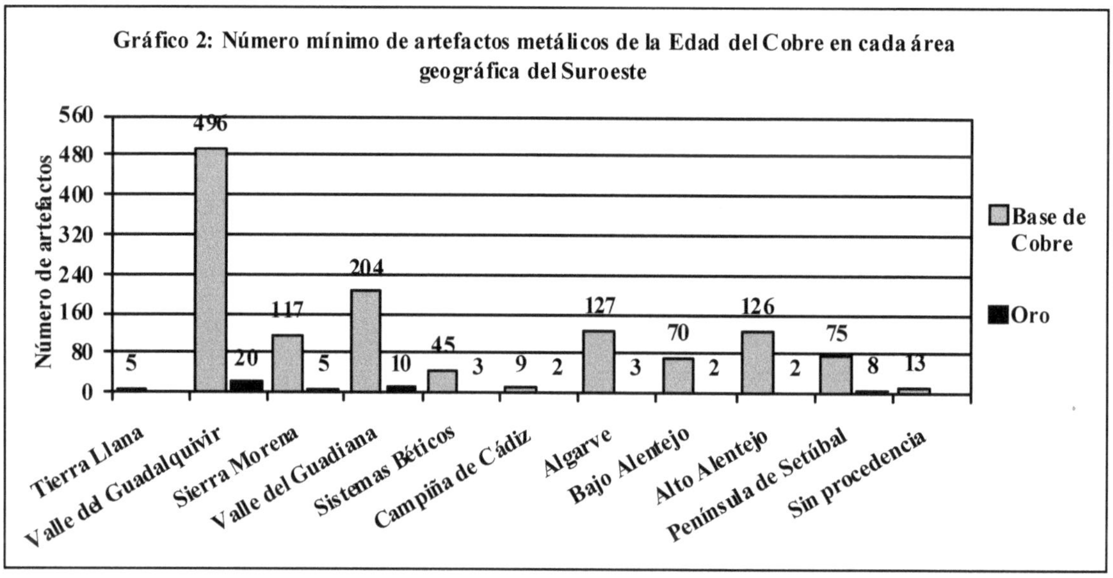

Tabla 2: Distribución de los artefactos metálicos de la Edad del Cobre en cada provincia y Distrito del Suroeste

PROVINCIAS	Base de Cobre	Oro	TOTAL	%
Badajoz	215	10	**235**	17
Beja	57	2	**53**	4
Cádiz	13	2	**15**	1
Córdoba	341	6	**347**	26
Évora	107	2	**109**	8
Faro	126	3	**129**	10
Huelva	88	2	**90**	7
Portalegre	16	0	**19**	1
Setúbal	92	8	**100**	7
Sevilla	232	18	**250**	19
TOTAL	**1287**	**53**	**1347**	**100**

El concepto de estructura subterránea o negativa hace referencia a estructuras excavadas en el terreno de forma acampanada o semicircular y de 1 o 2 m de diámetro (Márquez Romero, 2001: 211). Éstas han sido interpretadas de manera genérica como silos, aunque recientemente se ha vuelto a reinterpretar pudo ser su función. Algunos investigadores consideran que pudieron ser empleadas con fines votivos y que estuvieron relacionadas con actividades rituales realizadas por las comunidades prehistóricas (Márquez Romero, 2001: 214). Estas estructuras votivas se situarían en zonas delimitadas por zanjas en las cuales las comunidades se reunirían, al estar dispersas por el territorio, y realizarían ritos e intercambios entre grupos destinados a perpetuar las relaciones de reciprocidad social (Márquez Romero, 2006: 184). Esta hipótesis explicaría el por qué aparecen en el interior de estas estructuras restos cerámicos fragmentados, restos óseos animales, útiles líticos y de metal que habrían sido depositados como ofrendas de la comunidades prehistóricas y no formarían parte de basureros que habrían reaprovechado estas estructuras como tradicionalmente se ha defendido (Márquez Romero, 2001: 211). En cuanto a los artefactos aparecidos en el interior de cuevas hay que señalar dos problemas básico: el primero es que la mayoría de ellas no han sido excavadas con metodología arqueológica moderna, el segundo que son contextos en donde se produjo la habitación y la deposición funeraria durante un largo período de tiempo, por lo que tienen una estratigrafía compleja. Por estos, motivos resulta imposible saber si los artefactos metálicos aparecidos fueron empleados para con una finalidad funeraria o como un lugar de habitación.

La principal conclusión que se puede obtener tras este análisis contextual de los artefactos metálicos de la Edad del Cobre es que existe un alto grado de descontextualización que afecta sobre todo a los objetos documentados en los poblados, la mayoría de las cuales han aparecido en la superficie de los mismos (Gráfico 5). De los 8398 artefactos metálicos documentados, 578 aparecen descontextualizados, frente a los 261 objetos que han aparecido en contextos bien documentados. Por el contrario, esta alta descontextualización no afecta a los artefactos procedentes de contextos funerarios, ni a los documentados en el interior estructuras negativas que suelen estar documentados por medio de excavaciones en las que se aplica una metodología arqueológica.

¿Es la descontextualización de los artefactos metálicos calcolítico del Suroeste alta en comparación con la que se documenta en otras zonas de la Península Ibérica? Para responder a esta pregunta se ha simplificado la clasificación contextual anterior y se han creado sólo cuatro categorías: poblado y funerario, que se han empleado para hacer referencia a artefactos documentados por medio de metodología arqueológica; depósitos, que se ha empleado para referirse a las piezas halladas en el interior de estructuras negativas; y descontextualizado, categoría de clasificación que se ha utilizado para hacer referencia a aquellos artefactos metálicos de los cuales se desconoce su contexto de aparición o que han aparecido en la superficie de los yacimientos arqueológicos. La situación documentada para los artefactos metálicos del Suroeste es muy diferente a la que se observa para los conjuntos metálicos de otras zonas de la Península Ibérica (Gráfico 6). En el Sureste la mayor parte de las piezas han sido halladas en contextos funerarios (Montero Ruiz, 1994: 214); mientras que en el valle del Ebro la mayoría de los artefactos han sido hallados en contextos de poblado (Rodríguez de la Esperanza, 2005). Por el contrario, la descontextualización de los artefactos del Suroeste es bastante alta, hecho que se repite a menor escala en otras zonas como la Submeseta Norte (Delibes de Castro, 1999) y el Noroeste (Comendador Rey, 1998). Esto se debe a que en el Suroeste ha existido y existe una intensa labor de expolio que ha producido una destrucción de patrimonio irreversible (Fernández Cacho García Sanjuán, 2000). Los artefactos metálicos al ser fácilmente localizables al cuando se emplean detectores de metal de manera ilegal, son lo por tanto, mucho más susceptibles de ser expoliados que otros ítems arqueológicos.

En conclusión se puede decir que existe una descontextualización parcial de los artefactos muy alta. Esto significa que la mayoría de estos objetos han sido recogidos de la superficie de los yacimientos, lo cual significa que se ha perdido una parte muy importante de su información contextual. Muchos de los artefactos de la Edad del Cobre fueron expoliados, por lo que se ha producido una pérdida de información de los mismos irreparable y su adscripción cronológica se basa meramente en su morfología.

Una vez estudiada la descontextualización de los artefactos a nivel global, se ha analizado la contextualización de los artefactos de cada zona geográfica del Suroeste (Gráfico 7). La mayor parte de los objetos metálicos de todas las zonas sufre algún tipo de descontextualización. En el caso de la Tierra Llana de Huelva, Sierra Morena, en la campiña gaditana y el Algarve más de la mitad de los artefactos aparecen contextualizados. En el resto de las zonas, sobre todo en las zonas llanas más accesibles al expolio, el porcentaje de artefactos descontextualizados es superior a la mitad de los objetos.

5.1.1.4 COMPOSICIÓN FUNCIONAL

El conjunto metálico calcolítico del Suroeste se compone por 575 armas-herramientas (43%), 528 herramientas (39%), 8 armas (1%), 66 adornos (5%) y 164 artefactos de función desconocida (12%). En el gráfico 8 se muestra su distribución por zonas geográficas y funcionalidad. Se observa que en cierta manera los conjuntos metálicos de las diferentes zonas son bastante parecidos, aunque hay zonas donde predominan las armas-herramientas como el Alto Alentejo o los Sistemas Béticos y otras donde predominan las herramientas como por ejemplo en la Península de Setúbal o Sierra Morena.

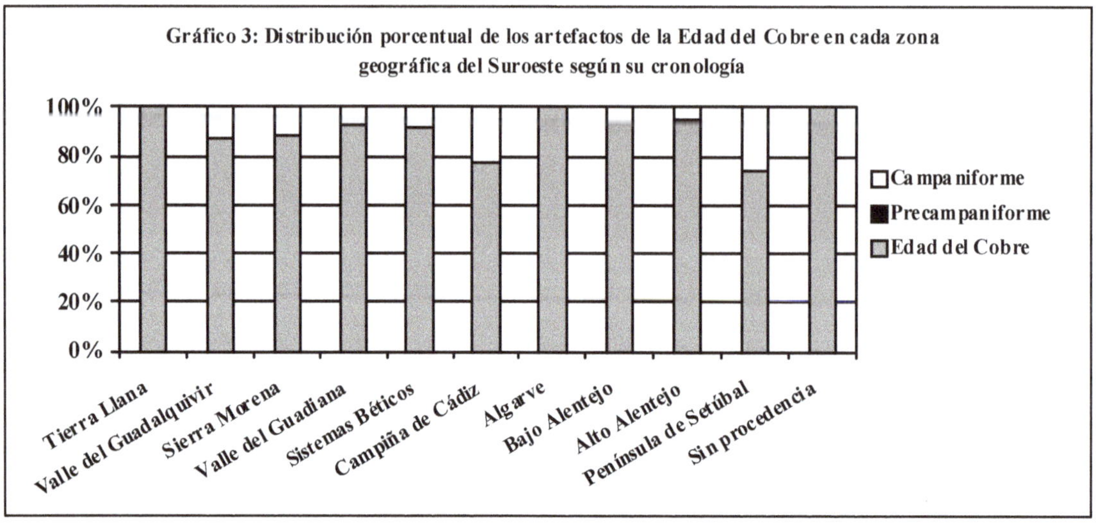
Gráfico 3: Distribución porcentual de los artefactos de la Edad del Cobre en cada zona geográfica del Suroeste según su cronología
100%
80%
60%
40%
20%
0%
Tierra Llana
Valle del Guadalquivir
Sierra Morena
Valle del Guadiana
Sistemas Béticos
Campiña de Cádiz
Algarve
Bajo Alentejo
Alto Alentejo
Península de Setúbal
Sin procedencia
Campaniforme
Precampaniforme
Edad del Cobre

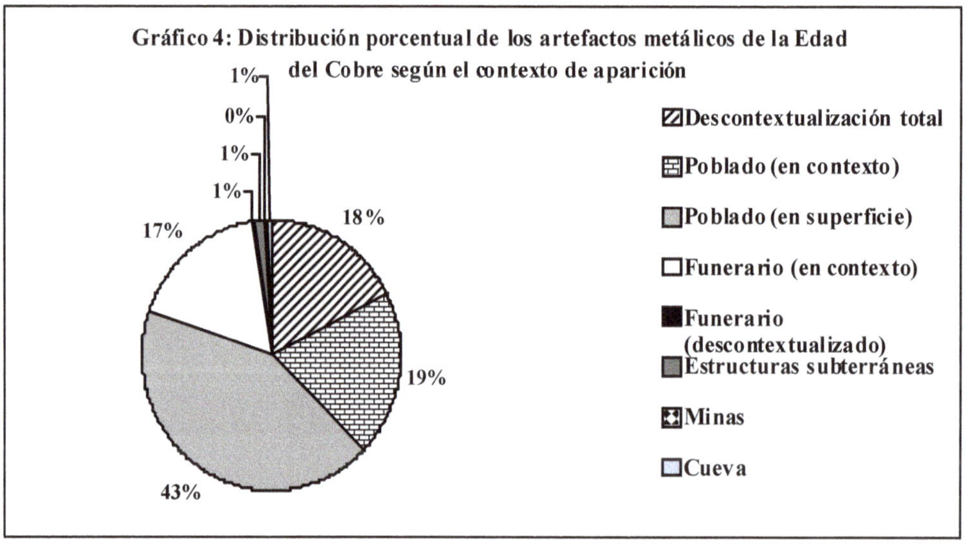
Gráfico 4: Distribución porcentual de los artefactos metálicos de la Edad del Cobre según el contexto de aparición
1%
0%
1%
1%
17%
18%
19%
43%
Descontextualización total
Poblado (en contexto)
Poblado (en superficie)
Funerario (en contexto)
Funerario (descontextualizado)
Estructuras subterráneas
Minas
Cueva

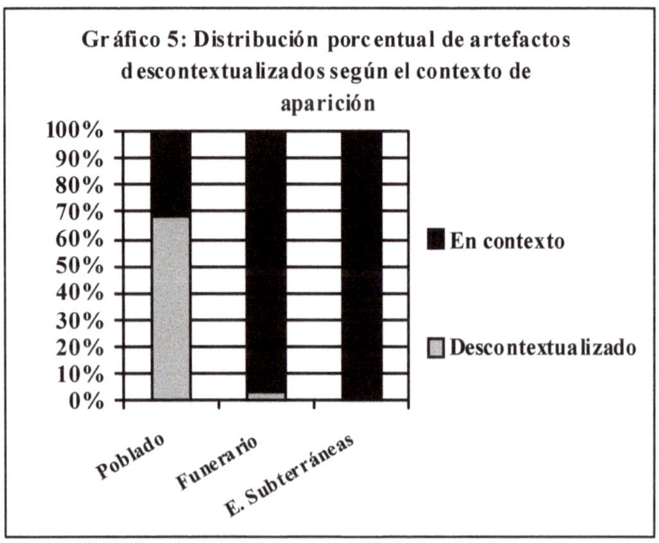
Gráfico 5: Distribución porcentual de artefactos descontextualizados según el contexto de aparición
100%
90%
80%
70%
60%
50%
40%
30%
20%
10%
0%
Poblado
Funerario
E. Subterráneas
En contexto
Descontextualizado

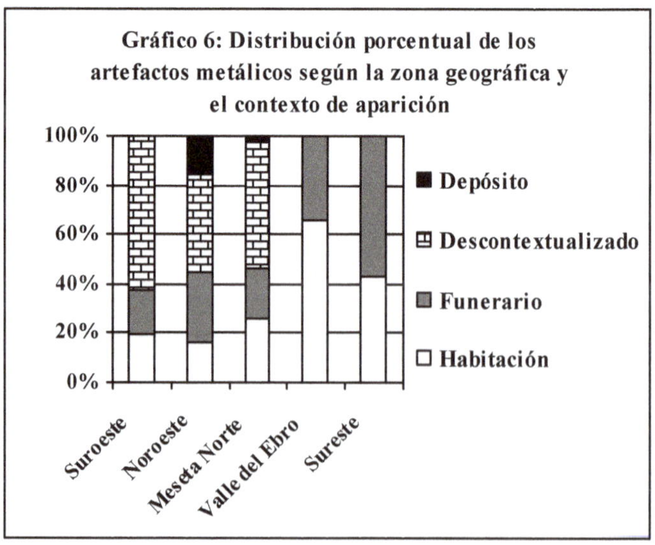
Gráfico 6: Distribución porcentual de los artefactos metálicos según la zona geográfica y el contexto de aparición
100%
80%
60%
40%
20%
0%
Suroeste
Noroeste
Meseta Norte
Valle del Ebro
Sureste
Depósito
Descontextualizado
Funerario
Habitación

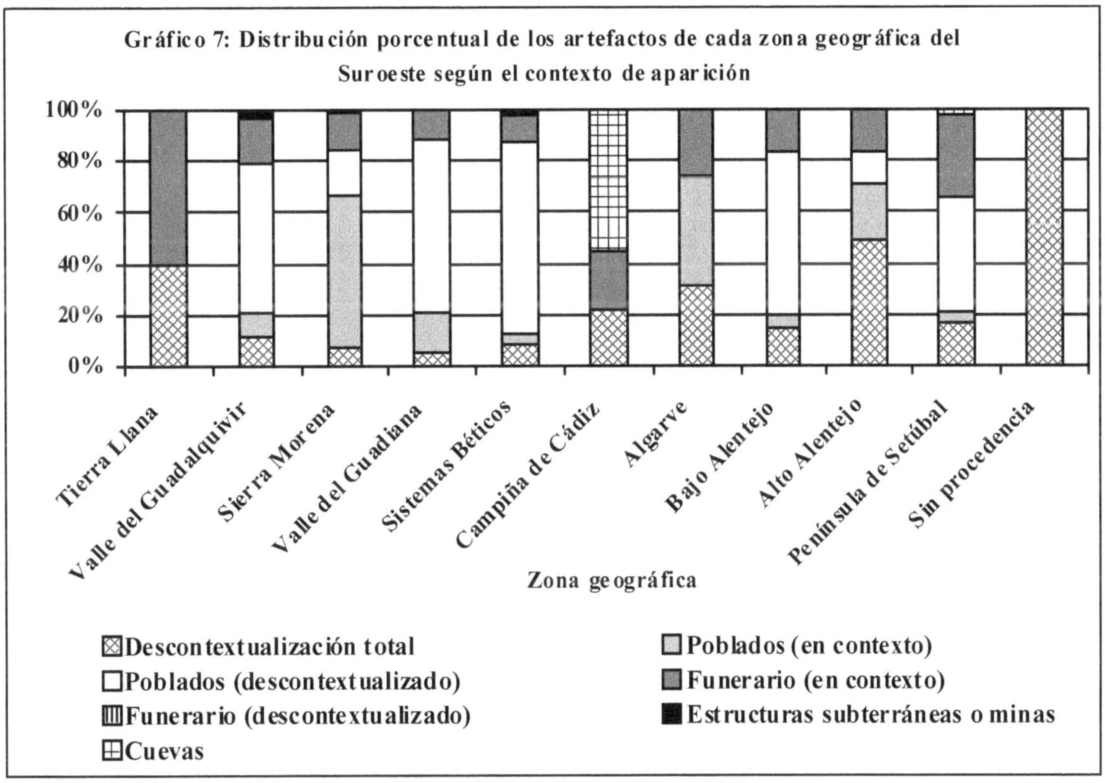
Gráfico 7: Distribución porcentual de los artefactos de cada zona geográfica del Suroeste según el contexto de aparición
100%
80%
60%
40%
20%
0%
Tierra Llana
Valle del Guadalquivir
Sierra Morena
Valle del Guadiana
Sistemas Béticos
Campiña de Cádiz
Algarve
Bajo Alentejo
Alto Alentejo
Península de Setúbal
Sin procedencia
Zona geográfica
Descontextualización total
Poblados (descontextualizado)
Funerario (descontextualizado)
Cuevas
Poblados (en contexto)
Funerario (en contexto)
Estructuras subterráneas o minas

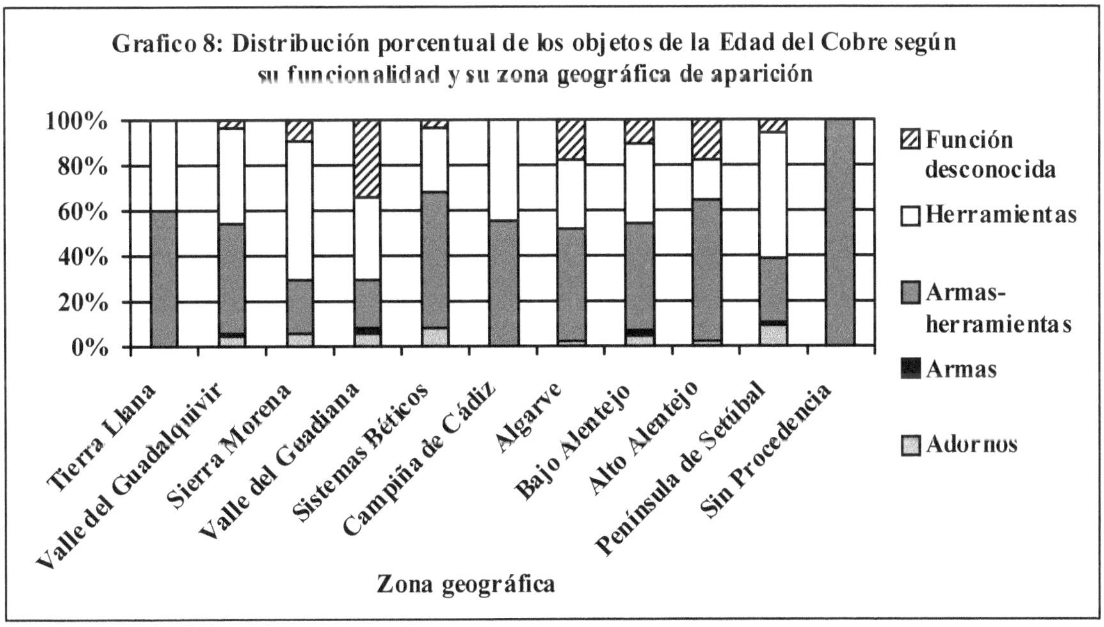
Grafico 8: Distribución porcentual de los objetos de la Edad del Cobre según su funcionalidad y su zona geográfica de aparición
100%
80%
60%
40%
20%
0%
Tierra Llana
Valle del Guadalquivir
Sierra Morena
Valle del Guadiana
Sistemas Béticos
Campiña de Cádiz
Algarve
Bajo Alentejo
Alto Alentejo
Península de Setúbal
Sin Procedencia
Zona geográfica
Función desconocida
Herramientas
Armas-herramientas
Armas
Adornos

En todas las áreas los adornos representan un pequeño porcentaje de los conjuntos metálicos y en algunas de ellas hay una alta cantidad de artefactos de función desconocida como por ejemplo sucede en el valle del Guadiana, el Algarve y el Alto Alentejo. Respecto a los artefactos de los cuales se desconoce su procedencia todos estos son armas-herramientas.

La mayoría de las herramientas documentadas en el Suroeste son punzones, cinceles, sierras y cuchillos (Tabla 3). Los otros tipos de herramientas han aparecido con una menor frecuencia (13%). Estos artefactos también predominan en los conjuntos metálicos calcolíticos de otras zonas de la Península Ibérica como por ejemplo el Sureste (Montero Ruiz, 1994: 248), Levante (Simón García, 1998: 272) o el valle del Ebro, área en el cual hay un predominio absoluto de los punzones (Rodríguez de la Esperanza, 2005: 109). Sin embargo, la principal característica de las herramientas halladas en el Suroeste es su diversidad. En el resto de las zonas de la Península Ibérica no suele haber más de 4 o 5 tipos, mientras que en el Suroeste se han hallado 12 tipos de herramientas, lo que indica que hay una mayor variedad de artefactos en el Suroeste y que por lo tanto existe una producción muy diversificada de herramientas.

De las 8 armas que han aparecido en el Suroeste de España, 7 son puntas de jabalina y otra es una alabarda, datada posiblemente a inicios de la dad del Bronce y no en el Calcolítico y que fue hallada en una tumba con un ajuar campaniforme (Lopera Delgado, 1995). En general, las armas son bastante escasas en los contextos de toda la Edad del Cobre de la Península Ibérica, por lo que la situación documentada en el Suroeste no es ninguna excepción.

Las puntas de flecha son el arma-herramienta más numerosa y constituyen el 44% de los artefactos de este tipo hallados en el Suroeste (Tabla 4), seguido de las (39%) y de los puñales (17%). En los conjuntos metálicos hallados en otras zonas como por ejemplo el Valle del Ebro y el Sureste hay una menor cantidad de puntas de flecha y una mayor cantidad de puñales y hachas (Montero Ruiz, 1994: 252; Rodríguez de la Esperanza, 2005: 110).

Los adornos más numerosos en el Suroeste son las láminas de oro que representan un 57% del total de adornos hallados en esta zona, seguido de los artefactos los aros (12%) y los brazaletes (12%) (Tabla 5). No se han incluido las láminas de cobre como artefactos de adorno a pesar de que en otras clasificaciones funcionales se considera que estas y las placas de cobre pudieron ser consideradas como adornos (Montero Ruiz, 1994). Las razones de esta decisión fueron expuestas en la metodología.

Los artefactos de función desconocida más frecuentes son los amorfos (62%), seguidos de las láminas de base de cobre (29%), hecho que se debe al elevado número de artefactos que se han encontrado en el yacimiento de La Pijotilla (Badajoz) (Tabla 6). El resto de objetos han aparecido de manera casual y son muy escasas en los contextos arqueológicos, de ahí que sus porcentajes respecto del total sea bastante bajo. No se ha encontrado información sobre otras zonas que hayan sido estudiadas en las que se haya documentado un situación similar.

5.1.2 EDAD DEL BRONCE

5.1.2.1 EL NÚMERO MÍNIMO DE ARTEFACTOS METÁLICOS EN EL SUROESTE

El número mínimo de artefactos metálicos hallados en el Suroeste de España y datados en la Edad del Bronce es de 729, de los cuales 648 son de cobre (88%), 36 de oro (5%), 44 de plata (6%) y 1 de plomo (1%). Si se compara la cantidad de artefactos de metal encontrados en el Suroeste con los artefactos de la Edad del Bronce encontrados en otras zonas de la Península Ibérica se observa que durante este período se produjo un cambio respecto del Calcolítico. La zona con más artefactos de este período es el Sureste, seguido del Suroeste y en tercer lugar del Levante (Gráfico 9). Estos datos se complementan con los obtenidos tras el cálculo de densidad de artefactos de la Edad del Bronce por km^2. El Sureste es la zona una mayor densidad (0,054 artefactos por km^2), seguido de Levante (0,029), el Suroeste (0,007), el Valle del Ebro (0,0014) y, finalmente, la Meseta Norte (0,0007). La cantidad media de artefactos de la Edad del Bronce por siglo es de 73,2, cantidad que es inferior a la Edad del Cobre (143,1).

La mayor parte de los artefactos de este período han aparecido en la zona del valle del Guadalquivir, el Algarve y el Alentejo (Tabla 7), mientras que la zona con menos artefactos es Península de Setubal. Casi todos los artefactos de oro de este período han aparecido en el Bajo Alentejo, y en Sierra Morena y los de plata en estas zonas y también en la Campiña de Cádiz, aunque son escasos en el resto de las zonas, en donde predominan los artefactos de base de cobre. Sólo se ha encontrado un posible artefacto de plomo, aunque no se ha aplicado ninguna analítica sobre el mismo, por lo que se desconoce si este está realizado en este metal o no (Pavón Soldevila *et alii*, 1993).

Una gran parte de los artefactos de la Edad del Bronce han sido encontrados en las provincias de Sevilla, Córdoba y el distrito de Faro (Gráfico 10). Esto significa un cambio respecto de la distribución provincial de los artefactos de la Edad del Cobre, la mayoría de los cuales han aparecido en la Provincia de Córdoba. El resto de las provincias y distritos tienen un número de artefactos más homogéneo. Si se tiene en cuenta el tipo de metal en el que están realizados los artefactos, se observa que la mayor parte de los objetos realizados en oro y en plata han aparecido en las provincias en las que se ha hallado una menor cantidad de artefactos de cobre y viceversa.

Tabla 3: Número de herramientas de la Edad del Cobre según su tipología

TIPOLOGÍA	NMA	%
Aguja	18	3
Gancho	7	1
Cincel	111	21
Cuchillo	64	12
Empuñadura o mango	3	1
Espátula	12	2
Hoz	8	2
Hoja curva	10	2
Punzón	231	44
Sierra	53	10
Varilla o barra	4	1
Hoz-sierra	7	1
TOTAL	528	

Tabla 4: Número de armas-herramientas de la Edad del Cobre según su tipología

TIPOLOGÍA	NMA	%
Puntas de flecha	254	44
Hachas	226	39
Puñales	95	17
TOTAL	373	

Tabla 5: Número de adornos de la Edad del Cobre según su tipología

TIPOLOGÍA	Base de cobre	Oro	NMA	%
Aros, anillos, anillas	6	1	7	11
Brazaletes	5	2	7	11
Campanilla	0	1	1	2
Cuentas de collar	1	7	8	11
Diadema	0	2	2	3
Espirales	1	1	2	3
Esfera de oro	0	1	1	2
Láminas	0	28	28	57
TOTAL	10	38	48	--

Tabla 6: Número de artefactos de función desconocida de la Edad del Cobre según su tipología

TIPOLOGÍA	NMA	%
Alambre	1	0
Amorfos	103	62
Esfera de cobre	1	1
Placas o láminas	47	29
Puntas	2	1
Lingotes	7	4
Morfología no especificada	3	2
TOTAL	99	--

Gráfico 9: Número mínimo de artefactos de la Edad del Bronce en cada zona de la Península Ibérica

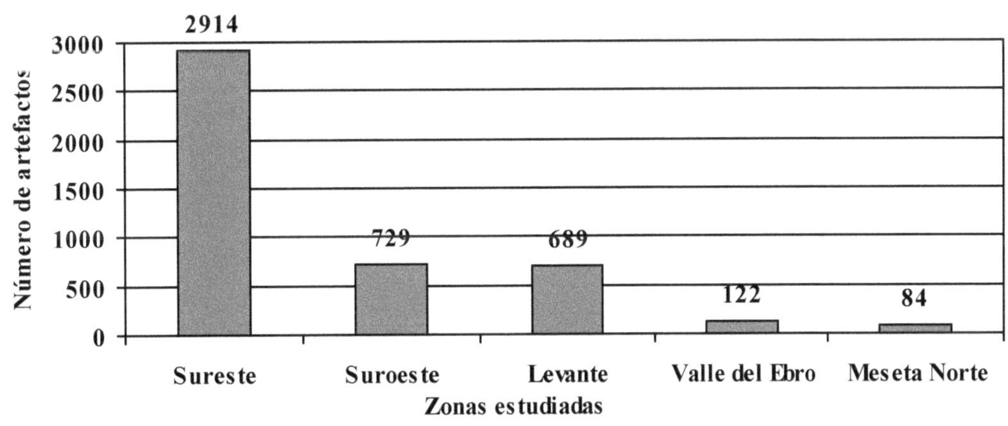

La distribución de artefactos por km^2 en cada provincia o distrito es la siguiente, ordenadas de mayor a menor: Faro (0,02), Sevilla (0,01), Évora (0,009), Cádiz (0,008), Beja (0,007), Setúbal (0,007), Córdoba (0,006), Huelva (0,005), Portalegre (0,03) y Badajoz (0,0026).

5.1.2.2 CRONOLOGÍA

En las publicaciones consultadas suele ser frecuente la división de la Edad del Bronce en varios períodos cronológicos: Edad del Bronce Antiguo y Edad del Bronce Medio. Estas divisiones cronológicas suelen ser aplicadas a los artefactos metálicos teniendo en cuenta sus características morfológicas, aunque este *modus operandi* suele ser problemático. Al igual que sucedía para el período anterior, la falta de dataciones absolutas ha hecho que los límites de estas subdivisiones continúen siendo bastante difusos. A pesar de estas deficiencias en la datación, los artefactos se han clasificado de acuerdo con la cronología dada en las publicaciones, con el objetivo de conocer cual es la distribución cronológica de las piezas a nivel global y por zonas geográficas.

Si se aplican las divisiones cronológicas en las que se subdivide la Edad del Bronce a los mismos, se observa que 165 de ellos están fechados en la Edad del Bronce Antiguo (40%), 191 en la Edad del Bronce Medio (46%) y 376 se datan de manera imprecisa en la Edad del Bronce (14%). Si se tienen en cuenta estas subdivisiones cronológicas y la zona geográfica de hallazgo se observa que la mayor parte de los artefactos hallados en las zonas Sierra Morena, valle del Guadiana y la Campiña de Cádiz han sido datados en la Edad del Bronce Medio (Gráfico 11). Por el contrario, la mayoría de los artefactos metálicos de las zonas del Valle del Guadalquivir y de las serranías de los Sistemas Béticos, han sido datados en la Edad del Bronce Antiguo. En el caso de los conjuntos metálicos aparecidos en las áreas geográficas portuguesas, suele ser mucho más frecuente el empleo del concepto de "Edad del Bronce". Algunos de los conjuntos materiales hallados en Portugal sirvieron para identificar los horizontes de Ferradeira (Schubart, 1971) y de Montealavar (Harrison, 1974) que estas subdivisiones identificarían el Bronce Antiguo y el tránsito entre la Edad del Cobre y del Bronce. Estas han sido criticadas recientemente, ya que se basan en hallazgos fortuitos y no en artefactos hallados en contextos arqueológicos (Mataloto, 2006: 93), por lo que resultan difíciles de aplicar a un registro arqueológico complejo y en el que no aparecen dichos conjuntos culturales bien identificados. Por ello, se puede decir que la datación por paralelos tipológicos de los artefactos metálicos es problemática, sobre todo cuando se aplican a piezas de las cuales se desconoce el contexto de aparición. Esto indica que en muchas ocasiones la datación de estos materiales arqueológicos se realizó de manera poco precisa.

5.1.2.3 ESTUDIO CONTEXTUAL

De los 729 artefactos metálicos de la Edad del Bronce hallados en el Suroeste, 264 sufren una descontextualización total (36%), mientras que 475 han aparecido en contextos arqueológicos o en la superficie de yacimientos arqueológicos (64%) (Gráfico 12). De los artefactos que están contextualizados, 149 han aparecido en poblados (21%), 251 en contextos funerarios (35%), 8 en el interior de estructuras subterráneas (1%), 7 en minas (1%) 2 en una cueva (0%) y 43 en depósitos (6%).

La descontextualización de los artefactos es menor en contextos funerarios y en las estructuras subterráneas; mientras que es mucho más alta para aquellos artefactos hallados en poblados, la mayoría de los cuales han sido hallados en la superficie de los yacimientos. Estos datos son similares a los observados para los artefactos metálicos de la Edad del Cobre del Suroeste, lo que indica que la descontextualización de los objetos metálicos de la Edad del Bronce también es muy alta. La aparición de depósitos en la Edad del Bronce en el Suroeste no es frecuente en la zona española, aunque algunos conjuntos de hachas halladas en Portugal han sido consideradas como tales (Monteagudo, 1977). Si eliminamos estos casos dudosos, lo cierto es que estos hallazgos son escasos en el suroeste a diferencia de otras zonas como por ejemplo el Noroeste (Comendador Rey, 1998) y la Submeseta Norte (Delibes de Castro, 1999).

Hasta el momento el único hallazgo considerado como tal y confirmado de manera clara, es el depósito de puntas de jabalina que apareció en el túmulo del dolmen de la Pastora (Valencina de la Concepción, Sevilla). En Villaverde del Río (Sevilla) apareció un conjunto de puntas de Palmela unidas con una lámina de oro, aunque la cronología de este hallazgo es bastante imprecisa y se considera que este hallazgo se fecha en la Edad del Cobre (Remedios Serna, 1989). Un análisis de estas puntas de Palmela podría servir para solucionar el problema de su adscripción cronológica en el caso de que alguna de las puntas de flecha estuviese realizada en bronce.

Si se compara la descontextualización de los artefactos de la Edad del Bronce del Suroeste con la documentada en otras áreas de la Península Ibérica, se observa que existe un alto porcentaje de artefactos que están descontextualizados. Este hecho está relacionado con el expolio que han sufrido muchos de los yacimientos arqueológicos de esta zona. No sucede igual en otras zonas de la Península Ibérica, como la Meseta Norte o el Valle del Ebro, en las cuales la descontextualización de los objetos es muy baja las piezas es muy baja (Rodríguez de la Esperanza, 2005) (Gráfico 13). En el Sureste todos los artefactos de la Edad del Bronce han sido clasificados como aparecidos en contextos funerarios. Esto se debe a que las tumbas argáricas están situadas debajo de las casas, por lo que dado el estado de destrucción de las mismas muchas veces es imposible determinar si el artefacto procede de un contexto funerario o de una cabaña (Montero Ruiz, 1994: 213).

Tabla 7: Distribución de los artefactos metálicos de la Edad del Bronce en el Suroeste según su zona geográfica de aparición						
Zona geográfica	**Base de Cobre**	**Plata**	**Oro**	**Plomo**	**Total**	**%**
Tierra Llana	17	0	0	0	**17**	**2**
Valle del Guadalquivir	197	0	2	0	**199**	**28**
Sierra Morena	17	11	9	0	**37**	**5**
Valle del Guadiana	52	1	0	1	**54**	**7**
Sistemas Subbéticos	57	4	1	0	**62**	**8**
Campiña de Cádiz	25	13	4	0	**42**	**6**
Algarve	114	0	0	0	**114**	16
Bajo Alentejo	72	13	15	0	**100**	**14**
Alto Alentejo	88	0	5	0	**93**	**13**
Península de Setúbal	1	0	0	0	**1**	**0**
Sin procedencia	8	2	0	0	**10**	**1**
TOTAL	**648**	**45**	**38**	**1**	729	--

Gráfico 10: Número mínimo de objetos metálicos de la Edad del Bronce según su provincia o distrito de aparición y el metal en el que están realizados

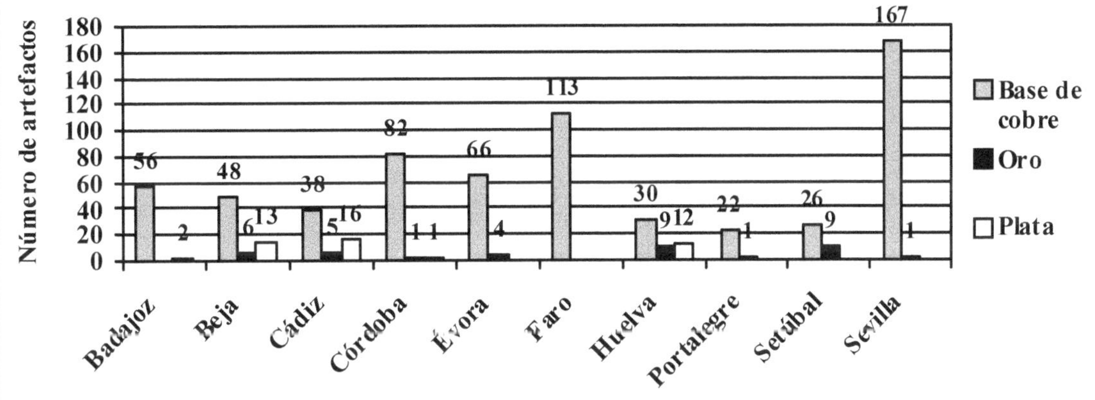

Gráfico 11: Distribución porcentual de los artefactos de la Edad del Bronce en cada zona del Suroeste según su cronología

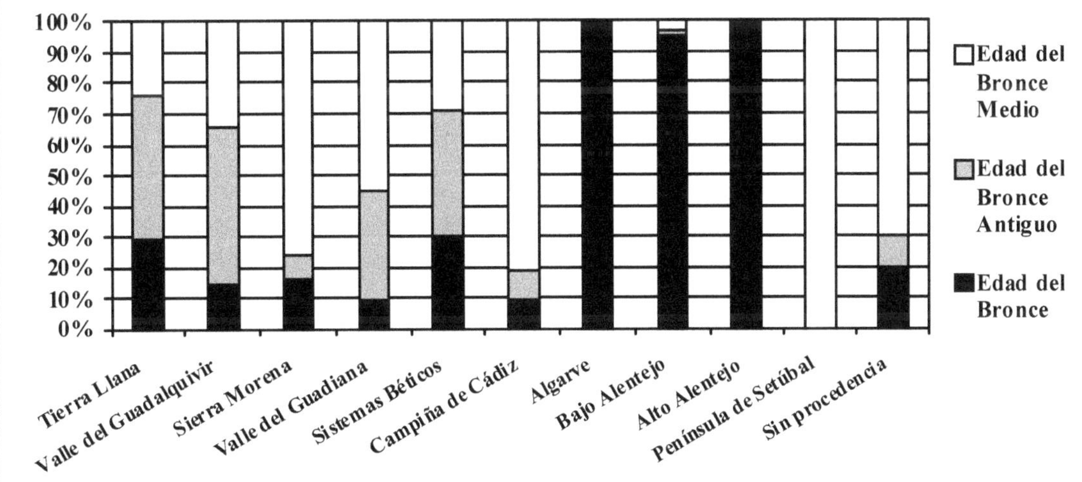

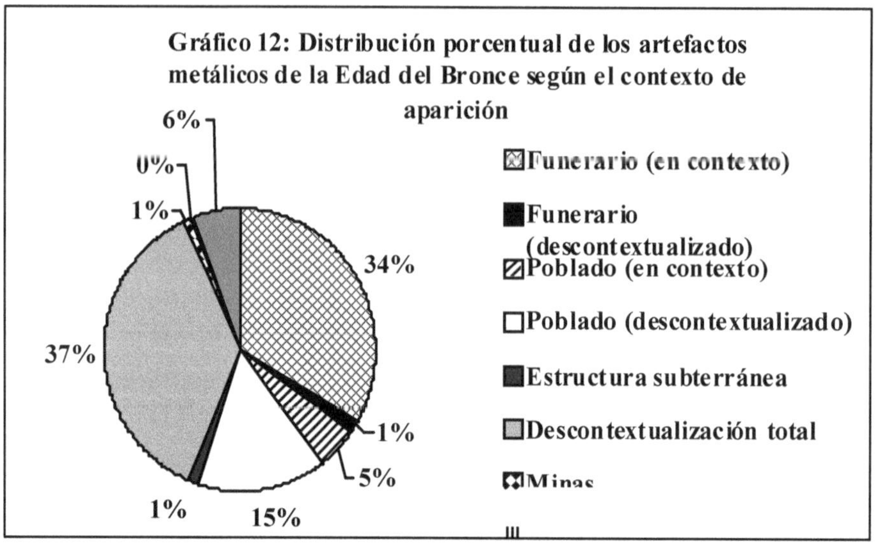
Gráfico 12: Distribución porcentual de los artefactos metálicos de la Edad del Bronce según el contexto de aparición
6%
0%
1%
34%
37%
1%
5%
1%
15%
Funerario (en contexto)
Funerario (descontextualizado)
Poblado (en contexto)
Poblado (descontextualizado)
Estructura subterránea
Descontextualización total
Minas

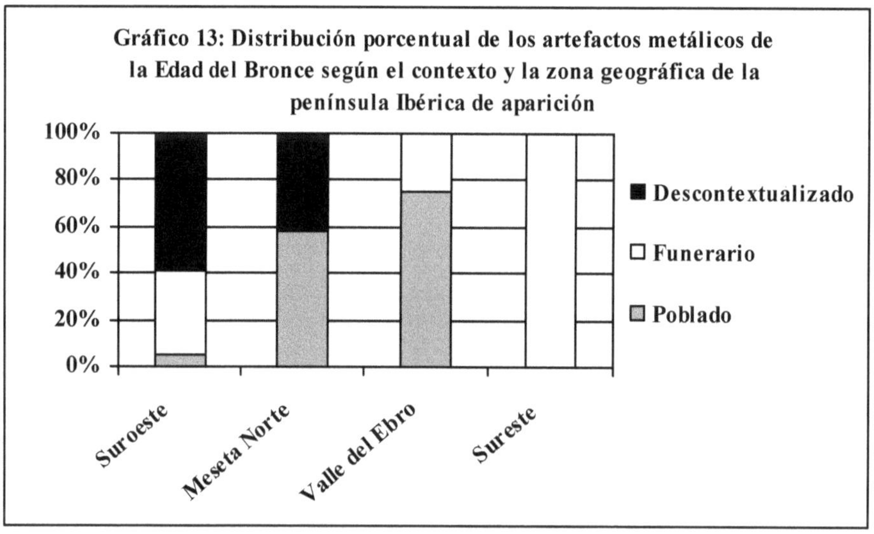
Gráfico 13: Distribución porcentual de los artefactos metálicos de la Edad del Bronce según el contexto y la zona geográfica de la península Ibérica de aparición
100%
80%
60%
40%
20%
0%
Suroeste
Meseta Norte
Valle del Ebro
Sureste
Descontextualizado
Funerario
Poblado

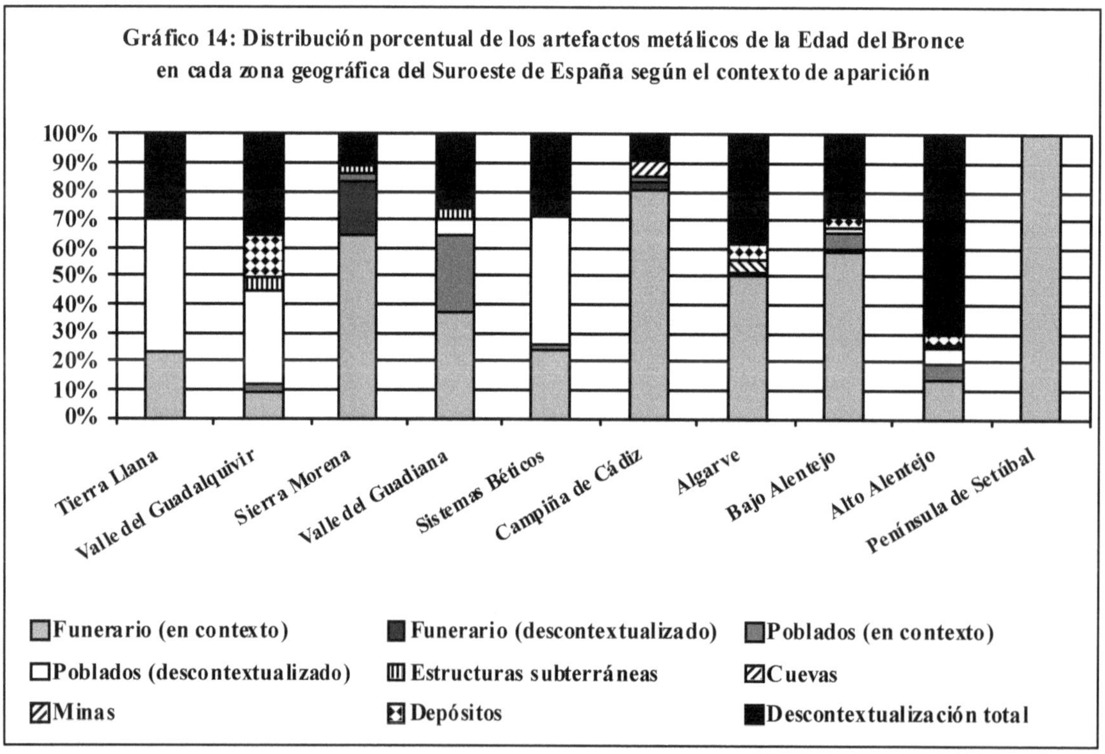
Gráfico 14: Distribución porcentual de los artefactos metálicos de la Edad del Bronce en cada zona geográfica del Suroeste de España según el contexto de aparición
100%
90%
80%
70%
60%
50%
40%
30%
20%
10%
0%
Tierra Llana
Valle del Guadalquivir
Sierra Morena
Valle del Guadiana
Sistemas Béticos
Campiña de Cádiz
Algarve
Bajo Alentejo
Alto Alentejo
Península de Setúbal
Funerario (en contexto)
Funerario (descontextualizado)
Poblados (en contexto)
Poblados (descontextualizado)
Estructuras subterráneas
Cuevas
Minas
Depósitos
Descontextualización total

Una vez valoradas las distribuciones contextuales anteriores, cabe preguntarse sí la descontextualización de los artefactos es similar en cada una de las zonas del Suroeste (Gráfico 14). En esta zona existe una enorme diversidad de situaciones, a pesar de lo cual en casi todas las áreas predominan los contextos funerarios que han sido documentados por medio de metodología arqueológica. La cantidad de artefactos hallados en poblados documentados por excavación es escasa, salvo para la zona del valle del Guadiana, en donde sí se ha documentado un número de artefactos gracias a las intervenciones arqueológicas realizadas en el poblado de Alange (Badajoz). Asimismo, la cantidad de artefactos hallados en la superficie de los poblados es mayor en el Valle del Guadalquivir y en las sierras de los Sistemas Béticos. Los contextos productivos y de depósitos son escasos y no están presentes en todas las zonas sino tan sólo en la de Huelva y el Valle del Guadalquivir. Finalmente, hay que señalar que existe una descontextualización total de casi la mitad de las piezas del valle del Guadalquivir y de los Sistemas Béticos.

5.1.2.4 COMPOSICIÓN FUNCIONAL

De los 729 artefactos metálicos de la Edad del Bronce hallados en el Suroeste, 452 son armas-herramienta (62%), 61 son armas (8%), 96 son adornos (13%), 87 son herramientas (12%) y 32 son artefactos de función desconocida (5%). Durante la Edad del Bronce, se produjo un aumento del número de adornos y la aparición de un nuevo tipo funcional de artefactos: las armas. Estos artefactos son escasos en contextos de la Edad del Cobre y la mayoría de ellos han aparecido en la superficie de los yacimientos.

Las herramientas de la Edad del Bronce más frecuentes son, al igual que en la Edad del Cobre, los punzones y los cinceles, aunque hay una menor cantidad de sierras y de cuchillos (Tabla 7). La diversidad de las herramientas existente durante la Edad del Bronce es menor que la Edad del Cobre, así como su cantidad.

Durante la este período se produjo un aumento del número armas, artefactos que, salvo raras excepciones aparecidas en contextos dudosos, no han sido encontrados hasta el momento en contextos de la Edad del Cobre (Tabla 8). Las alabardas y las espadas son artefactos bélicos creados *ex profeso* y que fueron ser empleados como artefactos de prestigio. En el caso de las puntas de jabalina, hay que señalar que se han encontrado algunos artefactos en contextos de la Edad del Cobre, aunque la mayoría de ellas pertenecen al depósito de la Edad del Bronce hallado en el dolmen de La Pastora (Valencina de la Concepción, Sevilla). Realmente, se desconoce cual pudo ser la función de estos artefactos que, además, rara vez aparecen en contexto arqueológico. Generalmente, se considera que pudieron ser empleadas como artefactos de prestigio que tendrían un alto valor simbólico. En el suroeste han aparecido dos puntas de lanza que Schubart fechó en la Edad del Bronce, aunque sin duda deben pertenecer a la Edad del Bronce Final.

Al igual que sucede en el Suroeste en el Calcolítico, durante la Edad del Bronce las armas-herramienta más frecuentes son las puntas de flecha y las hachas (Tabla 9). La cantidad de puñales de la Edad del Bronce es bastante alta, lo que supone que hubo un cambio respecto del período anterior.

Los adornos de la Edad del Bronce más frecuentes son los botones, y los brazaletes, la mayoría de los cuales están realizados en plata (Tabla 10). Otros adornos que aparecen de manera frecuente en el suroeste son las espirales, las láminas, las cuentas y los anillos. Existe una enorme diversidad de adornos de la Edad del Bronce, que pueden estar realizados indistintamente en cualquiera de los tres metales. Otros por el contrario, sólo aparecen realizados en oro (torques, campanillas y botones cónicos) o en plata (tubos). Durante la Edad del Bronce se produjo la aparición de artefactos de plata, metal que no había sido trabajado durante el Calcolítico.

La cantidad de artefactos de función desconocida de la Edad del Bronce es inferior a la de artefactos de este tipo de la Edad del Cobre (Tabla 8). Se desconocen cuales son las causas del por qué este acusado descenso de artefactos de este tipo, que afecta sobre todo a los artefactos amorfos y en menor medida a las láminas y placas, que eran mucho más frecuentes en la Edad del Cobre. Quizá puede deberse a que muchos de estos yacimientos se encuentran en lugares montañosos donde existe un uso agropecuario del suelo menos intensivo y eso produce una menor destrucción de los artefactos metálicos en pequeños fragmentos de funcionalidad desconocida.

El estudio de la distribución funcional de los artefactos aparecidos en cada área geográfica del Suroeste muestra que existen pautas diferentes en cada una de estas zonas (Gráfico 15). Existen una serie de zonas, como por ejemplo la de Sierra Morena y la Campiña de Cádiz, en las que hay una mayor cantidad de adornos. Por el contrario, en el resto de las zonas se observa una alta proporción de armas, adorrnos y de armas-herramienta, como por ejemplo ocurre en la zona de las sierras de los Sistemas Béticos, todo el Alentejo y en el área del Valle del Guadalquivir.

Por el contrario, en el resto de las zonas se observa una alta proporción de armas, adorrnos y de armas-herramienta, como por ejemplo ocurre en la zona de las sierras de los Sistemas Béticos, todo el Alentejo y en el área del Valle del Guadalquivir. En cuanto a las herramientas, hay que señalar que suelen ser bastante escasas en casi todas las zonas, a excepción del Valle del Guadiana y de la Península de Setúbal, en donde sólo se ha encontrado un objeto de metal de este período que es un punzón. En cuanto a los artefactos de función desconocida estos aparecen con frecuencia en Sierra Morena, Valle del Guadiana y Campiña de Cádiz. Finalmente hay que señalar que la mayoría de los artefactos de los cuales desconocemos su procedencia son armas, armas-herramienta y adornos.

Grafico 15: Distribución porcentual de los objetos de la Edad del Bronce según su funcionalidad y su zona geográfica de aparición

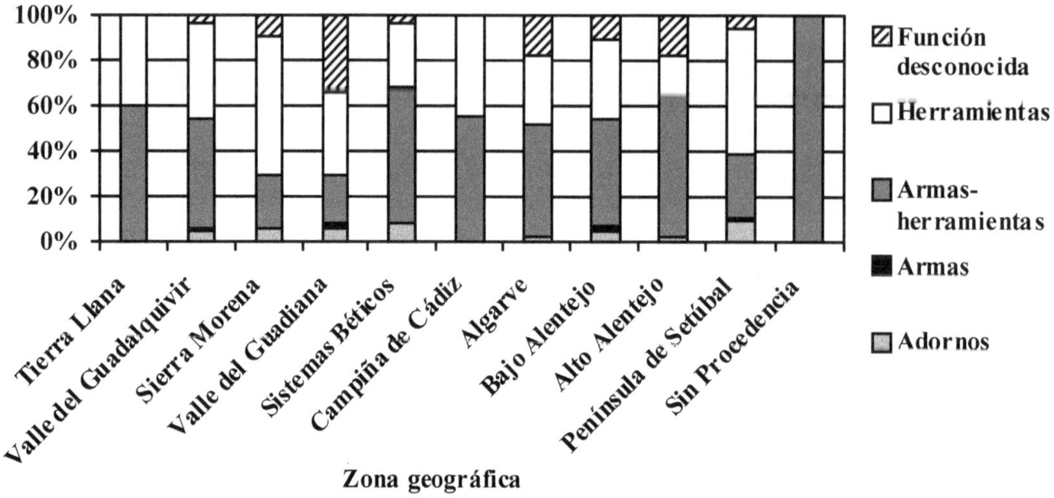

Tabla 8: Número de herramientas y artefactos de función desconocida de la Edad del Bronce según su morfología		
HERRAMIENTAS		
TIPOLOGÍA	NMA	%
Anzuelo	2	2
Cinceles	19	22
Cuchillos	8	9
Hojas	2	2
Punzones	50	58
Sierras	6	7
TOTAL	87	--
FUNCIÓN DESCONOCIDA		
Tipología	NMA	%
Alambre	3	9
Amorfo	21	64
Aro	1	3
Láminas o placas	7	21
Indeterminado	1	3
TOTAL	33	--

Tabla 10: Número de armas-herramienta y de adornos de la Edad del Bronce según su tipología		
ARMAS-HERRAMIENTAS		
TIPOLOGÍA	NMA	%
Hachas	169	37
Puñales	131	29
Puntas de flecha	152	34
TOTAL	452	--
Aros	12	13
ADORNOS		
TIPOLOGÍA	NMA	%
Brazalete	17	18
Botones	24	26
Campanilla	3	3
Cuenta	13	14
Diadema	2	2
Espiral	9	9
Lámina	2	2
Pendiente	5	5
Torques	3	3
Tubos	5	5
TOTAL	95	--

Tabla 9: Número de armas de la Edad del Bronce según su tipología		
TIPOLOGÍA	NMA	%
Alabardas	19	31
Espadas	10	16
Puntas de jabalina	30	50
Puntas de lanza	2	3
TOTAL	61	--

5.1.3 EDAD DEL BRONCE FINAL

5.1.3.1 EL NÚMERO MÍNIMO DE ARTEFACTOS Y SU DISTRIBUCIÓN GEOGRÁFICA.

El número mínimo de artefactos de la Edad del Bronce Final es del 718, de los cuales 606 son de base de cobre (91% de artefactos), 106 de oro (8%), uno de plata (inferior al 0%), otro de plomo (0%) y 4 de hierro (1%). La media del número de artefactos por siglo es superior a la de los períodos anteriores (179).

Si se compara la cantidad de artefactos documentada en el Suroeste con la que existe en otras zonas de la Península Ibérica para este período, se observa que el Suroeste es la zona en donde más artefactos de metal de la Edad del Bronce Final han aparecido (Gráfico 16). Esto se debe al excepcional hallazgo de la Ría de Huelva, que es uno de los depósitos de metales más grandes, no sólo de España y de la Península Ibérica, sino también de Europa. Sin embargo, hay que señalar que los estudios regionales sobre artefactos metálicos de la Edad del Bronce Final son escasos para la Península Ibérica, ya que esta etapa no suele ser incluida en los estudios regionales para el conjunto peninsular. En este contexto, sólo se pueden comparar los resultados obtenidos en el Suroeste con los del estudio realizado por Delibes de Castro y Rovira Llorens para los artefactos de las Islas Baleares (Delibes de Castro y Rovira Llorens, 1988), con el llevado a cabo para la Meseta Norte (Herrán Martínez, 2008) y con el trabajo de investigación de Simón García, que sí incluye las producciones metálicas de la Edad del Bronce Final (Simón García, 1998). A pesar de que el Suroeste es la zona con más artefactos metálicos de la Península Ibérica, esta zona es la que tiene una menor densidad de artefactos por km^2 (0,007) frente al Levante (0,02) e Islas Baleares (0,03).

La mayor parte de los artefactos metálicos de este período han sido encontrados en la zona de la Tierra Llana de Huelva, lo cual es evidente puesto que es donde ha sido encontrado el depósito de la Ría de Huelva (Tabla 11). Sin embargo, si se resta el número de artefactos de este depósito al total de hallazgos de esta zona, el número de artefactos de base de cobre se reduce a 11. Esta cantidad es inferior al total de artefactos hallados en otras áreas, aunque algunas zonas como por ejemplo los Sistemas Béticos, el Algarve y la Campiña Gaditana tienen un número de hallazgos muy bajo. La mayoría de los artefactos de muchas de las zonas del Suroeste están realizados en cobre o bronce, mientras que los artefactos realizados en otros metales son muy escasos, a excepción del oro. En el Valle del Guadiana, el Alentejo y Sierra Morena se han encontrado una alta cantidad de artefactos realizados en este metal.

El análisis de la distribución de los artefactos por provincias muestra que el mayor número de artefactos de este período han aparecido en el distrito de Beja y las provincias de Badajoz y Sevilla (Tabla 12). En último lugar, se sitúan las provincias de Cádiz y Faro, en donde los artefactos de metal son escasos. No han sido encontrados artefactos de oro en la provincia de Cádiz y tan sólo uno en la provincia de Huelva. Esto supone un cambio respecto de la Edad del Bronce, período en el cual estas dos provincias eran las que tenían una mayor cantidad de adornos realizados en oro y plata.

La información anterior ha sido contrastada con el cálculo de la densidad de artefactos por km^2 en cada provincia. El resultado de este es el siguiente por orden de mayor a menor: Huelva (0,04), Beja (0,008), Évora (0,005) seguida de Sevilla y Badajoz (0,002), de Córdoba (0,001) y, finalmente, de, Setúbal (0,004), Portalegre (0,001), Cádiz (0,0008) y Faro (0,0008).

5.1.3.2 CONTEXTOS

Si por algo se caracterizan las producciones metálicas de la Edad del Cobre y del Bronce del Suroeste es por su alta descontextualización, situación que se acentúa para las producciones metálicas de la Edad del Bronce Final (Gráfico 17). La mayoría de los artefactos de este período sufren algún tipo de descontextualización, ya sea parcial, como ocurre con los artefactos hallados en la superficie de los poblados y en los depósitos, la mayoría de los cuales no han sido encontrados bajo supervisión arqueológica; ya sea total. El número de objetos metálicos hallados en contextos funerarios es bastante bajo, aunque casi todos ellos han sido documentados en el transcurso de excavaciones realizadas con metodología arqueológica. Por otra parte, hay que señalar que el número de artefactos hallados en poblados y documentados por metodología arqueológica de excavación es superior al de las halladas en superficie, hecho que contrasta con los dos períodos anteriores en los que sucedía todo lo contrario.

A continuación, se ha calculado la distribución porcentual de los artefactos según su contexto y su zona geográfica de aparición (Gráfico 18). No se ha incluido los objetos de la Ría de Huelva en el gráfico, en cuyo caso se vería que la mayor parte de los artefactos de la Tierra Llana de Huelva proceden de este depósito, lo cual no supone ninguna novedad. Existe una alta cantidad de artefactos hallados en depósitos en las zonas de Sierra Morena, del Valle del Guadalquivir y en el alto Alentejo. En todas las zonas existe un alto porcentaje de objetos que sufren algún tipo de descontextualización. Se han realizado pocas intervenciones en yacimientos de este período en España, lo que explica el por qué una pequeña proporción de los artefactos aparecen en contexto. En los últimos años en Portugal se ha realizado una cierta labor de prospección y de excavación de algunos de estos poblados sobre todo en el Alentejo, lo que explica la alta cantidad de artefactos contextualizados.

Tabla 11: Distribución de los artefactos metálicos de la Edad del Bronce Final en el Suroeste según su zona geográfica de aparición								
Zona Geográfica	**Base de Cobre**	**Plata**	**Oro**	**Hierro**	**Plomo**	**NMA**	**%***	**%****
Tierra Llana	411	0	0	2	0	**413**	**57**	**3**
Valle del Guadalquivir	53	0	2	0	0	**55**	**8**	**17**
Sierra Morena	11	1	23	0	0	**35**	**5**	**11**
Valle del Guadiana	8	0	14	0	0	**22**	**3**	**7**
Sistemas Béticos	3	0	0	0	1	**4**	**1**	**1**
Campiña gaditana	3	0	0	2	0	**5**	**1**	**2**
Algarve	3	0	1	0	0	**4**	**1**	**1**
Bajo Alentejo	46	0	50	0	0	**96**	**12**	**31**
Alto Alentejo	39	0	12	0	0	**51**	**7**	**16**
Península de Setúbal	12	0	0	0	0	**12**	**2**	**4**
Sin procedencia	17	0	4	0	0	**21**	**3**	**7**
TOTAL	606	**1**	**106**	**4**	**1**	**546**	--	--
***Incluido el depósito de la ria de Huelva * Excluido del depósito de la ria de Huelva**								

Tabla 12: Distribución provincial de los artefactos metálicos de la Edad del Bronce Final en el Suroeste (excluido el depósito de la ría de Huelva						
Provincias	**Base de Cobre**	**Plata**	**Oro**	**Hierro**	**Plomo**	**NMA**
Sevilla	37	0	2	0	0	**39**
Córdoba	18	0	3	0	1	**22**
Cádiz	4	0	0	2	0	**6**
Huelva	11	1	1	2	0	**15**
Badajoz	24	0	35	0	0	**59**
Beja	38	0	47	0	0	**85**
Faro	3	0	1	0	0	**4**
Évora	35	0	7	0	0	**42**
Portalegre	4	0	5	0	0	**9**
Setúbal	20	0	3	0	0	**23**

Gráfico 16: Número de artefactos de la Edad del Bronce Final en cada zona de la Península Ibérica

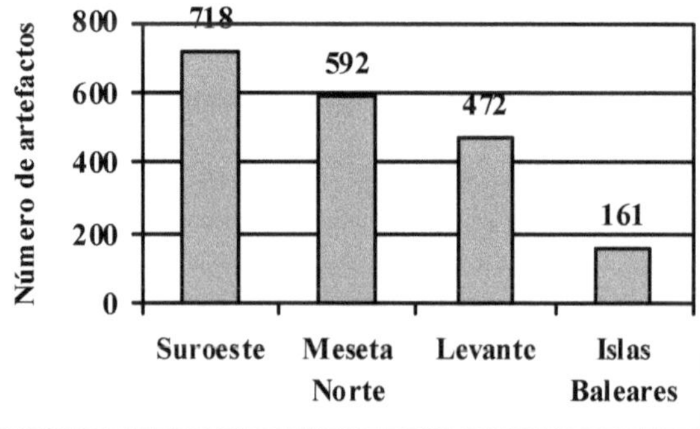

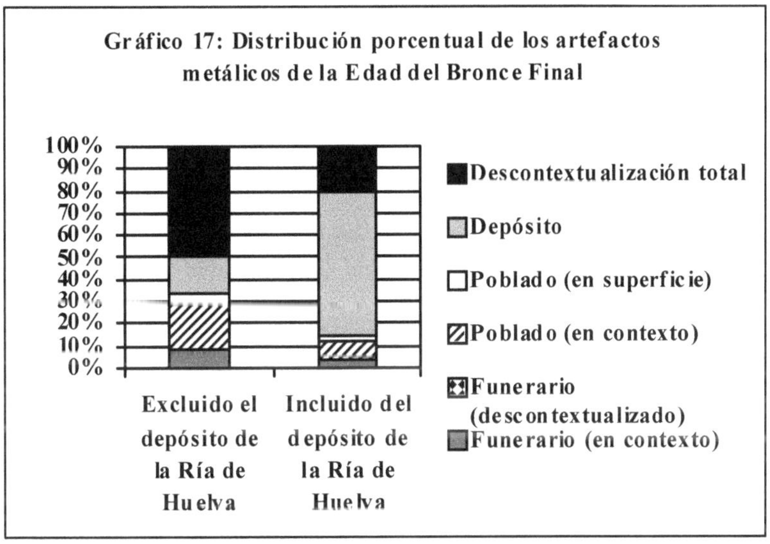
Gráfico 17: Distribución porcentual de los artefactos metálicos de la Edad del Bronce Final
100%
90%
80%
70%
60%
50%
40%
30%
20%
10%
0%
Excluido el depósito de la Ría de Huelva
Incluido del depósito de la Ría de Huelva
Descontextualización total
Depósito
Poblado (en superficie)
Poblado (en contexto)
Funerario (descontextualizado)
Funerario (en contexto)

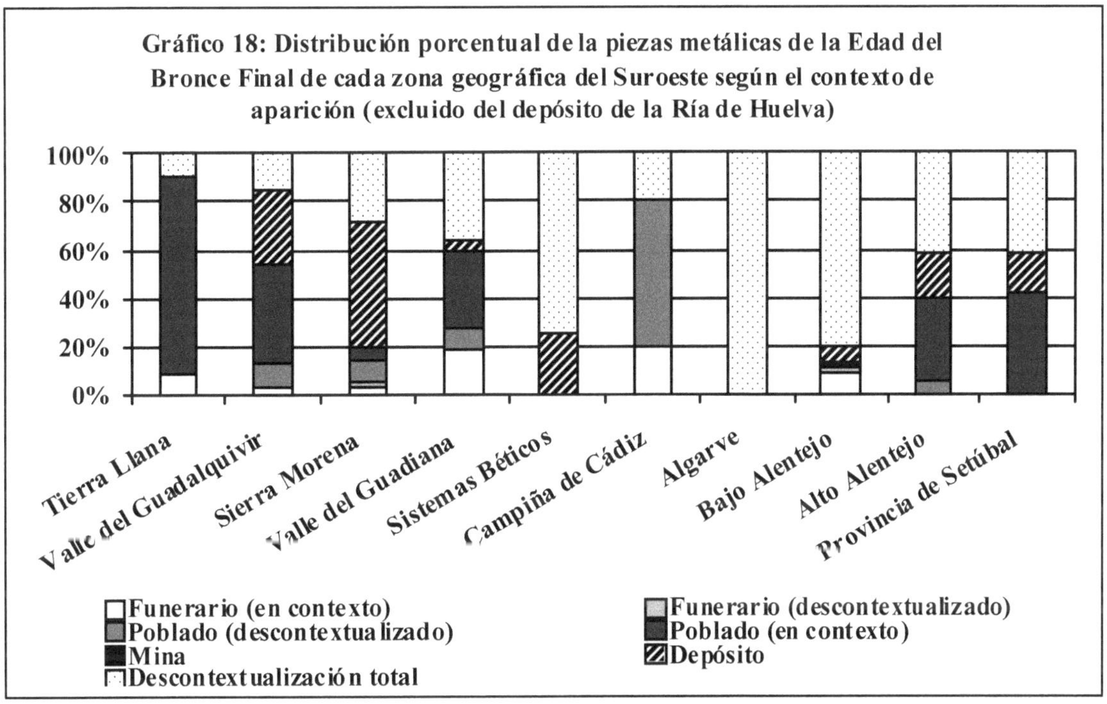
Gráfico 18: Distribución porcentual de la piezas metálicas de la Edad del Bronce Final de cada zona geográfica del Suroeste según el contexto de aparición (excluido del depósito de la Ría de Huelva)
100%
80%
60%
40%
20%
0%
Tierra Llana
Valle del Guadalquivir
Sierra Morena
Valle del Guadiana
Sistemas Béticos
Campiña de Cádiz
Algarve
Bajo Alentejo
Alto Alentejo
Provincia de Setúbal
Funerario (en contexto)
Poblado (descontextualizado)
Mina
Descontextualización total
Funerario (descontextualizado)
Poblado (en contexto)
Depósito

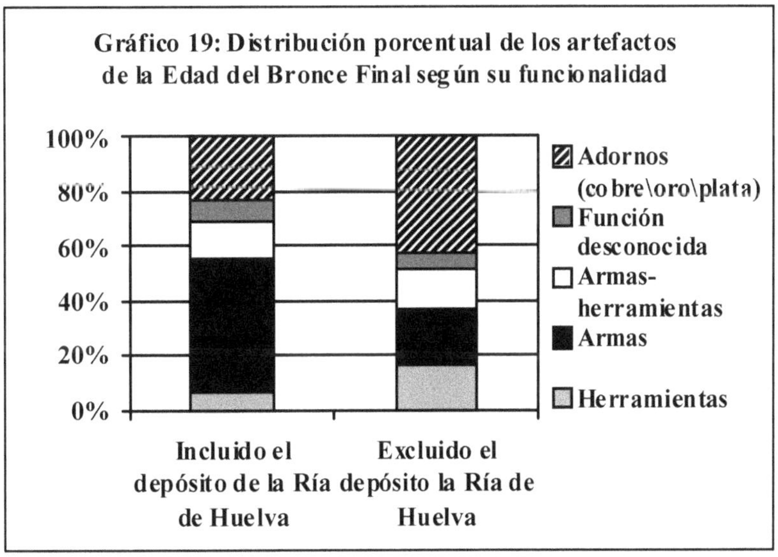
Gráfico 19: Distribución porcentual de los artefactos de la Edad del Bronce Final según su funcionalidad
100%
80%
60%
40%
20%
0%
Incluido el depósito de la Ría de Huelva
Excluido el depósito la Ría de Huelva
Adornos (cobre\oro\plata)
Función desconocida
Armas-herramientas
Armas
Herramientas

5.1.3.3 COMPOSICIÓN FUNCIONAL

De los 718 artefactos de la Edad del Bronce Final, 350 son armas, 102 son armas-herramientas, 165 son adornos, 46 son herramientas y 55 son artefactos de función desconocida. Esta distribución funcional es diferente de la que se documenta para los períodos anteriores, ya que la Edad del Bronce Final se caracteriza por tener una alta cantidad de armas y un evidente aumento del número de adornos (Gráfico 19). Por otra parte, hay que señalar que en este período se produjo un enorme descenso del número de armas-herramientas y de herramientas, fenómeno que no es una novedad sino que se documenta desde la Edad del Bronce y que se acentúa desde este período. Si se excluyen las piezas del depósito de la Ría de Huelva, se observa que el porcentaje de armas se reduce, aunque sigue siendo uno de los tipos de artefactos más frecuentes. Como es lógico, aumenta el porcentaje de adornos y de herramientas, aunque se reduce el porcentaje de armas.

La herramienta más frecuente en los contextos arqueológicos de este período es la barra o varilla, seguido de las agujas y los alfileres y las hoces (tabla 13). Durante este período se observa una reducción drástica del número de herramientas respecto de los períodos anteriores. Si se compara la variedad de tipos morfológicos de herramientas se observa que hay una reducción diacrónica de la variedad de artefactos que pudieron ser susceptibles de ser empleados como tales.

Los puñales y las hachas son las armas-herramientas más numerosas durante la Edad del Bronce Final (Tabla 14). Esta situación contrasta con la documentada para la Edad del Bronce y la Edad del Cobre, períodos en los cuales hay una alta cantidad de puntas de flecha. En realidad se observa una reducción diacrónica del número de artefactos de este tipo. Este hecho coincide con la práctica desaparición de las puntas de flecha líticas del registro arqueológico, por lo que pudo estar relacionado con un cambio en el sistema socioeconómico.

Las armas más numerosas son las espadas y las lanzas (Tabla 15). Eso supone una novedad importante respecto de la Edad del Bronce, ya que las alabardas han desaparecido de los conjuntos metálicos del Suroeste. Durante este período se produjo la aparición de nuevos artefactos que no existían en el período anterior, como por ejemplo las lanzas y los cascos de metal. No se sabe si estos artefactos existían en los períodos anteriores, en cuyo caso estarían realizados en materiales perecederos y no tendrían puntas metálicas, ya que no se ha encontrado ninguna punta de lanza metálica en contextos de la Edad del Bronce en la Península Ibérica.

Durante la Edad del Bronce Final hay una mayor la variedad de artefactos de función desconocida que en la Edad del Bronce (Tabla 16). Los artefactos de este tipo más numerosos son las anillas y los amorfos, mientras que el resto de los artefactos no sobrepasa las 2 o 3 ejemplares. Se han realizado multitud de interpretaciones sobre cual pudo ser la función de estos artefactos, a pesar de que algunos de ellos, han sido clasificados como clavos, pasadores de riendas de caballos, remates, pesos o ponderales. La falta de estudios arqueométricos aplicados a estas piezas tampoco ha ayudado a solucionar el problema de su posible funcionalidad, ya que un estudio traceológico y de su estructura interna al menos valdría para confirmar para qué fue usado.

Los adornos más frecuentes en la Edad del Bronce final son los torques, los botones, y los brazaletes, la mayoría de los cuales están realizados en oro (Tabla 17). Otros elementos decorativos son las fíbulas, artefactos que aparecen durante la Edad del Bronce Final y que no habían existido hasta entonces. Además se han encontrado otros artefactos de los cuales se desconoce su función, aunque al estar realizados en oro se piensa que pudieron tener una función ornamental como es el caso de los alambres, los remates cónico y las cadenas-espiral de oro. En este período se han encontrado algunas pinzas de cobre o bronce, artefactos que estrictamente no son adornos pero que al ser empleados como complementos para mejorar la imagen han sido considerados como tales.

A continuación se ha estudiado la distribución funcional de los artefactos metálicos en cada zona del Suroeste. En determinadas zonas como por ejemplo la Tierra Llana, el Valle del Guadalquivir, los Sistemas Béticos y la Campiña de Cádiz existe un elevado porcentaje de armas (Gráfico 20). En otras zonas el número de armas es escaso y el de adornos es mucho más numeroso, como ocurre en Sierra Morena, el Alentejo, el Valle del Guadiana y la Península de Setúbal. El porcentaje de herramientas es bastante bajo, a excepción de la Campiña de Cádiz, hecho que sin duda se debe a la escasez de excavaciones en poblados de este período.

Tabla 13: Número de herramientas de la Edad del Bronce Final según su tipología		
Tipología	NMA	%
Agujas/alfiler	8	**18**
Cinceles	8	**14**
Punzones	5	**11**
Cuchillos	2	**5**
Hoces	8	**18**
Sierras	1	**2**
Barras o varillas	14	**32**
TOTAL	**46**	--

Tabla 15: Número de armas de la Edad del Bronce Final según su tipología		
TIPOLOGIA	MNA	%
Espadas	132	**38**
Puntas de lanza	122	**35**
Regatones	76	**22**
Casco	8	**2**
Empuñaduras de espadas	11	**3**
TOTAL	**330**	--

Tabla 14: Número de armas-herramientas de la Edad del Bronce Final según su tipología		
TIPOLOGÍA	NMA	%
Puñales	35	**34**
Hachas	39	**39**
Puntas de flecha	28	**27**
TOTAL	**102**	--

Tabla 16: Número de artefactos de función desconocida de la Edad del Bronce Final según su tipología		
TIPOLOGÍA	NMA	%
Anillas	22	41
Amorfo	10	18
Asa	3	5
Placas o láminas	3	5
¿Clavos?	2	4
¿Pasadores?	3	5
¿Pasarriendas?	3	5
Pesos	7	13
Remate	2	4
TOTAL	**55**	--

Tabla 17: Número de adornos de la Edad del Bronce Final según su tipología					
TIPOLOGÍA	Oro	Base de Cobre	Plata	NMA	%
Alambres	7	0	0	7	**4**
Amorfos	0	0	1	1	**1**
Anillos o aros	2	13	0	15	**9**
Botones	2	15	0	17	**10**
Brazaletes	40	0	0	40	**24**
Broches de cinturón	0	3	0	3	**2**
Cadenas-espiral	15	0	0	15	**9**
Collar	6	0	0	6	**4**
Espirales	4	0	0	4	**2**
Fíbulas	0	17	0	17	**10**
Pendiente	1	0	0	1	**1**
Pinzas	0	3	0	3	**2**
Placas o láminas	5	0	0	5	**3**
Remates cónicos	3	0	0	3	**2**
Torques	20	8	0	28	**17**
TOTAL	**105**	**59**	**1**	**165**	--

Gráfico 20: Distribución porcentual de los objetos métalicos de la Edad del Bronce según el contextos y la zona geográfica de aparición (incluido el depósito de la Ría de Huelva)

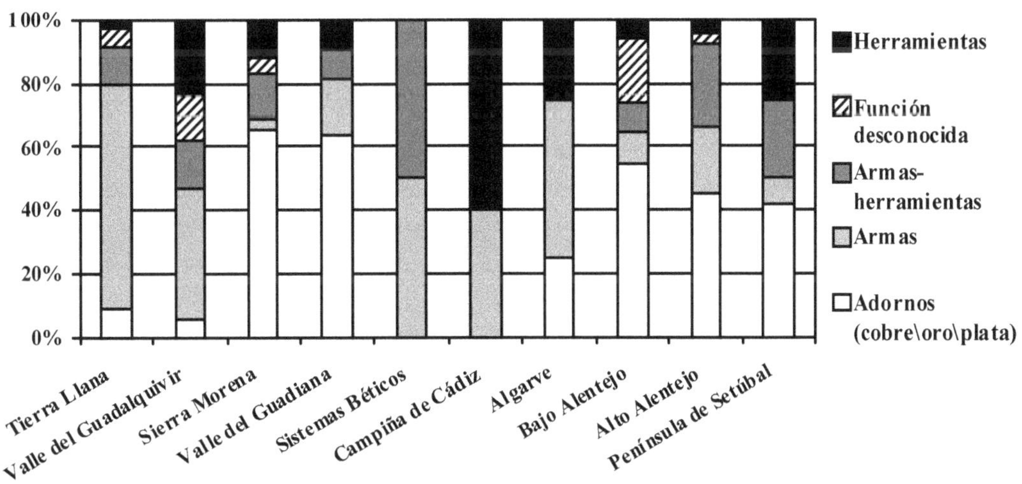

6 ESTUDIO TIPOLÓGICO, MORFOMÉTRICO Y ARQUEOMÉTRICO DE LOS ARTEFACTOS METÁLICOS DEL SUROESTE DE LA PENÍNSULA IBÉRICA

6.1 HERRAMIENTAS

6.1.1 AGUJAS

Una aguja es una barra puntiaguda, de metal, hueso o madera, con un ojo por donde se pasa el hilo con que se borda y se teje. Aunque en algunas clasificaciones se considera que son similares a los punzones (Simón García, 1998: 284), lo cierto es que se diferencian de estos por tener un agujero en su extremo distal por el que se enhebran las fibras que se emplean para tejer.

El número mínimo de agujas hallado en el Suroeste es 24, 18 de las cuales están datadas en la Edad del Cobre (75%) y 6 en la Edad del Bronce Final (25%). No se han encontrado agujas en el Suroeste de España de la Edad del Bronce, ausencia que quizá esté relacionada con la escasez de excavaciones realizadas en poblados de este período. Las agujas de hueso, a diferencia de las metálicas, suelen ser frecuentes en los contextos arqueológicos. Estas aparecen de manera poco frecuente en los contextos del Suroeste y otras zonas de la Península Ibérica como por ejemplo el Levante en donde han sido halladas algunas agujas de la Edad del Bronce Final (Simón García, 1998: 284).

A continuación se ha estudiado la distribución geográfica de estos artefactos. Estos sólo han sido hallados en tres zonas del Suroeste: la Campiña de Cádiz, la Tierra Llana y el Valle del Guadalquivir (Gráfico 21). No se han hallado ejemplares de este tipo en Sierra Morena, el Valle del Guadiana, ni en las sierras de los Sistemas Béticos.

De las 18 agujas de la Edad del Cobre encontradas, 13 aparecieron en contextos de poblado bien excavadas, 3 en la superficie de un poblado, 1 en el interior de un tholos y 1 descontextualizada. De las 6 de la Edad del Bronce Final, una apareció en el interior de una cabaña y las otras 5 en el depósito de la Ría de Huelva.

De las 18 agujas, sólo se conoce la medida de 5. Todas ellas pertenecen al depósito de la Ría de Huelva y están fragmentadas por lo que no se puede calcular su anchura y su longitud máxima media, ni se puede aplicar un análisis morfométrico.

Sólo se conoce la composición de dos de las agujas halladas en el poblado de San Blas (Cheles, Badajoz) y de una de las agujas halladas en el depósito la Ría de Huelva. Las dos primeras tienen tienen una alta cantidad de As (3,83 y 2,65% respectivamente) (Hunt Ortiz *et alii*, 2009). Respecto a la hallada en el depósito del Bronce Final, esta fue realizada en bronce y tiene una cantidad de Sn significativa (9%) en su composición pero no Pb. Esto es algo que es frecuente en las producciones metálicas de este depósito como se observa en el estudio publicado (Rovira Llorens, 1995). Esta misma aguja también ha sido metalografiada. Su estructura interna revela que fue fabricada por medio del estiramiento en frío de un pieza de metal y que posteriormente fue sometida a un recocido, lo que produjo una recristalización de sus estructura interna (Rovira Llorens, 1995).

6.1.2 CINCELES

El término cincel se emplea para hacer referencia a todos aquellos artefactos realizados en piedra o en metal que tienen un filo plano y se emplean para labrar la piedra o el metal a golpe de martillo. En las publicaciones arqueológicas se emplean de manera poco precisa varios términos para hacer referencia al mismo tipo de artefacto, como por ejemplo cincel, escoplo, que a diferencia de los cinceles estaría enmangando, o gubia. Esta variedad de conceptos puede llevar a cometer errores terminológicos, razón por la cual, en este trabajo de investigación se ha preferido emplear el término cincel en detrimento de los anteriores.

El número mínimo de cinceles hallados en el Suroeste de España es de 139, de los cuales 112 están datados en la Edad del Cobre, 17 en la Edad del Bronce y 10 en la Edad del Bronce Final (Gráfico 22), lo que indica se produjo una reducción gradual y diacrónica del número de cinceles en el Suroeste.

A continuación, se han clasificado los cinceles según la zona geográfica en la que fueron hallados y su cronología. La mayor parte de los cinceles de la Edad del Cobre han sido hallados en el Valle del Guadalquivir y en el Valle del Guadiana, siendo mucho más escasos en el resto de las zonas, a excepción de la Campiña Gaditana en donde no ha aparecido ninguno (Gráfico 23). Los cinceles de la Edad del Bronce y del Bronce Final se reparten de manera más homogénea por cada una de las zonas del Suroeste.

La mayoría de los cinceles de la Edad del Cobre han sido hallados en la superficie de poblados, mientras que el número de piezas aparecidas en contextos excavados con metodología arqueológica es escaso (Gráfico 24). Tan sólo un pequeño número de estos artefactos ha sido hallado en contextos funerarios (10%), lo cual contrasta con lo que se ha observado para otras herramientas como por ejemplo los punzones que sí suelen aparecer de manera frecuentes en el interior de contenedores funerarios. Esta situación es similar a la que se ha documentado en otras zonas como el Levante (Simón García, 1998: 285). La descontextualización de los cinceles de la Edad del Bronce y de la Edad del Bronce Final es mayor. Esto se debe a la escasa cantidad de excavaciones en poblados de este período, aunque no en necrópolis de la Edad del Bronce en donde no se han hallado cinceles como parte del ajuar funerario.

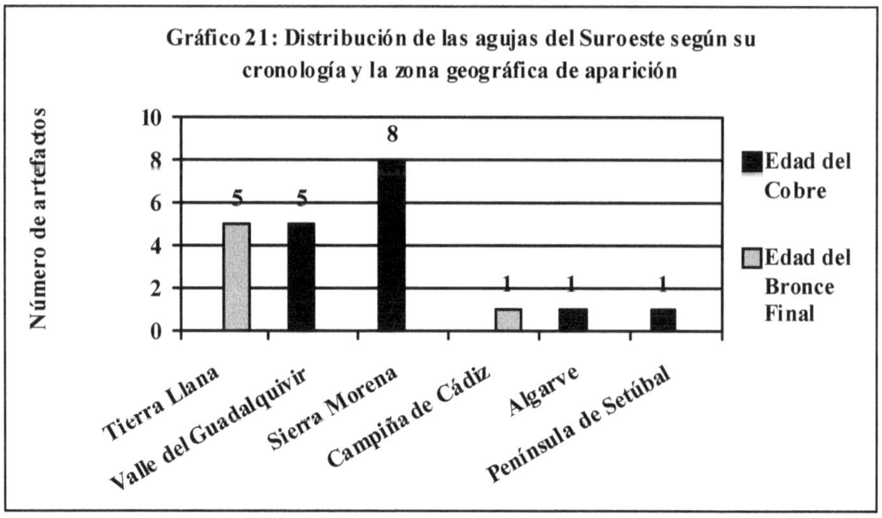

Figura 3: Cincel hallado en el yacimiento de Cerro Jesús (Baena, Córdoba). Medidas de la escala expresada en cm. (Imagen extraída de Rovira Llorens *et alii*, 1997).

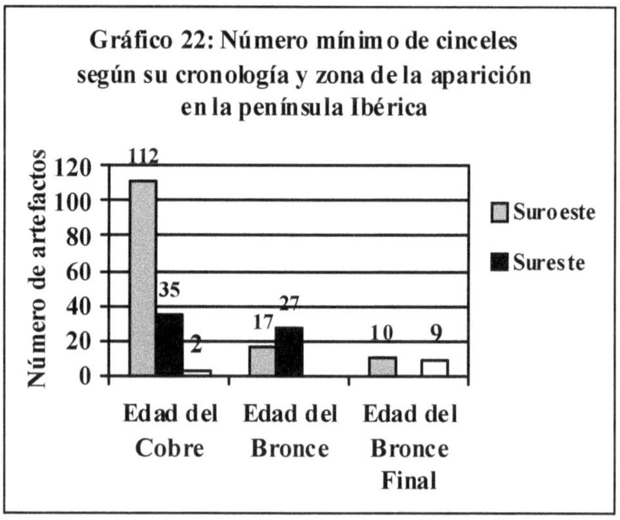

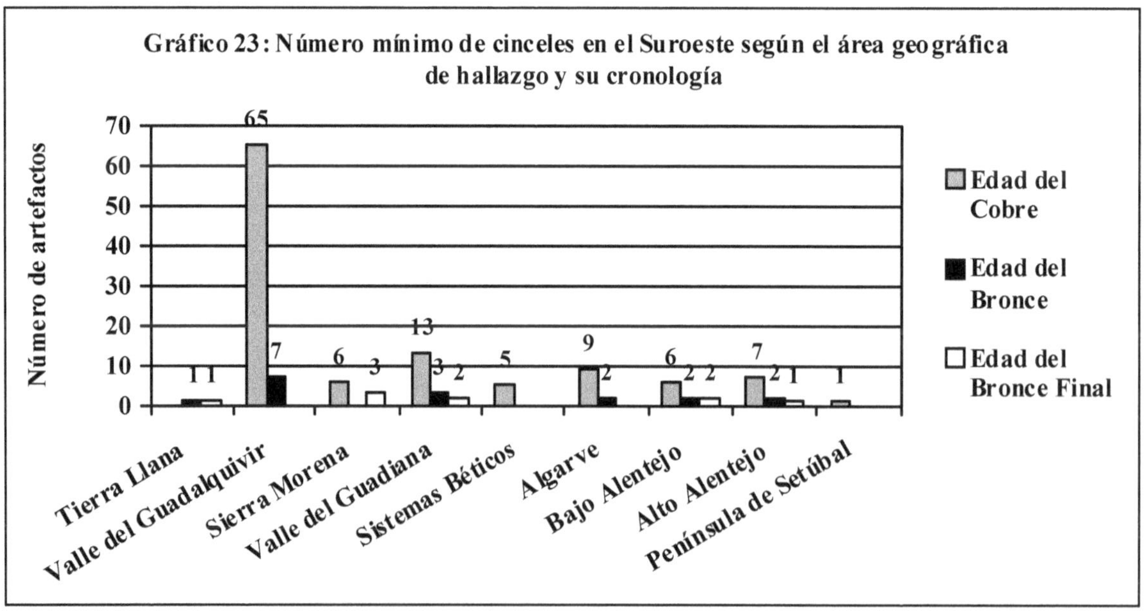

Sólo se conocen las medidas de 30 de los 112 cinceles datados en la Edad del Cobre, de 9 de los 17 de la Edad del Bronce y de 2 de los 10 datados en la Edad del Bronce Final (razón por la cual no se ha calculado la media de las medidas de los cinceles de este último período). Si se calcula la anchura y la longitud media de ambos grupos se observa que los cinceles de la Edad del Bronce son de mayor tamaño que los de la Edad del Cobre (Tabla 18). Asimismo, la desviación estándar de las medidas de los cinceles de la Edad del Bronce es mayor que la de las medidas de los Edad del Cobre, lo que indica que existe una mayor variabilidad métrica en los primeros que en los segundos.

De los 112 cinceles de la Edad del Cobre, sólo 28 han sido analizados para conocer su composición (25%), de los 17 de la Edad del Bronce 15 (88%) y de los 10 del Bronce Final 4 (40%). Esto indica que no existe una buena caraterización arqueométrica para los cinceles calcolíticos, a diferencia de los otros dos períodos.

El cálculo de la media de los porcentajes de Cu muestra que no existen grandes cambios en la composición media de los cinceles de la Edad del Cobre y la Edad del Bronce, aunque si en los cinceles del Bronce Final, en los que la cantidad de Cu baja hasta el 92,6% (Tabla 19). Este cambio se debe a la generalización de la aleación de cobre-estaño, aleación que ya existía desde la Edad del Bronce pero que era poco empleada en la realización de artefactos. La cantidad media de Sn presente en los cinceles de la Edad del Bronce no llega al 3%, cantidad que es considerada como el límite entre las aleaciones intencionadas y fortuitas (Rovira Llorens, 1995). Sin embargo, hay que tener en cuenta que se han encontrado cinceles de este período con un 7 y un 8% de Sn, lo que indica que estas aleaciones se realizaron de manera intencionada. Por otra parte, hay que señalar que la cantidad de As se reduce en los cinceles de la Edad del Bronce y que aumenta en los de la Edad del Bronce Final. No obstante, la cantidad media de As de los cinceles de la Edad del Cobre del Suroeste es inferior a la de los punzones de la Edad del Cobre del Sureste que tienen una cantidad media de 2,55% de As (Montero Ruiz, 1994: 248) y es ligeramente superior a los de Levante que tienen una cantidad media superior al 2,19% de As (Simón García, 1998: 286).

Si se calcula la desviación estándar de las cantidades de Cu, As y Sn se observa que el grado de desviación es menor en las cantidades de As y que esta se reduce de manera diacrónica. Por el contrario, la desviación de la cantidad de Cu y Sn de respecto de la media aumenta progresivamente, hecho que debe verse en relación con la aleación intencionada de ambos elementos y que depende de las cantidades empleadas en la misma.

Sólo se han realizado 11 análisis metalográficos sobre cinceles de la Edad del Cobre. No existe ningún análisis metalográfico realizado sobre los cinceles de la Edad del Bronce y sólo 1 de los 10 cinceles de la Edad del Bronce Final ha sido metalografiado (Gráfico 25). La mayoría de los punzones de la Edad del Cobre han recibido un tratamiento complejo que incluye al menos un forjado en frío y un recocido. Otros pocos cinceles han sido sometidos a otro martilleado posterior que habría mejorado las propiedades mecánicas de estas herramientas.

6.1.3 CUCHILLOS

El término cuchillo suele ser empleado de manera imprecisa en la bibliografía arqueológica, motivo por el cual necesita de una definición precisa. Se concibe como tal cualquier instrumento para cortar formado por una hoja de metal con un solo filo y un mango. Según esta definición, no deberían ser considerados como cuchillos aquellos artefactos cortantes de pequeño tamaño que tuviesen dos filos cortantes, como sucede con los puñales. Por otra parte, la funcionalidad de los primeros suele ser doméstica, a diferencia de los segundos que suelen estar más relacionados con la caza o con el uso bélico. Como ha quedado demostrado en los estudios realizados para el Levante, los cuchillos de la Edad del Cobre imitan la forma de los realizados en sílex aparecidos en los poblados (Simón García, 1998: 245). En otras ocasiones, se ha interpretado que los cuchillos podrían tener un uso ritual o de prestigio como por ejemplo se piensa que ocurre para los cuchillos de hierro de la Edad del Bronce Final.

La mayor parte de los cuchillos del Suroeste de España están datados en la Edad del Cobre, siendo mucho más escasos los documentados para los períodos posteriores (Gráfico 26). Todos los artefactos de este tipo de Edad del Bronce Final hallados en el Suroeste están realizados en metal.

Si se analiza su distribución geográfica por zona de aparición se observa que una gran cantidad de ellos han sido hallados en Sierra Morena, el Valle del Guadiana, el Valle del Guadalquivir y la Península de Setúbal. Por el contrario, la mayoría de los cuchillos de la Edad del Bronce han sido encontrados en las sierras de los Sistemas Béticos y en la Campiña de Cádiz (Gráfico 27). Sólo se han encontrado cuchillos de la Edad del Bronce Final en la zona de la campiña gaditana.

Casi todos los cuchillos de la Edad del Cobre han sido encontrados en la superficie de poblados o en el transcurso de excavaciones arqueológicas realizadas en los mismos (Gráfico 28). Por el contrario, la mayor parte de los cuchillos de la Edad del Bronce Final han sido encontrados en contextos funerarios.

Gráfico 24: Distribución porcentual de los cinceles de la Edad del Cobre según su contexto de aparición

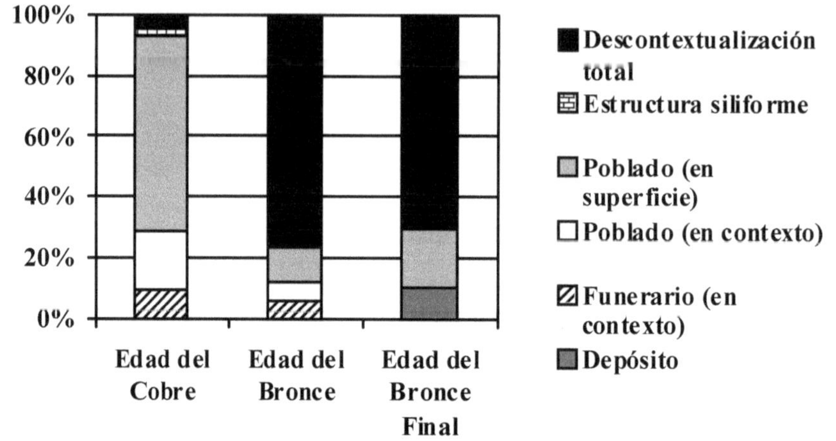

Tabla 18: Media y desviación estándar de las medidas de los cinceles del Suroeste						
	Media					
	Longitud media (mm)		Anchura media (mm)		Peso medio (gr)	
	Media	Desviación estándar	Media	Desviación estándar	Media	Desviación estándar
Edad del Cobre	70,6	25,06	8,23	3,66	18,45	13,8
Edad del Bronce	94,28	53,13	29,18	24,18	121,99	107,44

Tabla 19: Media y desviación estándar de la composición de los cinceles del Suroeste						
	Cu		As		Sn	
	Media (%)	Desviación estándar	Media (%)	Desviación estándar	Media (%)	Desviación estándar
Edad del Cobre	98	1	2.2	2,5	0,2	0,02
Edad del Bronce	97,8	3,2	0,6	0,4	2,4	3,8
Edad del Bronce Final	92,6	4,4	1,2	0,2	7,1	6

Gráfico 25: Distribución de los cinceles según su cronología y su proceso de manufactura

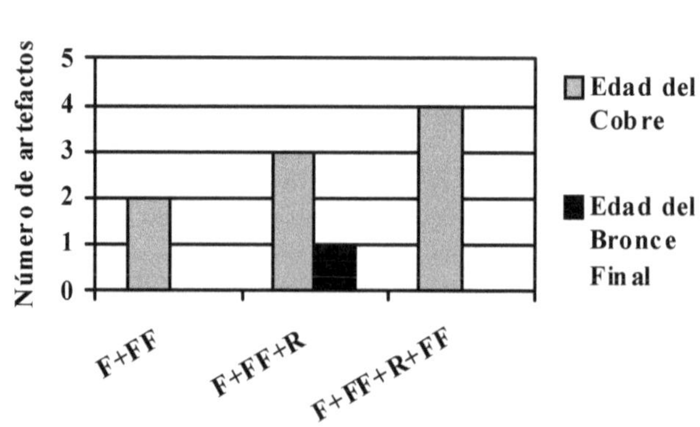

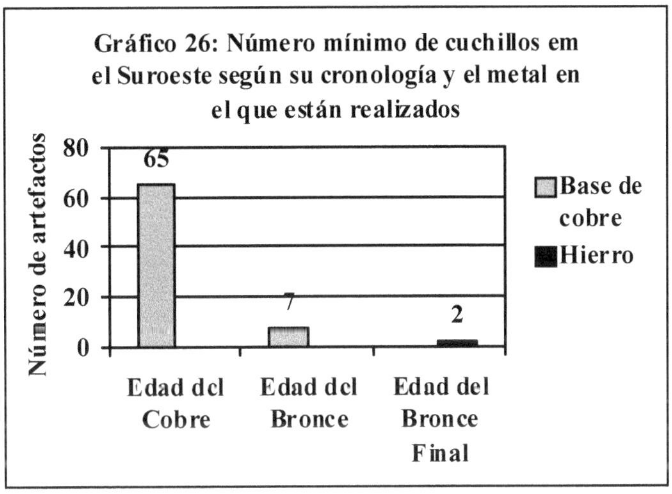

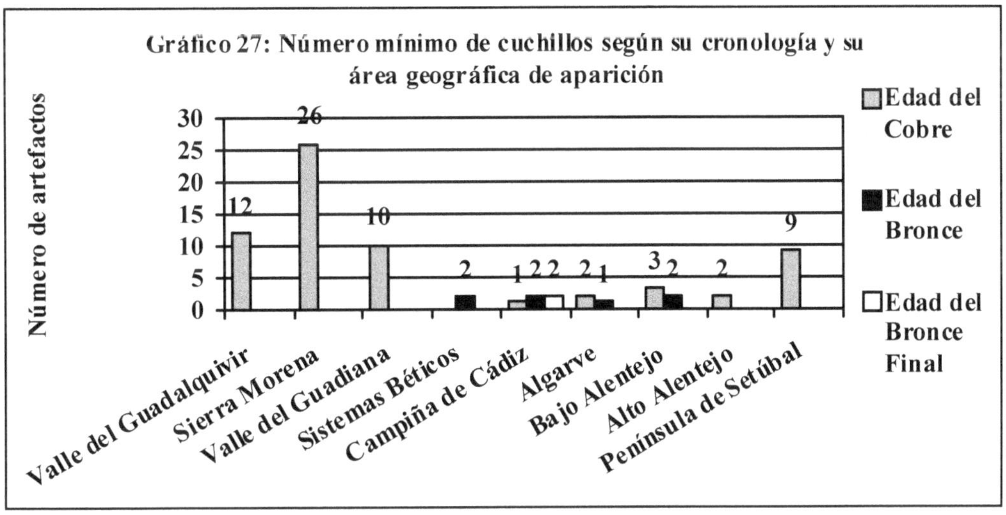

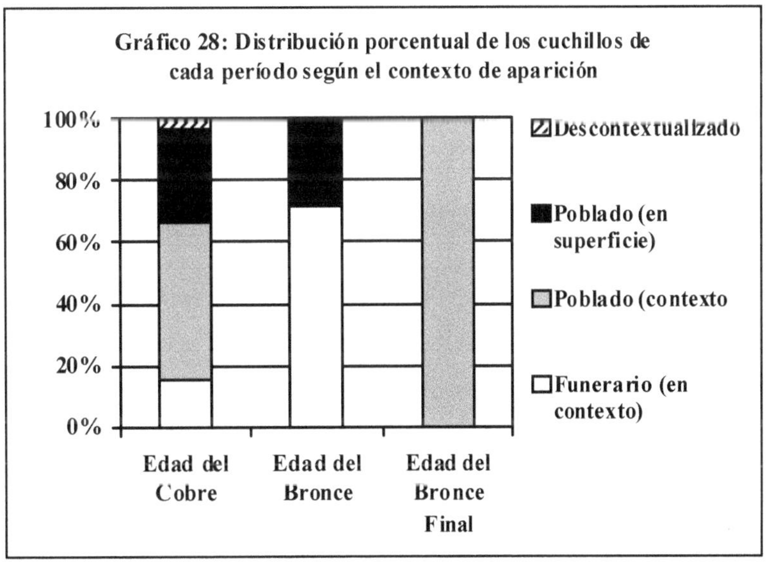

Tabla 20: Media y desviación estándar de las medidas de los cuchillos del Suroeste						
	Longitud media (mm)		Anchura media (mm)		Peso medio (gr)	
	Media	Desviación estándar	Media	Desviación estándar	Media	Desviación estándar
Edad del Cobre	101,25	34,84	24,86	2,53	19,01	10,69
Edad del Bronce	112,5	50,02	17,85	5,11	No hay datos	No hay datos

Sólo se conocen las medidas de 12 cuchillos calcolíticos (18%) y de todos los de la Edad del Bronce, pero no de ningún cuchillo la Edad del Bronce Final (Tabla 20). Los de este segundo período tienen unas mayores dimensiones, aunque también una mayor desviación estándar, lo que indica que tienen una mayor variabilidad de medidas. Asimismo, los cuchillos de la Edad del Bronce del Suroeste tienen una longitud media similar a los de Levante y el Sureste, en donde los puñales argáricos tienen una longitud media de 110 mm y una anchura media de 30 mm (Simón García, 1998: 248).

De los 65 cuchillos de la Edad del Cobre 30 han sido analizados (46%) y de los 7 de la Edad del Bronce 4 (57%). Esto significa que un 24% de los cuchillos de la Edad del Cobre han sido analizados, frente al 80% de los cuchillos de la Edad del Bronce. Ninguno de los cuchillos de la Edad del Bronce Final ha sido analizado.

Si se compara la composición media de los cuchillos de cada período se observa que los de la Edad del Bronce tienen una menor cantidad de Cu, aunque menos As que los calcolíticos (Tabla 21). El porcentaje de As de los cuchillos de la Edad del Cobre del Sureste es muy alto, aunque es inferior a la cantidad media de As de los cuchillos de otras zonas como Levante (4,02% As) (Simón García, 1998: 249). Asimismo, es importante señalar que los cuchillos de la Edad del Bronce tienen una cantidad media de Sn alta (7,4%) y que es superior a la de los cuchillos de Levante, en donde tienen una cantidad media de Sn de 4,22% (Simón García, 1998: 250).

La desviación estándar de la proporción de Cu y de Sn de los cuchillos de ambos períodos no es similar, ya que los de la Edad del Bronce tienen una cantidad mayor, con toda certeza como consecuencia de la aleación intencionada de ambos metales.

De los 65 cuchillos calcolíticos documentados, 19 han sido analizados para conocer su estructura interna. Casi todos los cuchillos fueron manufacturados aplicando un martilleo en frío seguido de un recocido y, en algunos casos, otro forjado posterior (Gráfico 29). Estos tratamientos hacen que estos artefactos tuvieran una mayor dureza, ya que el tratamiento mecánico suele ser mucho más intenso en sus filos.

6.1.4 EMPUÑADURAS Y MANGOS DE METAL

El número de empuñaduras metálicas encontradas en el Suroeste es bastante bajo y se considera que formaban parte de herramientas fragmentadas. Sólo se han encontrado 3 ejemplares, de los cuales se desconocen las medidas métricas que no fueron incluidas en las publicaciones en donde se cita estos artefactos. Dos de ellos proceden de La Pijotilla (Solana de Barros, Badajoz) y fueron encontradas en superficie (Hurtado Pérez, 1984). La otra fue hallada en el yacimiento de Cabezo Juré (Alonso, Huelva) y es la única que ha sido analizada y metalografiada (Nocete Calvo *et alii*, 2004, Rodríguez Bayona, 2008). El análisis de la composición revela que la muestra tiene un porcentaje de As alto (2,7%) con inclusiones en las que existen altos porcentajes de Pb (Nocete Calvo *et alii*, 2004: 307). La metalografía realizada mostró una superficie de granos maclados que fueron trabajados en frío. Esto indica que la pieza fue sometida a un martillero en frío, posteriormente fue recocida y después fue vuelta a ser martilleada en frío (Nocete Calvo *et alii*, 2004).

6.1.5 ESPÁTULAS

Una espátula es una paleta, generalmente pequeña, con bordes afilados y mango largo. Este término es empleado en las publicaciones para hacer referencia a artefactos de metal que tienen una enorme similitud formal con las espátulas actuales. A pesar de esta analogía formal, se desconoce cual pudo ser su función y no se sabe si estos artefactos fueron empleados como tales o no. Se considera que son herramientas porque aparecen en los poblados y en las tumbas asociadas a otras herramientas y porque no pueden ser consideradas como armas-herramienta, armas o adornos.

En el Suroeste se han encontrado 12 artefactos de la Edad del Cobre interpretados como tales, aunque no se han encontrado objetos similares de la Edad del Bronce, ni de la Edad del Bronce Final. De estas 12 espátulas, 6 han sido encontradas en el Valle del Guadalquivir, 3 en el Valle del Guadiana, 1 en los Sistemas Subbéticos, 1 en el Algarve, 1 en el bajo Alentejo y otra en la Península de Setúbal. No se han encontrado artefactos similares en otras zonas de la Península Ibérica estudiadas hasta el momento.

Un 78% de las espátulas han aparecido en la superficie de poblados (8 espátulas), 2 en contextos domésticos documentados por medio de metodología arqueológica y otras 2 en contenedores funerarios como parte del ajuar amortizado.

Se desconocen las medidas de la longitud y de la anchura de las 12 espátulas, aunque si se conoce el peso de 3 de ellas. Su peso medio es de 8 gr.

Hasta el momento sólo se han analizado tres de ellas. La aparecida en Amarguillo II (Los Molares, Sevilla) tiene una alta cantidad de Cu y las impurezas rara vez superan el 0,1%, como si ocurre con el As que está presente en la pieza en un 0,46% (Hunt Ortiz, 2003). Las aparecidas en los poblados de Porto das Carretas (Mourão, Évora) y de Santa Justa (Alcoutim, Faro) tienen unas altas cantidades de As (9% y 2,1% respectivamente) Gonçalves, 1989; Valerio *et alii*, 2007).

Tan sólo existe un análisis metalográfico, el realizado sobre la espátula de Amarguillo II. El análisis dio como resultado una estructura que habría sufrido un martilleo en frío y un recocido posterior (Hunt Ortiz, 2003).

Tabla 21: Media y desviación estándar de la composición de los cuchillos del Suroeste						
	Cu		As		Sn	
	Media (%)	Desviación estándar	Media (%)	Desviación estándar	Media (%)	Desviación estándar
Edad del Cobre	96.3	4.19	3,5	3.99	0	0
Edad del Bronce	93,3	6,82	0,7	0,09	7,4	7,25

Gráfico 29: Distribución de los cuchillos de la Edad del Cobre según su proceso de manufactura

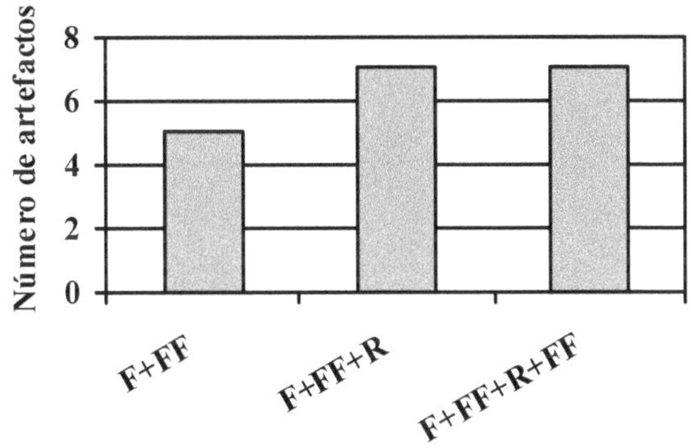

Gráfico 30: Número mínimo de hojas curvas según su cronología y su zona geográfica de aparición

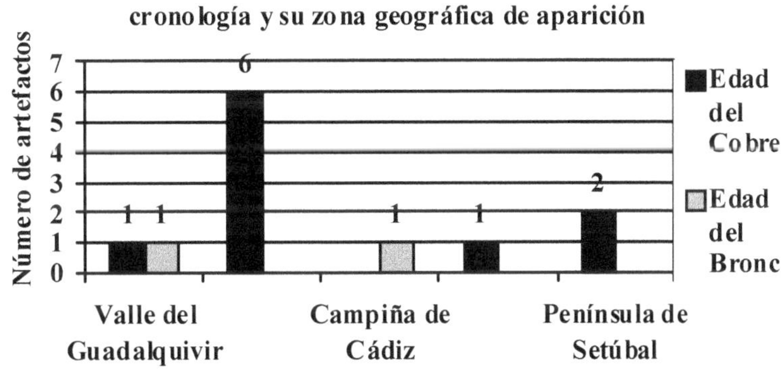

Gráfico 31: Distribución porcentual de las hojas de la Edad del Cobre según su contexto de aparición

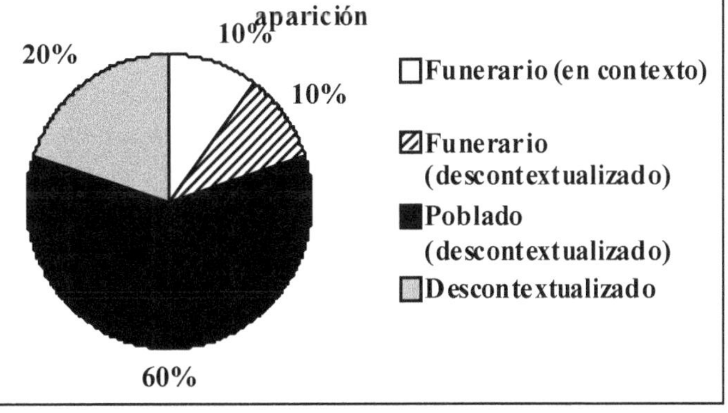

6.1.6 GANCHOS

Un gancho es un garfio que está realizado en metal o hueso. En el Suroeste se han encontrado 10 artefactos de este tipo en yacimientos calcolíticos y han sido interpretados como anzuelos (Hurtado Pérez, 1984). No se han hallado artefactos similares en otras zonas de la Península Ibérica. Cinco de ellos aparecieron en la superficie de poblados, 3 en contextos documentados con metodología arqueológica y dos se encontraron de manera descontextualizada.

Sólo se conocen las medidas de 2 de estos artefactos y están fragmentados por lo que no se puede aplicar un estudio morfométrico. Asimismo, se ha analizado únicamente uno de ellos, el que fue hallado en el Plan Parcial Matarrubilla de Valencina de la Concepción (Sevilla). Esta tiene una composición de 100% de cobre (Rodríguez Bayona, 2008).

6.1.7 HOJAS CURVAS

Estos artefactos consisten en hojas de sección rectangular y con un filo curvo muy leve. Se desconoce cual pudo ser su función y, aunque tienen una forma diferente de las hoces, existe la posibilidad de pudiesen ser empleadas en la siega de plantas. En las publicaciones en las que se describen estos objetos son interpretadas como herramientas, ya que aparecen en contextos domésticos asociados a otros artefactos de similar funcionalidad. Este tipo de artefactos no son frecuentes en los contextos arqueológicos.

En el Suroeste se han encontrado 10 hojas de la Edad del Cobre y 2 de la Edad del Bronce. Si se observa su distribución por zonas, se observa que una gran parte de las mismas han sido halladas en el Valle del Guadiana, siendo mucho más escasas en el resto de las zonas del Suroeste (gráfico 30). Las hojas de las Edad del Bronce han aparecido una en el Valle del Guadalquivir y otra en la campiña de Cádiz.

La mayoría de estas hojas han aparecido en la superficie de los poblados de la Edad del Cobre (gráfico 31). De las 2 hojas de la Edad del Bronce, una apareció en el interior de uno de los hipogeos de la necrópolis de Las Cumbres (Puerto de Santa María, Cádiz) (Ruiz Mata, 1985) y otra sufre una descontextualización total.

Se conocen las medidas de 6 de las 10 hojas de la Edad del Cobre, aunque 4 están fragmentadas, y de una de la Edad del Bronce. Dada la escasez de datos sobre artefactos que se encuentren conservados de manera íntegra no se realizar una valoración sobre su evolución morfométrica.

La cantidad de análisis cuantitativos aplicados a estas piezas es bastante bajo. Sólo existen tres análisis, uno para hoja de la Edad del Cobre y dos para hojas de la Edad del Bronce. En los tres análisis la cantidad de Cu es muy alta y oscila entre un 95 y un 99% de Cu. Tan sólo una hoja tienen una cantidad elevada de As (4%), la hallada en el yacimiento de La Pijotilla (Badajoz) (Hunt Ortiz, 2003).

Tan sólo existe una metalografía realizada sobre este tipo de artefactos. Esta se aplicó a la hoja hallada en la necrópolis de Las Cumbres (Puerto de Santa María, Cádiz) y mostró una estructura de forjado que había sido forjada en frío y recocida antes (Hunt Ortiz, 2003: 183).

6.1.8 HOCES

Una hoz es cualquier artefacto que tiene un filo curvo que puede tener dientes y estar serrado o ser liso y que es empleada para segar hojas y mieses. Estos artefactos metálicos son muy escasos en los contextos arqueológicos del Suroeste y no se han hallado artefactos similares en otras zonas de la Península Ibérica.

En esta zona se han encontrado 23 hoces metálicas, de las cuales 15 están datadas en la Edad del Cobre y 8 en la Edad del Bronce Final. Siete de ellas tienen dientes en su filo y seis tienen un filo sin dientes. No se han documentado hoces en contextos de la Edad del Bronce. Todas las calcolíticas han sido halladas en la superficie del poblado de La Pijotilla (Badajoz) (Hurtado Pérez, 1984), a excepción de una que fue hallada en el poblado de Rotura (Palmela, Setúbal).Respecto a las datadas en la Edad del Bronce Final hay que señalar que todas sufren una descontextualización total.

Sólo se conocen las medidas de 4 hoces de la Edad del Cobre que se conserven de manera íntegra y de dos de la Edad del Bronce Final. Tras el cálculo y la desviación estándar de las medidas se observa que las de la Edad del Bronce Final tienen unas menores dimensiones que las calcolíticas y una menor desviación estándar, lo que indica una mayor homogeneidad de medidas (tabla 22).

No se han realizado estudios arqueométricos sobre estos artefactos, por lo que se desconoces como era su proceso de manufactura.

6.1.9 PUNZONES

Un punzón es una herramienta con un extremo afilado que se emplea para abrir agujeros. En la bibliografía también suele ser empleado el concepto lezna. Este término hace referencia a un instrumento que se compone de un hierro con punta muy fina y un mango de madera y que se emplea para agujerear, coser y pespuntar. Las diferencias entre ambos tipos de artefactos son difíciles de detectar a partir de un registro arqueológico del cual sólo se ha conservado la punta de metal, por lo que en este trabajo de investigación sólo se va a emplear el concepto de punzón. No obstante, es importante tener en cuenta que en algunas ocasiones este concepto es utilizado de manera imprecisa en las publicaciones para hacer referencia a instrumentos estrechos, alargados y apuntados que no siempre son punzones (Rodríguez de la Esperanza, 2005: 97).

Tabla 22: Media y desviación estándar de las medidas de las hoces halladas en el Suroeste						
	Longitud media (mm)		**Anchura media (mm)**		**Peso medio (gr)**	
	Media	**Desviación estándar**	**Media**	**Desviación estándar**	**Media**	**Desviación estándar**
Edad del Cobre	181,5	125,13	22,75	1,25	75	70,71
Edad del Bronce	97,5	3,53	31,5	2,12	No hay datos	No hay datos

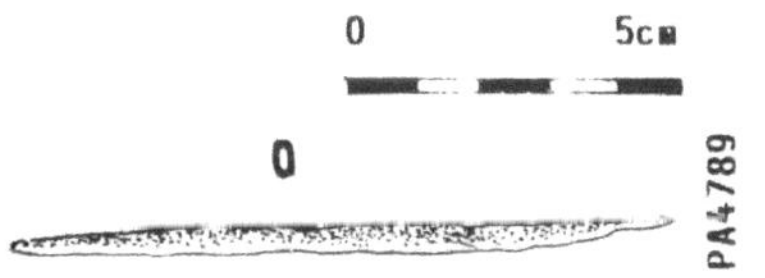

Figura 4: Punzón hallado en el yacimiento de la Cueva del Higueral (Jerez de la Frontera, Cádiz). Imagen extraída de Rovira Llorens *et alii*, 2007.

Gráfico 32: Número mínimo de punzones según su cronología y su zona de hallazgo

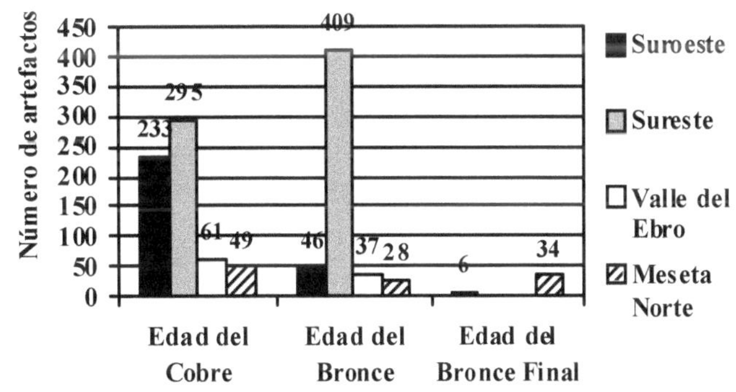

Gráfico 33: Número mínimo de punzones según su cronología y su zona geográfica de aparición

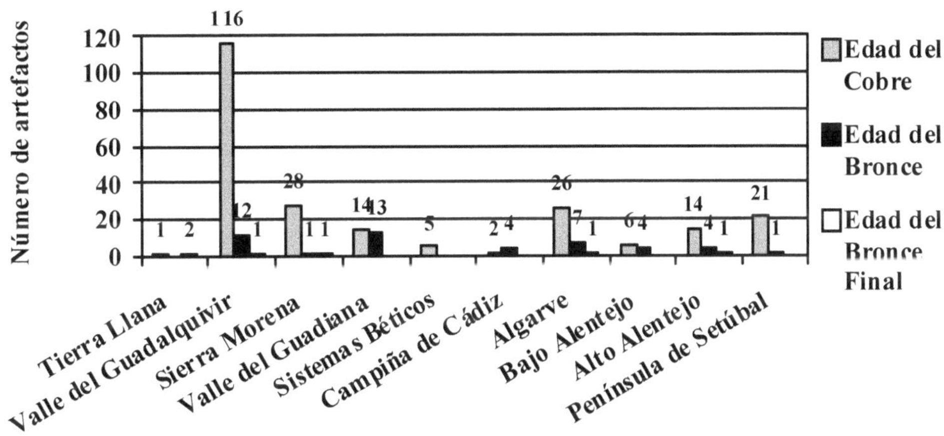

Gráfico 34: Distribución porcentual de los punzones según su cronología y su contexto de aparición

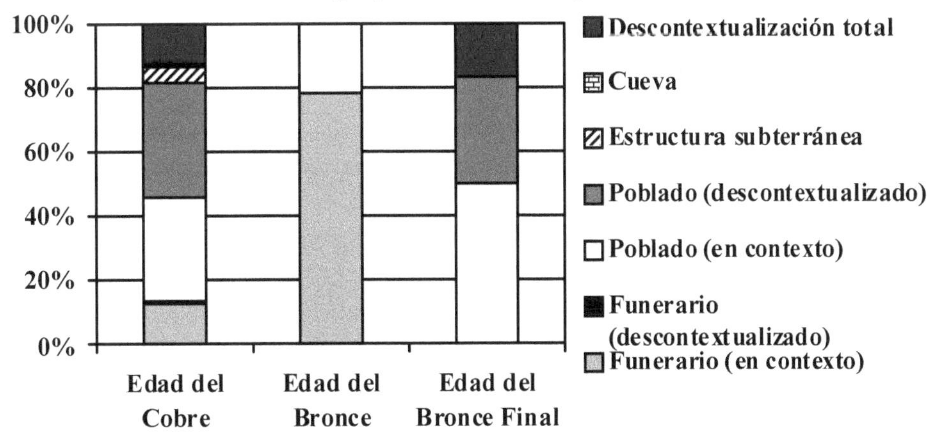

Los punzones aparecen de manera frecuente en los contextos arqueológicos y en algunas ocasiones se encuentran asociados a otros realizados en hueso. Se sabe que estos artefactos fueron empleados como herramienta para hacer agujeros en el cuero, aunque algunos investigadores consideran que tuvieron un cierto valor afectivo o simbólico (Rodríguez de la Esperanza, 2005: 151). No se han conservado los enmangues de madera, aunque sí los que estaban realizados en hueso, en asta de animal o en metal, lo cual ha permitido conocer como eran empleados. Los punzones tienen una sección redonda y cuadrada, hecho que algunos investigadores han visto relacionadas la funcionalidad del útil (Lull Santiago, 1984). Según este investigador los punzones de sección redonda serían empleados para hacer agujeros por presión y los de sección cuadrada para perforar por rotación (Lull Santiago, 1984). La longitud de los punzones ha sido relacionada, al igual que su sección, con su funcionalidad (Simón García, 1998: 273).

La mayor parte de los mismos han sido hallados en contextos de la Edad del Cobre. (Gráfico 32). Los punzones son las herramientas más frecuentes durante el Calcolítico, al igual que sucede en el Sureste, en el Valle del Ebro o en la Meseta Norte. Durante la Edad del Bronce estas herramientas se generalizan por otras zonas de la Península Ibérica como por ejemplo el centro peninsular (Rovira Llorens y Gómez Ramos, 1994).

El número total de punzones de la Edad del Cobre es de 233, la mayoría de los cuales aparecen la zona del Valle del Guadalquivir en donde se han hallado 116 (50%) (Gráfico 33). Otras zonas en donde se han encontrado también una gran cantidad de artefactos de este tipo son Sierra Morena (28 objetos, 12%), Algarve (26, 11%) y la península de Setúbal (21, 8%). Durante la Edad del Bronce y la Edad del Bronce Final, los punzones se distribuyeron de manera más uniforme.

Un alto porcentaje de punzones calcolíticos han aparecido en la superficie de los poblados y descontextualizados (gráfico 34). En el caso de los aparecidos en contextos funerarios de la Edad del Cobre se observa que existe una baja descontextualización. Respecto a los objetos de este tipo de la Edad del Bronce, es importante señalar que ninguno sufre algún tipo de descontextualización. Respecto a los punzones de la Edad del Bronce Final, la mitad sufre algún tipo de descontextualización y la otra mitad han sido hallados en contextos domésticos documentados por metodología arqueológica.

En las excavaciones arqueológicas llevadas a cabo en las necrópolis de la Edad del Bronce se ha descubierto que existe una pauta en la deposición de estos punzones. Casi todos estos artefactos suelen aparecer cerca de la mano izquierda del inhumado, mientras que los vasos cerámicos aparecen cercanos a la cabeza en la parte superior izquierda de la tumba (Pavón Soldevila *et alii*, 1996; Pavón Soldevila, 2008).

Se conocen las medidas de 56 de los 233 punzones de la Edad del Cobre (24%), de 23 de los 46 de la Edad del Bronce (50%) y de dos de los 6 de la Edad del Bronce Final (33%), por lo que estos últimos no han sido incluidos en el estudio morfométrico. El cálculo de la longitud y de la anchura media de los punzones de uno y otro periodo (tabla 23) demuestra que los calcolíticos tienen unas mayores dimensiones que los de la Edad del Bronce y una mayor desviación estándar. Esto último indica que los del segundo período tienen unas medidas mucho más homogéneas.

¿La medida de los punzones es similar de acuerdo con el contexto de aparición y con su cronología? Para resolver a esta pregunta, se ha calculado la media de la longitud, la anchura y el peso de los que han sido hallados en contextos de poblado y funerarios (Tabla 24). No se han podido calcular estas medidas estadísticas para punzones hallados en contextos domésticos de la Edad del Bronce, ya que solo se conocen datos para dos artefactos de este tipo. No se observan grandes diferencias entre la longitud de los punzones calcolíticos de ambos contextos, aunque si en la anchura y en su peso. Esta pauta se repite para los hallados en contenedores funerarios de la Edad del Bronce, que tienen un mayor peso que los encontrados en contextos domésticos de la Edad del Cobre. Si se tienen en cuenta los datos referentes a la desviación estándar se puede ver que esta es mayor para los artefactos hallados en contextos funerarios y que por lo tanto existe una mayor variabilidad de esta medida. De todas estas medidas se observa un hecho interesante, la materia prima amortizada en punzones de contextos funerarios es mayor que la de los poblados y por lo tanto si valor intrínseco es mayor, aunque se desconocen si pudieron tener diferentes valores cualitativos.

La longitud media de los punzones de la Edad del Cobre del Suroeste es mayor que la de otras zonas como por ejemplo el Valle del Ebro, en donde los punzones miden 62-64 mm (Rodríguez de la Esperanza, 2005: 103). Respecto a los de la Edad del Bronce hay que señalar que estos tienen unas dimensiones menores, aunque en otras zonas se produjo un aumento de sus dimensiones, como por ejemplo sucede en el valle del Ebro, en donde tienen una longitud media de 72 mm, frente a los 64 mm anteriores (Rodríguez de la Esperanza, 2005: 129).

De los 233 punzones de la Edad del Cobre del Suroeste han sido analizados 74 (11%), de los 46 de la Edad del Bronce 24 (52%) y de los 6 de la Edad del Bronce Final 2 (33%).

Tabla 23: Media y desviación estándar de las medidas de los punzones del Suroeste

	Edad del Cobre		Edad del Bronce	
	Media (%)	Desviación estándar	Media (%)	Desviación estándar
Longitud máxima (mm)	84,39	32,62	65,62	26,52
Anchura máxima (mm)	6,39	8,71	3,11	1,16
Peso (gr)	5,91	8,39	3,4	4,03

Tabla 24: Media y desviación estándar de las medidas de los punzones según su cronología y contexto

	Edad del Cobre				Edad del Bronce	
	Poblado		Funerario		Funerario	
	Media (%)	Desviación estándar	Media (%)	Desviación estándar	Media (%)	Desviación estándar
Longitud (mm)	83,31	34,07	85,6	32,7	64,46	24,32
Anchura (mm)	5,3	1,84	8,94	15,97	3,03	0,89
Peso (gr)	4,65	2,93	13,10	20.19	16,54	30,3

Tabla 25: Media y desviación estándar de la composición de los punzones del Suroeste

	Cu (%)		As (%)		Sn (%)	
	Media (%)	Desviación estándar	Media (%)	Desviación estándar	Media (%)	Desviación estándar
Edad del Cobre	98	1,78	1.61	1,25	0,12	0,04
Edad del Bronce	97,76	2,48	1,37	1,17	0,3	0,58

Gráfico 35: Distribución de los punzones de la Edad del Cobre y del Bronce según su porcentaje de As (%)

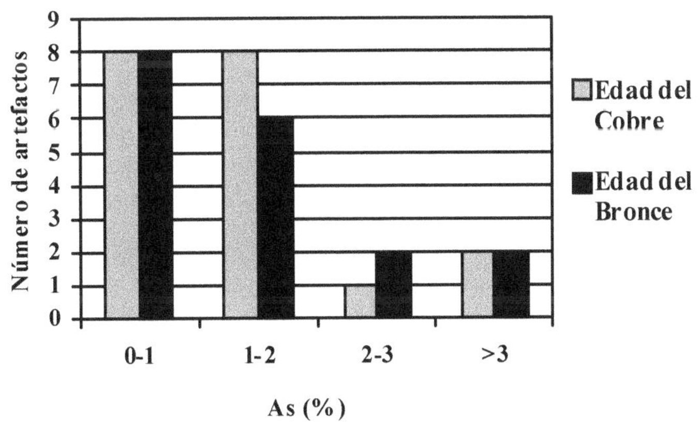

A pesar de la gran cantidad de análisis para los punzones de la Edad del Cobre, hay que señalar que estos han sido fruto de proyectos de investigación diferentes, en las cuales se han empleado técnicas analíticas, equipos y calibraciones diferentes, y que por lo tanto los resultados no son comparables entre sí. Por este motivo, se han escogidos lo análisis del Proyecto de Arqueometalúrgia de la Península Ibérica, al igual que se ha hecho en todo este trabajo de investigación, ya que permiten comparar que sucede con los punzones de la Edad del Cobre y del Bronce a nivel de composición elemental. Los resultados de la cantidad media de Cu, As y Sn pueden ser vistos en la tabla 25. La escasez de análisis sobre punzones de la Edad del Bronce Final permite saber que sucede a nivel de artefactos, pero resulta difícil extrapolar los resultados al resto. Los mayoría de los punzones de la Edad del Cobre del Suroeste rara vez alcanzan el 2% de As (gráfico 35), cantidad de As que es muy similar a la que se ha documentado en los punzones de la Edad del Cobre del Sureste (con un 2,04% de As) y de la Edad del Bronce (con un 1,71 de As) (Montero Ruiz, 1994: 248). Existen algunos punzones de la Edad del Cobre que tienen una cantidad de As superior al 2%, cantidad que aumenta en los de la Edad del Bronce. A pesar de este aumento, estos artefactos tienen una cantidad de As inferior al 3-4%, cantidad que se considera como límite a partir del cual se producen aleaciones intencionadas. La cantidad de Sn presente en los punzones del Suroeste de la Edad del Bronce es muy baja, ya que este elemento aparece en las aleaciones de manera muy puntual. En el Suroeste sólo han sido hallados algunos artefactos con cantidades de Sn superiores al 1%, como por ejemplo, el punzón encontrado en el Llanete de los Moros (Montoro, Córdoba). La proporción de este metal en las producciones metálicas aumentó durante la Edad del Bronce Final; sin embargo, sólo existe un análisis realizado sobre un punzón hallado en el yacimiento de El Trastejón (Zufre, Huelva), por lo que no se puede contrastar esta hipótesis mientras no se realicen nuevos análisis de artefactos de este período.

La desviación estándar de la cantidad de Cu presente en la composición media de los punzones de la Edad del Bronce es superior a la de los punzones calcolíticos. Por el contrario, no se observan grandes cambio en la cantidad de As y Sn de los punzones de ambos períodos.

¿Es la composición de los punzones similar de acuerdo con el contexto de aparición y su cronología) La cantidad media de Cu es similar para los punzones de los contextos domésticos y funerarios de ambos períodos (tabla 26). Respecto al As hay que señalar que los hallados en contextos de poblado calcolíticos tienen una cantidad de As inferior. No se ha podido calcular la cantidad de Sn de estos artefactos, ya en muchos de estos análisis no se ha detectado este metal.

La información anterior ha sido contrastada con la obtenida tras el cálculo de la desviación estándar de la composición. No existen grandes diferencias entre los artefactos de ambos tipos de contextos y períodos, a excepción de los punzones hallados en contextos funerarios de la Edad del Cobre que tienen una desviación estándar muy baja. Esto se debe a la distorsión producida por un punzón que tiene un 10% de Ag y que fue hallado en el yacimiento de Las Minitas (Almendralejo, Badajoz). Si se elimina este valor, la desviación estándar del resto de los punzones de estos contextos es muy similar al resto de los artefactos de otros contextos (1,3).

El número de análisis metalográficos aplicados a los punzones es bastante bajo. De los 233 punzones de la Edad del Cobre sólo 15 han sido metalografiados (6%) y de los 46 de la Edad del Bronce, sólo 2 (4%). En la mayoría de los artefactos calcolíticos de este período se observa que se han aplicado trabajos de forjado en frío posteriores a la extracción de la pieza del molde y un recocido posterior, mientras que la mayoría de los de la Edad del Bronce fueron sometidos a tratamiento mecánicos (Gráfico 36). Otro de los procedimientos que suele ser empleado de manera frecuente es el recocido posterior al martilleo en frío y la aplicación de otro martilleo en frío posterior.

El hallazgo de moldes de punzones en yacimientos calcolíticos del Suroeste, como por ejemplo Santa Justa (Alcoutim, Faro) o Cerro do Castelo de João Marqués (Loulé, Faro), y de la Edad del Bronce indica que este tipo de artefactos eran producidos en molde. Una situación similar ha sido documentada en Sureste tras los hallazgos de Los Millares y del Malagón (Rovira Llorens y Gómez Ramos, 1994). La ausencia de bebederos en estos moldes ha llevado a algunos investigadores a interpretar que estos podrían ser para varillas o afiladores para punzones (Rodríguez de la Esperanza, 2005: 98).

La principal conclusión que se puede obtener es que existe una enorme heterogeneidad a la hora de aplicar los trabajos posteriores a la fundición de la pieza y que tal diversidad se mantuvo durante los períodos posteriores, a pesar de que durante la Edad del Bronce se produjo la extensión del forjado en frío tras el recocido (Rovira Llorens y Gómez Ramos, 1994). En el caso de la Edad del Bronce Final, la cantidad de análisis realizados es muy baja, sólo 1, por lo que su presencia en el gráfico 36 es meramente informativa sin que por el momento se puedan obtener conclusiones de mayor alcance.

En conclusión, se puede decir que el tratamiento aplicado a los punzones se centra en los extremos de estas piezas, lo que indica que estos fueron empleados para un trabajo mecánico (Rodríguez de la Esperanza, 2005: 149). Aunque la mayoría de los investigadores consideran que estos artefactos pudieron ser empleados para realizar agujeros, lo cierto es que la heterogeneidad en su longitud y en su sección, son indicativos de que pudieron ser empleados para otras funciones como por ejemplo afiladores de artefactos líticos o para tallar madera.

Tabla 26: Media y desviación estándar de la composición de los punzones del Suroeste según su cronología y su contexto

	Edad del Cobre				Edad del Bronce			
	Poblado		Funerario		Poblado		Funerario	
	Media (%)	Desviación estándar	Media (%)	Desviación estándar	Media (%)	Desviación estándar	Media (%)	Desviación estándar
Cu	97,53	2,08	99,37	1,18	98,43	1,09	97,15	3,21
As	1,64	1,42	1,56	0,39	1,27	1,07	1,56	1,31

Gráfico 36: Numero de punzones metalografiados según su cronología y su proceso de manufactura

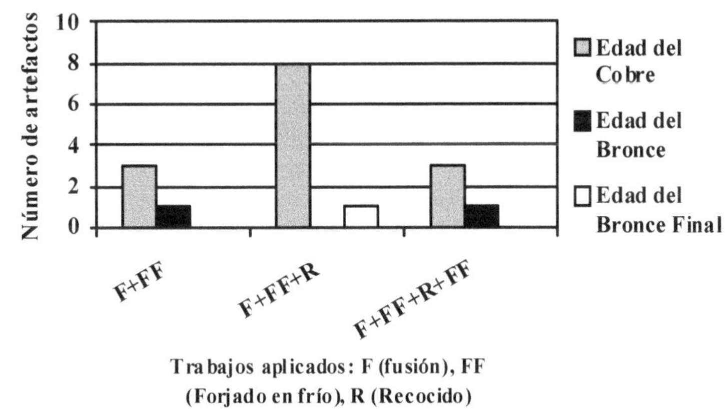

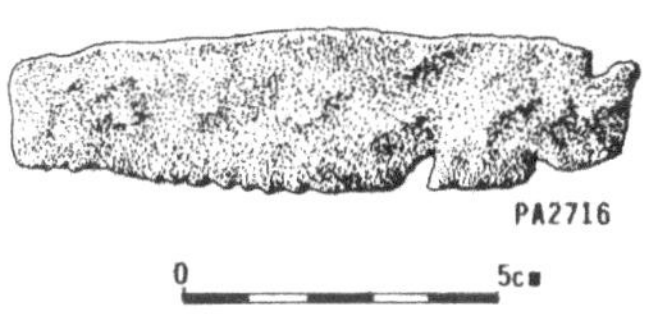

Figura 5: Sierra hallado en el Cerro del Algarbe (Baena, Córdoba). Imagen extraída de Rovira Llorens, 1997.

Gráfico 37: Número mínimo de sierras según su cronología y su zona de aparición

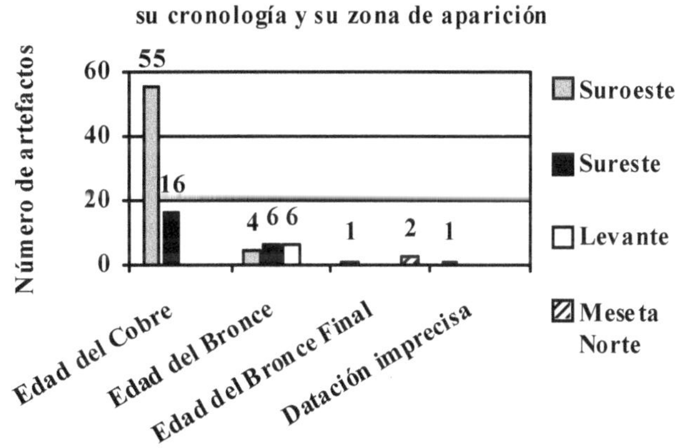

Gráfico 38: Número de sierras del suroeste según su cronología y el área geográfica de hallazgo

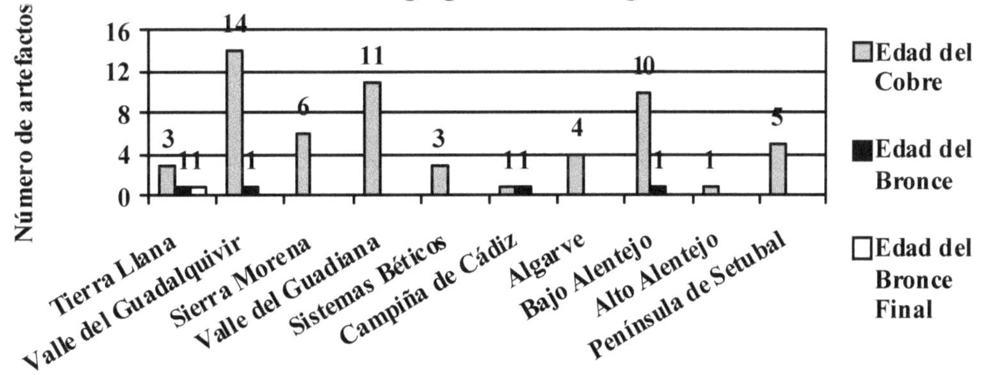

6.1.10 SIERRAS

Una sierra es un artefacto de metal formado por una hoja con dientes y que se emplea para cortar madera u otras materias primas. Algunos investigadores consideran que estos artefactos de metal imitaban la morfología de las sierras líticas denticuladas (Lazarich González, 2003) y de la sierras realizadas en hueso (Simón García, 1998: 288). Las primeras serían empleadas para cortar madera como parece quedar demostrado tras el estudio de las marcas de desgaste que se observan en sus dientes. Este también ha sido encontrado en las sierras de metal, que pudieron tener un uso similar (Lázarich González, 2003).

El número de total de sierras halladas en el Suroeste es de 61, de las cuales 55 están datadas en la Edad del Cobre (90%), 4 en la Edad del Bronce, una en la Edad del Bronce Final y otra tiene una datación imprecisa (gráfico 37). La cantidad de sierras halladas en el Suroeste es bastante alta en comparación con los 6 ejemplares de la Edad del Bronce hallados en Levante (Simón García, 1998: 288) y los 22 de la Edad del Cobre y del Bronce hallados en el Sureste (Montero Ruiz, 1994: 248).

La mayoría de las sierras de la Edad del Cobre han sido halladas en el Valle del Guadalquivir, en el Valle del Guadiana y en el Bajo Alentejo, mientras que el número de sierras encontradas en el resto de las zonas del Suroeste es inferior (gráfico 38). La disimetría existente en las investigaciones realizadas es un hecho que sin duda ha influido en la distribución desigual observada entre zonas del Sureste. Respecto a las de la Edad del Bronce hay que señalar que se distribuyen de manera más homogénea.

El estudio de los contextos muestra que existe una alta descontextualización de las sierras de la Edad del Cobre, ya que la mayoría de ellas han aparecido en la superficie de poblados (Gráfico 41). El porcentaje de sierras documentado en contextos funerarios es bajo en comparación con otros artefactos. Respecto a las sierras de la Edad del Bronce hay que señalar que una sufre una descontextualización total, otra ha sido hallada en la superficie de un poblado, otra apareció en un contexto funerario y la última apareció en un contexto doméstico excavado. La sierra de la Edad del Bronce Final ha aparecido en el poblado de San Bartolomé de Almonte (Almonte, Huelva).

Sólo se conocen las medidas de 14 de las 55 sierras de la Edad del Cobre (25%) y de 2 de las 4 sierras de la Edad del Bronce. La mayoría de las sierras están fragmentadas y dobladas, por lo que se desconocen las dimensiones de los artefactos completos. Las sierras del calcolítico tienen una longitud media de 122 mm, una anchura media de 23,95 mm y un peso medio de 23,72 gr. Se han analizado 25 de las 55 sierras de la Edad del Cobre (45%) y de 2 de las 4 datadas en la Edad del Bronce (50%). Las de la Edad del Cobre tienen una media de 97,8 % de Cu y un 2.13% de As. No se ha podido calcular la composición media de las sierras de la Edad del Bronce, puesto que los dos análisis realizados no son comparables. La cantidad media de As en este tipo de artefactos es superior a la de punzones y cinceles del Suroeste y similar a la de las halladas en otras zonas de la Península Ibérica, como por ejemplo el Sureste que tienen una cantidad media de 2,18 As % (Montero Ruiz, 1994: 248).

El número de análisis metalográficos realizados sobre objetos de este tipo de la Edad del Cobre es bastante alto en comparación con el número de análisis existentes para otro tipo de artefactos (10 análisis). Sólo una de las sierras de la Edad del Bronce ha sido metalografiada y su resultado fue negativo, ya que la pieza sufre una fuerte corrosión (Hunt Ortiz, 2003: 188). Casi todas los artefactos calcolíticos de este tipo tienen un tratamiento similar que se basa en el martilleo en frío tras la fusión o en el martilleo en frío tras el recocido (F+FF+R+FF) (gráfico 40). La aplicación de un tratamiento térmico y un forjado posterior habría servido para obtener sierras con una mayor dureza y pero más quebradizas.

6.1.11 VARILLAS O BARRAS

Una barra es un artefacto de forma cilíndrica o prismática que tiene una mayor longitud que anchura. Este concepto es empleado en las publicaciones para hacer referencia a aquellos artefactos metálicos de la Prehistoria Reciente realizados en metal que cumplen estas características. Se desconoce cual era su funcionalidad, aunque se ha interpretado que podrían ser empleados como artefactos prefabricados a partir de los cuales se realizarían otros objetos como por ejemplo los punzones (Rovira Llorens y Gómez Ramos, 1994).

El número mínimo de varillas encontradas en el Suroeste para estos períodos es de 18 artefactos, de los cuales 4 están datados en la Edad del Cobre (23% de las piezas) y 14 en la Edad del Bronce Final (80%). Este tipo de artefactos se encuentran de manera frecuente en los depósitos de la Edad del Bronce Final de otras zonas europeas y peninsulares (Rovira Llorens y Gómez Ramos, 1994).

Sólo se han encontrado varillas de la Edad del Cobre en tres zonas: la Tierra Llana de Huelva, el Valle del Guadalquivir y Sierra Morena. De las 14 varillas de la Edad del Bronce Final, 12 han sido encontradas en el Valle del Guadalquivir, 1 en la Tierra Llana y otra en el Alto Alentejo, estando ausentes de otros lugares e incluso del depósito de la Ría de Huelva en donde no apareció ninguno de estos artefactos.

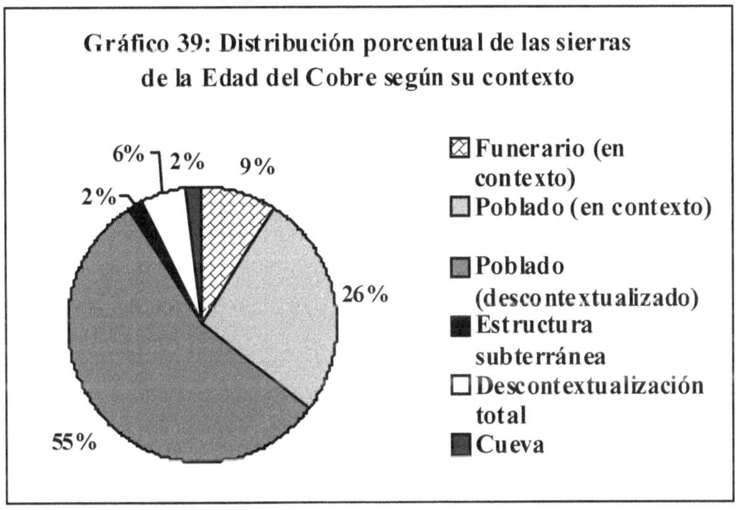

Gráfico 39: Distribución porcentual de las sierras de la Edad del Cobre según su contexto

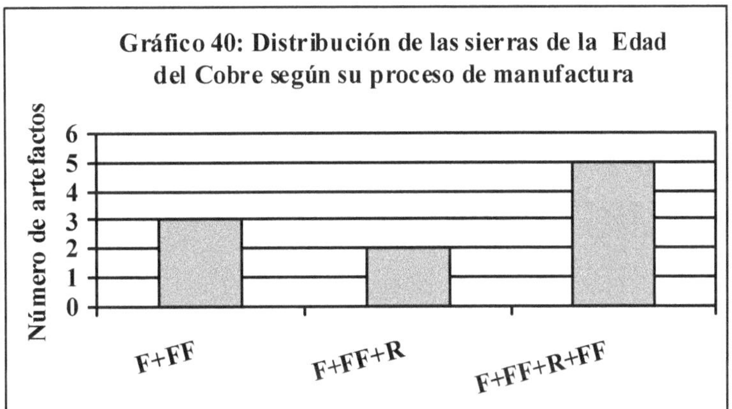

Gráfico 40: Distribución de las sierras de la Edad del Cobre según su proceso de manufactura

F (Fusión), FF (Forjado en frío), R (Recocido)

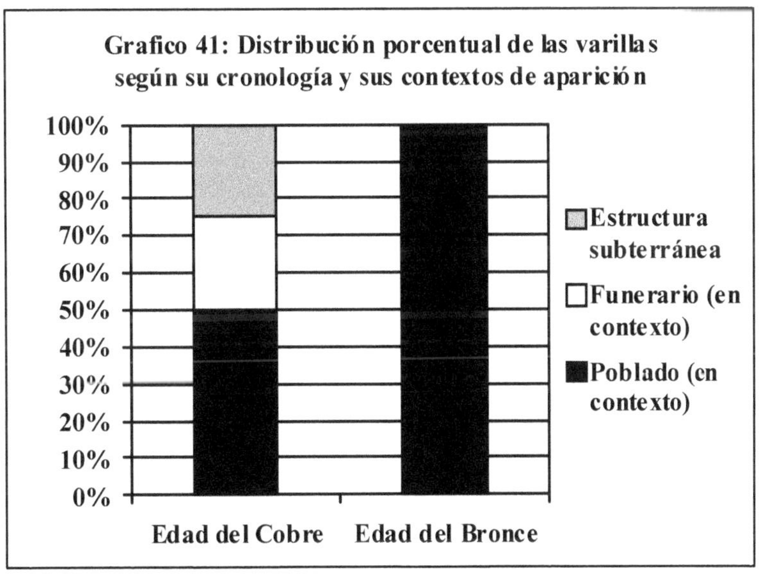

Grafico 41: Distribución porcentual de las varillas según su cronología y sus contextos de aparición

El estudio de los contextos muestra que todas las varillas de la Edad del Bronce Final han aparecido en contextos de poblado documentados por medio de excavaciones realizadas con metodología arqueológica (Gráfico 41). Las varillas de la Edad del Cobre aparecen en una mayor variedad de contextos, aunque todos estos han sido documentados también por metodología arqueológica.

De las 4 varillas de la Edad del Cobre se conocen las medidas de 3 y de las 12 de la Edad del Bronce Final se conocen las medidas de 2. Las calcolíticas tienen una longitud media máxima de 174 mm y una anchura de 14 mm, pero no hay datos para poder calcular el peso medio. No se puede comparar estos datos con los de la Edad del Bronce Final dado que una de las dos varillas de este período está fragmentada.

Sólo se han realizado dos análisis sobre las varillas de Suroeste. El primero fue aplicado a la varilla aparecida en La Pijotilla (Badajoz) que está compuesta por un 98% de Cu y 1,5% de As (Hunt Ortiz, 2003). El segundo se aplicó sobre una barra aparecida en el poblado de Amarguillo (Los Molares, Sevilla) y que tiene está realizada en cobre puro (Rodríguez Bayona, 2008). Este artefacto también ha sido metalografiado, análisis que permitió saber que fue sometido a un forjado y a un tratamiento térmico posterior (Rodríguez Bayona, 2008).

6.2 ARMAS-HERRAMIENTAS

6.2.1 HACHAS

Un hacha es un instrumento que corta por medio de la percusión compuesto por una hoja cortante de diferente forma, un cuerpo trapezoidal o rectangular y un talón en la parte distal. Estos artefactos suelen ser frecuentes en los contextos arqueológicos peninsulares y europeos y sufrieron una evolución morfológica gradual que fue mejorando sus propiedades físicas. Las primeras hachas de base de cobre imitaron a las hachas de piedra pulimentada, ya que tienen la misma forma que estas. Estos artefactos pudieron ser empleados de diferentes maneras según estuviesen dispuestos de manera recta al mango, en cuyo caso serían empleados como hachas, o de manera perpendicular al mango, en cuyo caso serían empleados como azuelas (Rodríguez de la Esperanza, 2005: 92).

El número mínimo de hachas halladas en el Suroeste es de 452, de las cuales 227 están datadas en la Edad del Cobre (50% de las piezas), 168 en la Edad del Bronce (37%), 39 en la Edad del Bronce Final (9%) y 18 (4%) no tienen una datación precisa, por lo que no se pueden incluir en ningún período cronológico (Gráfico 42). La cantidad total de hachas calcolíticas y de la Edad del Bronce halladas en el Suroeste es muy superior a la documentada en el Sureste, en donde se han hallado 198 (Montero Ruiz, 1994: 250), aunque en la Meseta Norte es donde han aparecido más de la Edad del Bronce Final (Herrán Martínez, 2008: 333).

La mayoría de las hachas de la Edad del Cobre han sido halladas en el Valle del Guadalquivir, el Valle del Guadiana, el Algarve y el Alentejo; mientras que la mayor parte de las de la Edad del Bronce han sido encontradas el Algarve y el Alentejo (gráfico 43). Las hachas de la Edad del Bronce Final se distribuyen de manera más uniforme por cada una de las zonas. Casi todas ellas han aparecido también en el Alentejo, aunque hay un número muy alto de ellas de las cuales se desconoce su lugar exacto de proveniencia. Los depósitos de estos artefactos son frecuentes en el Noroeste y raros al sur del Guadiana, en donde son habituales los depósitos con espadas y las lanzas y en los que no aparecen hachas (Galán Domingo, 2004).

La clasificación de las hachas según su contexto de aparición ha permitido comprobar que existe un alto porcentaje de ellas que sufren una descontextualización parcial o total (gráfico 44). Esta se acentúa para la Edad del Bronce y del Bronce Final, hecho que está en relación con la pequeña cantidad de excavaciones realizadas en poblados de estos períodos. Por otra parte, el porcentaje de hachas de la Edad del Bronce Final documentadas en depósito es bastante alto. Aunque su hallazgo no ha sido documentado con metodología arqueológica, lo cierto es que han sido encontradas en medios acuáticos por lo que sufren una descontextualización parcial. Asimismo, hay que señalar que se documenta una importante reducción durante la Edad del Bronce del número de objetos hallados en contextos funerarios y en poblados.

En algunas minas del Suroeste se han encontrado varias hachas de metal. La mayoría de las mismas aparecieron fruto de la explotación contemporánea que destruyó labores prehistóricas. Resulta difícil considerar estos hallazgos como abandonos casuales, ya que estos artefactos tienen un gran peso y valor intrínseco. Dado que se desconocen más datos sobre las circunstancias de hallazgo, resulta imposible valorar hasta que punto la deposición de estos objetos pudo ser intencionada y pudo tener una clara finalidad votiva.

Se conocen las medidas de 155 hachas de la Edad del Cobre (68%), de 135 las de la Edad del Bronce (80%) y de 19 de la Edad del Bronce Final (46%). Una vez calculada la media de las medidas de las hachas de cada período, se observa que hay un aumento de la longitud de estos artefactos durante la Edad del Bronce Final, aunque no hay grandes cambios en su anchura (Tabla 27). Resulta interesante comprobar que las datadas en la Edad del Bronce tienen unas menores dimensiones que las de los otros dos períodos restantes. En lo relativo a la desviación estándar se comprueba que no hay grandes variaciones en la longitud media de las hachas de cada período, aunque sí en su anchura y en su peso.

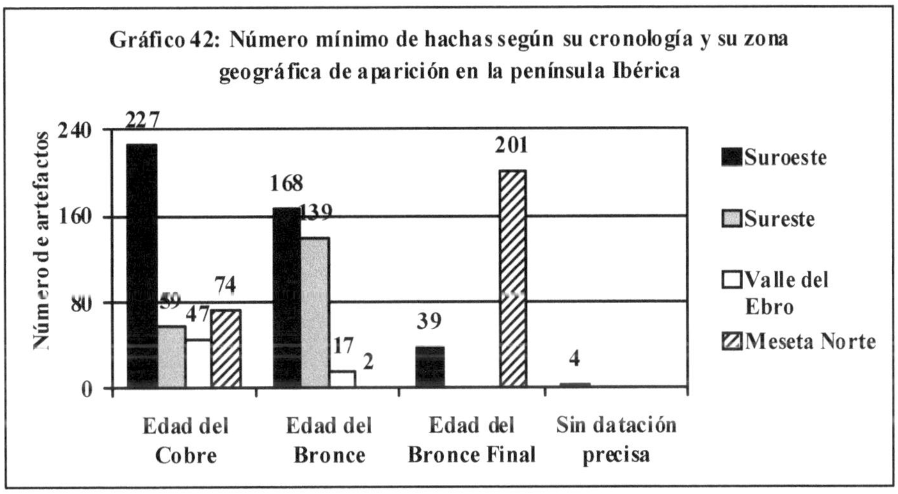
Gráfico 42: Número mínimo de hachas según su cronología y su zona geográfica de aparición en la península Ibérica
Número de artefactos
240
160
80
0
227
59
47
74
168
139
17
2
39
201
4
Edad del Cobre
Edad del Bronce
Edad del Bronce Final
Sin datación precisa
Suroeste
Sureste
Valle del Ebro
Meseta Norte

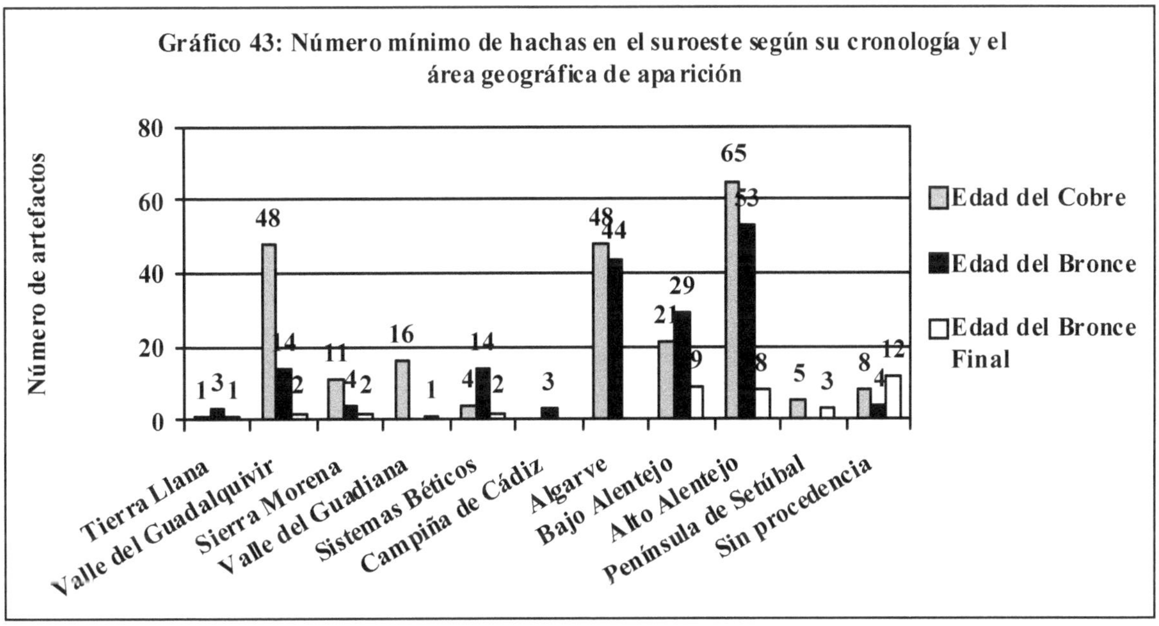
Gráfico 43: Número mínimo de hachas en el suroeste según su cronología y el área geográfica de aparición
Número de artefactos
80
60
40
20
0
1 3 1
48 14 2
11 4 2
16 1
4 14 2
3
48 44
21 29 9
65 53 8
5 3
8 4 12
Tierra Llana
Valle del Guadalquivir
Sierra Morena
Valle del Guadiana
Sistemas Béticos
Campiña de Cádiz
Algarve
Bajo Alentejo
Alto Alentejo
Península de Setúbal
Sin procedencia
Edad del Cobre
Edad del Bronce
Edad del Bronce Final

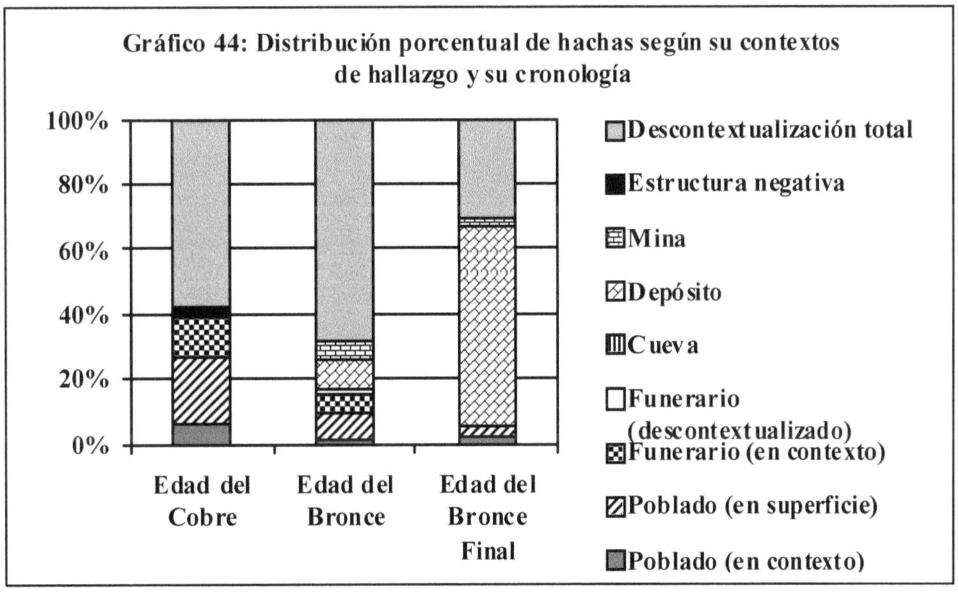
Gráfico 44: Distribución porcentual de hachas según su contextos de hallazgo y su cronología
100%
80%
60%
40%
20%
0%
Edad del Cobre
Edad del Bronce
Edad del Bronce Final
Descontextualización total
Estructura negativa
Mina
Depósito
Cueva
Funerario (descontextualizado)
Funerario (en contexto)
Poblado (en superficie)
Poblado (en contexto)

Asimismo, la longitud y la anchura de las hachas de la Edad del Cobre y del Bronce del Suroeste son superiores a las medidas medias de las del Valle del Ebro. Las hachas de la Edad del Cobre de esta zona miden 110 mm de longitud media y una anchura media de 42 mm y las de la Edad del Bronce, 102 mm de longitud y 58 mm de anchura (Rodríguez de la Esperanza, 2005: 122).

Estos artefactos se caracterizan por tener un peso considerable en relación con el de otros objetos como por ejemplo los punzones. Se considera que éstos tienen un gran grosor por lo que se realizarían a partir de moldes y no a partir del bateo de una lámina como otros artefactos (Rodríguez de la Esperanza, 2005: 91).

¿Miden lo mismo las hachas de los contextos funerarios y de poblado o tienen medidas diferentes? Para responder a esta pregunta se ha calculado la media y la desviación estándar de las medidas de las hachas de cada período (Tabla 28). No se han incluido las de la Edad del Bronce Final ya que sólo se conocen las medidas de las piezas procedentes de depósitos o de las que se encuentran descontextualizadas. Se documenta una situación interesante, ya que las hachas de los contextos domésticos calcolíticos tienen unas mayores dimensiones que las procedentes de contextos funerarios. Por el contrario, las halladas en contextos funerarios de la Edad del Bronce tienen un tamaño mayor que las de poblados. Esto demuestra que se produjo un cambio entre ambos períodos en lo relativo a la cantidad de materia prima amortizada. Durante la Edad del Bronce el valor intrínseco de las hachas amortizadas en contextos funerarios tuvo que ser intrínsecamente mayor, debido a que se tuvo que emplear una mayor cantidad de materia prima para su elaboración.

En el Suroeste se han hallado diferentes tipos de hachas. Las de la Edad del Cobre suelen tener una forma trapezoidal y una sección plana, de ahí que hayan sido denominadas en algunas publicaciones como "hachas planas". Durante la Edad del Bronce se produjeron una serie de hachas que tienen una serie de rebordes laterales que evitan que se parta por la mitad y otras con los filos mucho más anchos que el talón. Estas últimas han sido denominadas como argáricas, ya que aparecen de manera frecuente en los contextos de la Edad del Bronce del Sureste. Durante este período aparecen otro tipo de hachas, las que tienen apéndices laterales que permiten una mejor sujeción al mango. A pesar de que aparecen nuevos tipos de hachas, estos suelen ser poco frecuentes en el Suroeste, zona en la que predominan las hachas planas (Gráfico 53).

En el Suroeste se han encontrado hachas de la Edad del Bronce Final similares a las halladas en otros lugares del norte de Europa. Estas tienen anillas y talón para una mejor sujeción. A pesar de esta mayor diversidad de formas, en el Suroeste no se han encontrado otros tipos de hachas que si aparecen en el noroeste de la Península Ibérica como por ejemplo las hachas de cubo (Hardaker, 1976: 153) y las hachas con talón con o sin anillas, la mayoría de las cuales han sido halladas en las costas gallegas y de las cuales sólo existe un ejemplar en el Suroeste (Suárez Otero, 2000). Aunque en un principio, se pensaba que las hachas de cubo y talón procedían de fuera de la península, el descubrimiento de varios moldes de este tipo de hachas ha permitido saber que su producción era local (se fecha su aparición en Europa entre los siglos IX-VIII ane. y continúan siendo empleadas en la Edad del Hierro) (Hardaker, 1976).

Se desconoce su funcionalidad de las hachas de cubo sin anillas, que aparecen el noreste de la península pero nunca en depósitos, aunque algunos investigadores consideran que fueron empleadas como cinceles y no como hachas (Hardaker, 1976). Las de cubo con dos anillas son las más numerosas, y se distribuyen por el centro y el norte de Portugal y por el Valle del Tajo (Hardaker, 1976), a diferencia de las que cuentan con asa que son muy raras en la Península Ibérica y no tienen motivos decorativos. Según los estudios de distribución de los diferentes tipos de hachas de cubo y de talón, existen dos agrupaciones regionales de hachas, uno en el noreste de la Península Ibérica y otro en el Suroeste de Galicia y el norte de Portugal en donde se distribuyeron las que cuentan con nervadura (Hardaker, 1976).

En conclusión, se puede decir que la cantidad de hachas registradas en el Suroeste de la Edad del Bronce Final es relativamente baja, hecho que contrasta con otras zonas de la Península Ibérica, como por ejemplo el noroeste de la Península Ibérica, el Valle del Ebro y la Submeseta Norte (Hardaker, 1976: 161).

La información métrica de las hachas es escasa en las publicaciones, motivo por el cual n o se ha podido realizar un estudio morfométrico de las mismas según su morfología.

Del total de artefactos de este tipo, se han analizado 82 de la Edad del Cobre para conocer su composición (36%), 78 de la Edad del Bronce (46%) y 9 de la Edad del Bronce Final 9 (23%). La mayor parte de los análisis se llevaron a cabo dentro de los proyectos SAM y Arqueometalurgia de la Península Ibérica.

Sólo se ha podido calcular la cantidad media de Cu, As y Sn de las hachas de la Edad del Cobre y del Bronce, ya que los análisis de los artefactos de la Edad del Bronce Final fueron realizados dentro del proyecto de SAM, de tal modo que las cantidades de As están sobrevaloradas y estos artefactos no se han vuelto a analizar. La cantidad de Cu es superior en las de la Edad del Cobre que en las hachas de la Edad del Bronce, artefactos que tienen una cantidad de Sn superior (Tabla 29). No obstante, hay que señalar que la cantidad de ellas realizadas en bronce es pequeña en relación con el resto de hachas de la Edad del Bronce, la mayoría de las cuales están realizadas en cobre (21 frente a 2 realizadas en bronce).

Tabla 27: Media y desviación estándar de las medidas de las hachas del Suroeste

	Edad del Cobre		Edad del Bronce		Edad del Bronce Final	
	Media	**Desviación estándar**	**Media**	**Desviación estándar**	**Media**	**Desviación estándar**
Longitud (mm)	137,79	43,06	133,49	40,12	187,72	40,24
Anchura (mm)	50,18	18,69	59,95	22,95	51,97	9,32
Peso (gr)	318,51	211,26	250,1	21,72	No hay datos	No hay datos

Tabla 28: Media y desviación estándar de las medidas de las hachas del Suroeste según su cronología y contexto de hallazgo

		Edad del Cobre		Edad del Bronce	
	Contexto	**Media**	**Desviación estándar**	**Media**	**Desviación estándar**
Longitud (mm)	**Poblado**	155,76	73,47	119,83	50,32
	Funerario	138,35	44,89	141,12	54,98
Anchura (mm)	**Poblado**	55,13	34,13	58,25	29,42
	Funerario	38,57	16,07	62,31	32,05
Peso (gr)	**Poblado**	277,84	186,97	No hay datos	No hay datos
	Funerario	250,1	249,53	No hay datos	No hay datos

Figura 6: Tipos de hachas halladas en el Suroeste

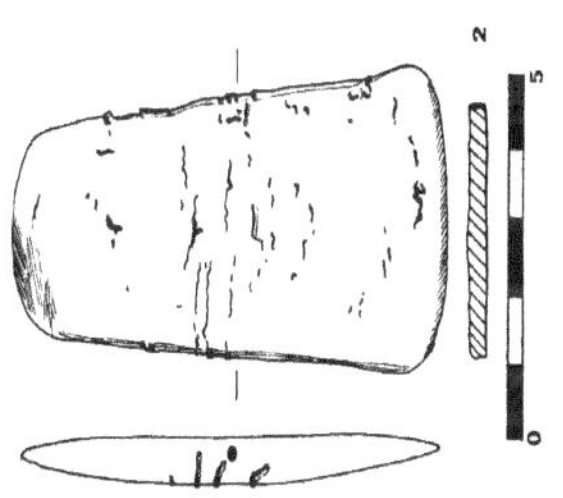

Hacha plana (imagen extraída de Harrison *et alii*, 1981)

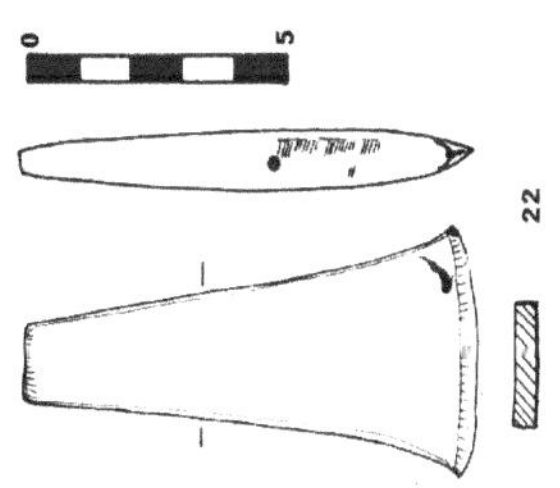

Hacha de tipo argárico (Imagen extraída de Harrison *et alii*, 1981)

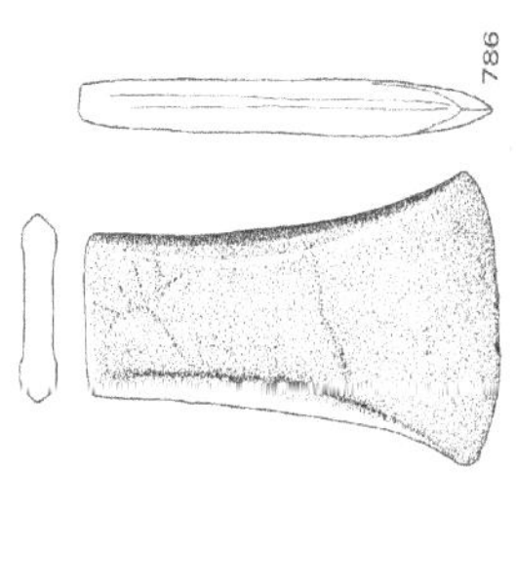

Hacha con rebordes laterales (Imagen extraída de Monteagudo, 1977). Escala a 1/3 del tamaño original

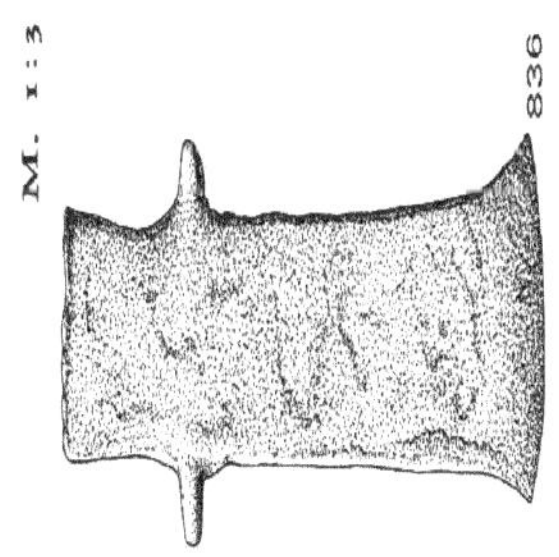

Hacha con apéndices laterales (Dibujo extraído de Monteagudo, 1977). Escala a 1/3 del tamaño original

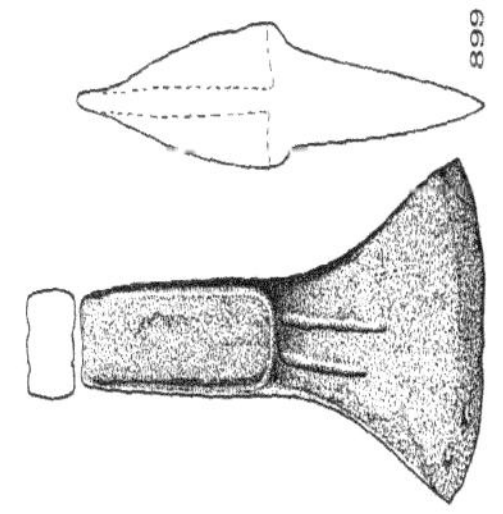

Hacha con talón y sin anillas (Dibujo extraído de Monteagudo, 1977). Escala a 1/3 del tamaño original

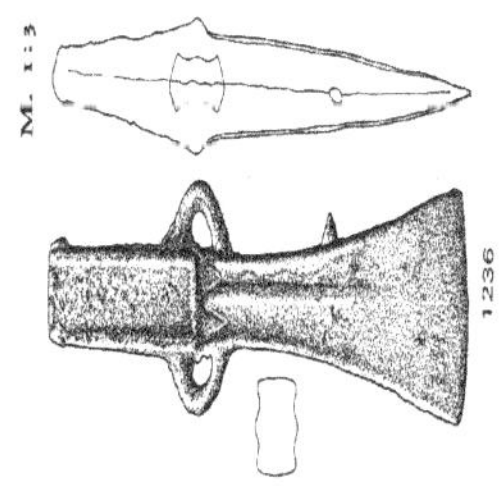

Hacha con talón y anillas (Dibujo extraído de Monteagudo, 1977). Escala a 1/3 del tamaño original

La cantidad media de As de las hachas de la Edad Cobre del Suroeste es inferior a la de las hachas del Sureste, que tienen una media de 2,01% (Edad del Cobre) (Montero Ruiz, 1994: 251). Las del Suroeste tienen una cantidad de As similar a las la Edad del Cobre y del Bronce del Valle del Ebro, que tienen una cantidad de As inferior al 1% (Rodríguez de la Esperanza, 2005: 93). La mayoría de las datadas en la Edad del Cobre y del Bronce del Suroeste no suelen superar el 1% de As, mientras que el conjunto de ellas que tienen más del 3% del As es bastante pequeño (Gráfico 45). El grado de desviación de las cantidades de Cu y de As en las hachas Edad del Cobre y del Bronce es similar, aunque no sucede lo mismo con la desviación de la cantidad de Sn que es mayor para las hachas de la Edad del Bronce.

El estudio de la composición de hachas según el contexto de aparición sólo ha incluido la información de las hachas de la Edad del Cobre y del Bronce, ya que casi todos los artefactos de la Edad del Bronce Final han aparecido descontextualizados y los que han aparecido en contexto no han sido analizados. El calculo de la media Cu y As demuestra que las hachas aparecidas en contextos de poblado tienen una mayor cantidad de As y menor de Cu que las hachas aparecidas en contextos funerarios (Tabla 30). Respecto a la hachas de la Edad del Bronce de los poblados se observa que tienen una cantidad de Cu similar a la de las aparecidas en los poblados de la Edad del Cobre. Esta cantidad media no se puede comparar con la de las hachas de los contexto funerarios de este período, ya que no se han realizado análisis para las piezas aparecidas en estos contextos.

La desviación estándar de las cantidades de Cu y de As de las hachas de los poblados es superior a la de los contextos funerarios, aunque la cantidad de As en hachas halladas en contextos de poblado de la Edad del Bronce de es mucho más heterogénea y variable.

Se ha encontrado un hacha con talón y dos anillas laterales en alguna parte del Término Municipal de Fuente Tójar (Córdoba), aunque se desconocen las circunstancias y el lugar exacto en el que se produjo su hallazgo (Monteagudo, 1977: 173). Esta pieza ha sido analizada y se sabe que está realizada en bronce con una cantidad de plomo muy alta. Esta cantidad de Pb, que en algunas partes de la pieza llega hasta el 57%, es inusual en las producciones del Suroeste de la Península Ibérica de la Edad del Bronce Final que se caracterizan por estar realizadas en bronces binarios. Se desconoce si esta pieza fue empleada como un arma-herramienta o si, por el contrario, esta pudo ser utilizada con otra función La alta cantidad de Pb haría que este artefacto tuviese poca utilidad, ya que este metal no tiene unas buenas cualidades mecánicas. Esta hacha tiene una forma muy similar a las halladas en los depósitos del norte de Portugal como por ejemplo el de Fonte Velha (Veatodos, Portugal) o el de Vilela Sêca (Tràs-os-Montes, Portugal) y que fueron recientemente revisados en un estudio sobre lingotes de la Edad del Bronce Final en la Península Ibérica (Gómez Ramos, 1993: 86). Esta pieza podría proceder de esta zona y no estar producida en el Suroeste, hipótesis que quedaría corroborada por la alta presencia de Pb en la misma, algo que es mucho más frecuente en las producciones de la Edad del Bronce Final del noroeste de la Península Ibérica. Algunos investigadores consideran que estas hachas pudieron ser empleadas como lingotes o elementos premonetales (Mohen, 1992: 118), aunque el número de datos en la Península Ibérica es escaso como para poder valorar esta hipótesis (Gómez Ramos, 1993: 101).

La cantidad de metalografías aplicadas a hachas halladas en el Suroeste es muy baja, ya que sólo han sido analizadas 9. La mayoría de los análisis metalográficos se han realizado sobre hachas calcolíticas, mientras que tan sólo un hacha de la Edad del Bronce ha sido metalografiada. No hay ningún análisis metalográfico realizado sobre piezas de la Edad del Bronce Final. La mayor parte de las mismas recibió un martilleado en frío, seguido de un recocido y de un forjado en frío final (Gráfico 47). Este último se aplicó de una manera más intensa en la zona del filo del hacha con el objetivo de aumentar su dureza. Ninguna pieza de las analizadas fue empleada sin recibir ningún tipo de tratamiento de forjado en frío.

No existe ningún estudio traceológico sobre hachas de la Península Ibérica, aunque sí sobre algunas de la Edad del Bronce Final halladas en el Reino Unido. Hasta hace poco tiempo se creía que el proceso de reciclado de metal y la corrosión podía afectar a la hora de interpretar los datos. La metodología de los estudios traceológicos en metales consiste en crear réplicas modernas y en emplearlas para diferentes usos. Posteriormente, se comparan las marcas de los artefactos modernos con las de los artefactos metálicos antiguos (Roberts y Ottaway, 2003). Los estudios traceológicos realizados hasta el momento se han aplicado a las hachas de cubo. El resultado de estos estudios ha permitido saber que el uso continuado de 120 minutos para cortar madera no produce fisuras aunque si algunas marcas en las hachas. Sin embargo tras un uso de 240 minutos el filo se vuelve romo y pierde su capacidad de corte (Roberts y Ottaway, 2003). La comparación ha demostrado que muchas de estas se emplearon para tareas con materiales ligeros que no produjeron muchas deformaciones en el filo; mientras que la cantidad de ellas que se emplearon para labores de corte de artefactos más duros es inferior (5%) (Roberts y Ottaway, 2003). El número de hachas con huellas de un uso muy duro es incluso inferior, aunque estas labores no fueron lo suficiente duras como para producir la rotura que tenían las hachas, por lo que la esta fue intencionada (Roberts y Ottaway, 2003). En conclusión, se puede decir que las hachas fueron empleadas para una amplia cantidad de usos y que la deposición de las hachas no esta determinada por el uso, ya que aparecen artefactos usados y sin usar.

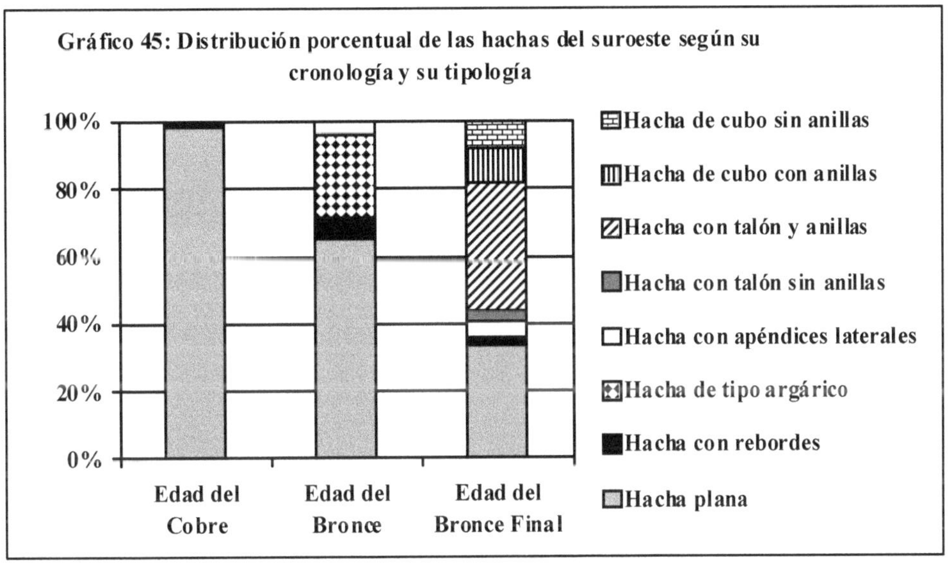

Tabla 29: Media y desviación estándar de la composición de las hachas del Suroeste						
	Cu		As		Sn	
	Media (%)	Desviación estándar	Media (%)	Desviación estándar	Media (%)	Desviación estándar
Edad del Cobre	98,27	1.56	1,81	1.55	0,02	0,02
Edad del Bronce	98,34	2,24	0,93	1.02	1,34	3,5

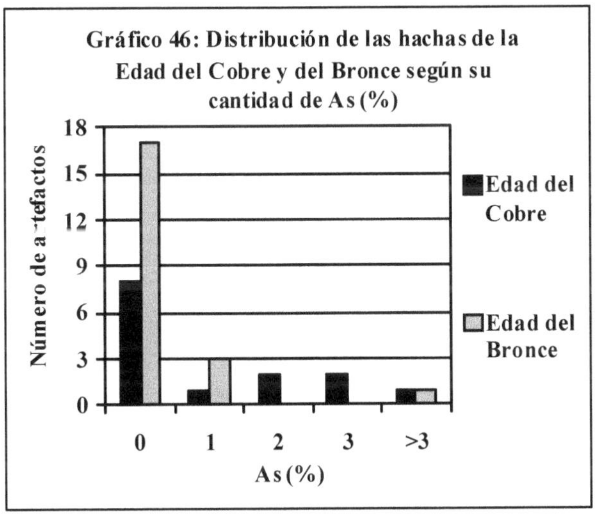

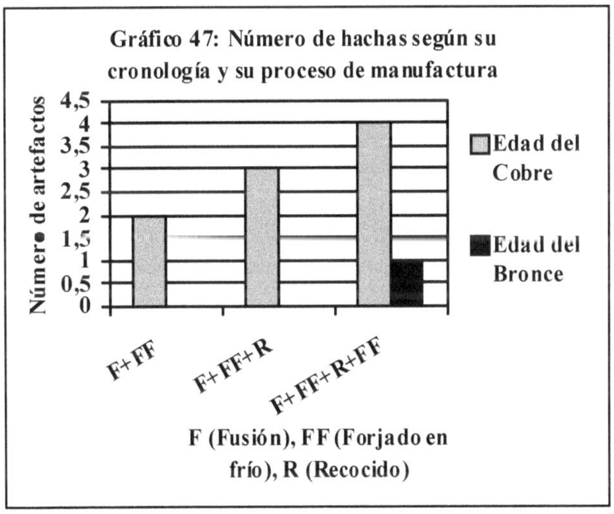

Tabla 30: Media y desviación estándar de la composición de las hachas del Suroeste según su cronología y su contexto de hallazgo								
	Cu				As			
	Poblado		Funerario		Poblado		Funerario	
	Media (%)	Desviación estándar	Media (%)	Desviación estándar	Media (%)	Desviación estándar	Media (%)	Desviación estándar
Edad del Cobre	97,61	1,97	98,2	1,34	2,73	1,71	1,73	1,34
Edad del Bronce	97,92	2,09	No hay datos	No hay datos	1,7	2,23	No hay datos	No hay datos

6.2.2 PUÑALES

En este trabajo han sido considerados como puñales aquellos artefactos realizados en cobre o en una aleación del mismo, que tienen doble filo de corte y que pueden ser empleados con fines bélicos, cinegéticos o domésticos. No existen estudios traceológicos sobre este tipo de artefactos, a pesar de que este análisis permitiría definir de una manera más precisa su funcionalidad.

Se han hallado 285 puñales en el Suroeste de los cuales 102 están datados en la Edad del Cobre (35%), 123 en la Edad del Bronce (42%), 35 en la Edad del Bronce Final (14%) y 25 no tienen una datación precisa (9%) (Gráfico 56). Su número es inferior a la cantidad de puñales documentados en el Sureste, en donde han sido hallados unos 639 puñales (Montero Ruiz, 1994: 249), y superior a la cantidad de puñales encontrados en otras zonas como por ejemplo el valle del Ebro, en donde han sido hallados 37 puñales (Rodríguez de la Esperanza, 2005) (Gráfico 48).

La mayoría de los puñales de la Edad del Cobre han aparecido en el Valle del Guadalquivir, en el Valle del Guadiana y en el Algarve (Gráfico 49). Casi todos los de la Edad del Bronce han aparecido en el Valle del Guadalquivir, Algarve, Alentejo y en las sierras de los Sistemas Béticos. Respecto a los de la Edad del Bronce hay que señalar que una alta cantidad de los mismos han sido hallados en el depósito de la Ría de Huelva.

El estudio de los contextos arqueológicos de los puñales de la Edad del Cobre y del Bronce ha demostrado que existe un alto porcentaje de artefactos que sufren una descontextualización total. Esta se reduce para los de la Edad del Bronce Final, la mayoría de los cuales aparecieron en el depósito de la Ría de Huelva (Gráfico 50). Un alto porcentaje de puñales de la Edad del Cobre y del Bronce han aparecido en la superficie de los poblados. Esta descontextualización parcial no afecta a los que han aparecido en contextos funerarios, puesto que casi todos ellos han sido documentados en excavaciones arqueológicas. El número de puñales aparecidos en contextos productivos es escaso, ya que sólo se ha documentado un puñal calcolítico en este tipo de contextos.

Se conocen las medidas de 56 puñales de la Edad del Cobre (80%), de 99 de la Edad del Bronce (80%) y de 14 de la Edad del Bronce Final (66%). El cálculo de su longitud, anchura y peso medio según su cronología demuestra que existe una tendencia diacrónica de aumento de su longitud (Tabla 31). Esta se acentuó durante la Edad del Bronce Final, período en el cual estos artefactos casi doblaron la longitud de los puñales calcolíticos. A la misma vez se constata una reducción de su anchura, a su vez, está relacionada con la pérdida de su potencia de corte. Esto quiere decir que los puñales de la Edad del Bronce Final tienen una menor capacidad de ser empleadas como herramientas de corte y una mayor capacidad de ser utilizadas como armas de ataque a distancia, ya que su longitud es mayor. Esto puede indicar que los puñales dejaron de ser empleados en la Edad del Bronce Final como útiles domésticos y que empezaron a ser utilizados como armas. Por otra parte, hay que señalar que los puñales de la Edad del Bronce hallados en el Suroeste son de mayor tamaño que los hallados en el Valle del Ebro, donde los puñales miden 112 mm de longitud y 28 de anchura media (Rodríguez de la Esperanza, 2005: 114).

El cálculo de la desviación estándar de la anchura y longitud de los puñales demuestra que se produce un leve aumento de la desviación estándar de la longitud de los puñales de la Edad del Bronce, a diferencia de los calcolíticos y de la Edad del Bronce Final que tienen unas medidas más homogéneas. En el caso de los puñales de la Edad del Bronce Final estos tienen una menor desviación estándar que los de la Edad del Cobre, lo que indica que existe una mayor similitud de sus medidas y que fueron producidos de una manera más normalizada en cuanto a sus medidas.

¿Son similares las medidas de los puñales procedentes de diferentes contextos o estas dependen del contexto de aparición? Para responder a esta pregunta se ha calculado media de la longitud y de la anchura de los puñales de la Edad del Cobre y del Bronce aparecidos en los contextos funerarios y de poblado (Tabla 32). No se ha podido calcular la media de los de la Edad del Bronce Final porque la mayoría de ellos han aparecido en el depósito de la Ría de Huelva. Las dimensiones de los puñales de calcolíticos y de la Edad del Bronce hallados en contextos funerarios son mayores que las de los puñales hallados en contextos de poblado, a pesar de que esta disimetría en el tamaño se redujo durante la Edad del Bronce.

El cálculo de la desviación estándar de la longitud y de la anchura demuestra que las dimensiones de los puñales de los contextos funerarios son mucho más variables que las de los procedentes de contextos de poblado. Durante la Edad del Bronce las dimensiones de los procedentes de ambos tipos de contextos son mucho más homogéneas.

Todos estos cálculos indican que en los poblados se empleaban puñales de menores dimensiones y de medidas mucho más homogéneas, mientras que en los contextos funerarios se emplearon los de mayor tamaño y en cuya fabricación era necesaria una mayor cantidad de materia prima. Estos artefactos tenían un mayor valor intrínseco, por lo que su tamaño pudo estar relacionado con el estatus social y el prestigio del difunto enterrado.

Gráfico 48: Número mínimo de puñales según su cronología y su zona geográfica de hallazgo en la península Ibérica

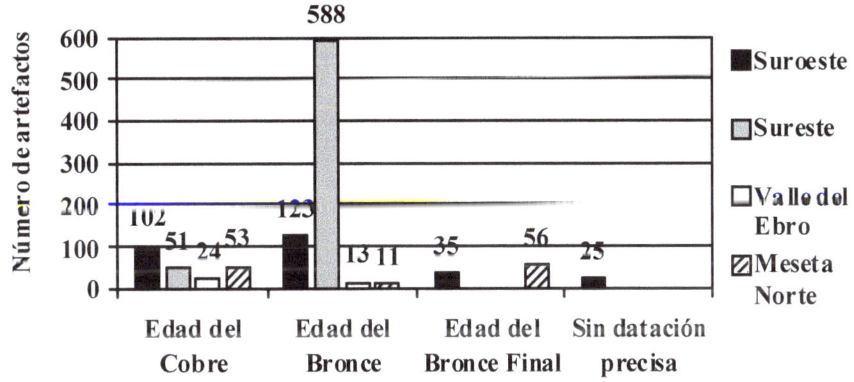

Gráfico 49: Número de puñales en el suroeste según su cronología y área geográfica de hallazgo

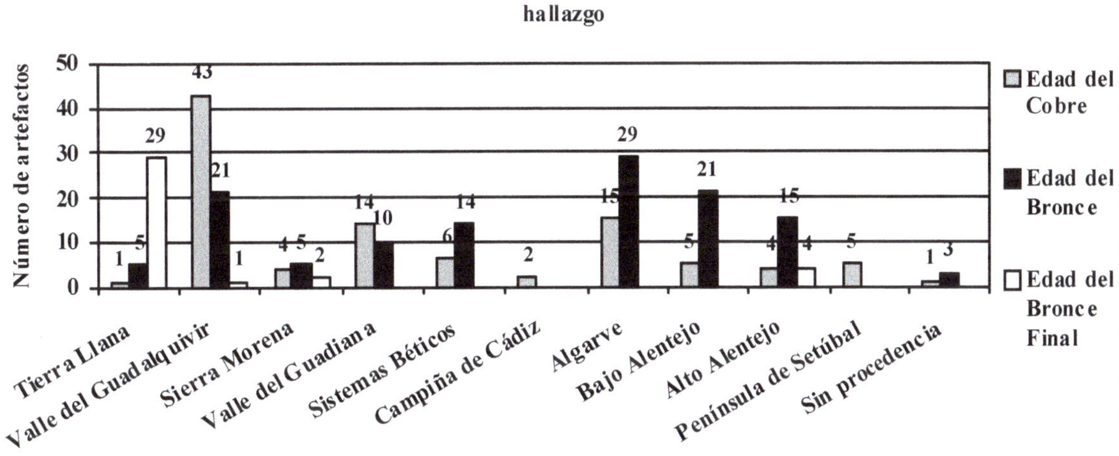

Gráfico 50: Distribución porcentual de los puñales según su cronología y el contexto de aparición

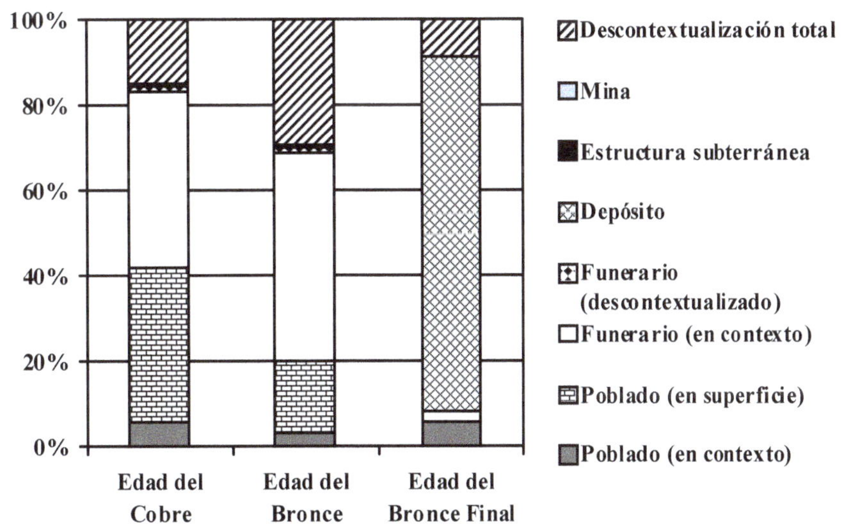

Tabla 31: Media y desviación estándar de las medidas de los puñales del Suroeste						
	Edad del Cobre		Edad del Bronce		Edad del Bronce Final	
	Media	Desviación estándar	Media	Desviación estándar	Media	Desviación estándar
Longitud (mm)	125,07	50,72	129,79	61,52	221,26	38,24
Anchura (mm)	30,33	10,14	28,77	10,16	25,65	3,07
Peso (gr)	51,16	33,81	57,24	62,91	104,26	33,03

Tabla 32: Media y desviación estándar de las medidas de los puñales del Suroeste según su cronología y su contexto de hallazgo								
	Edad del Cobre				Edad del Bronce			
	Poblado		Funerario		Poblado		Funerario	
	Media	Desviación estándar	Media	Desviación estándar	Media	Desviación estándar	Media	Desviación estándar
Longitud (mm)	98,56	35,37	145,25	51,76	105,97	55,35	112,87	53,73
Anchura (mm)	24,92	7,06	33,9	10,21	26,67	6,41	15	8,91
Peso (gr)	33,23	28,26	51,82	33,11	30,95	25,96	26,38	27,22

Gráfico 51: Distribución porcentual de los puñales según su cronología y el sistema de sujeción

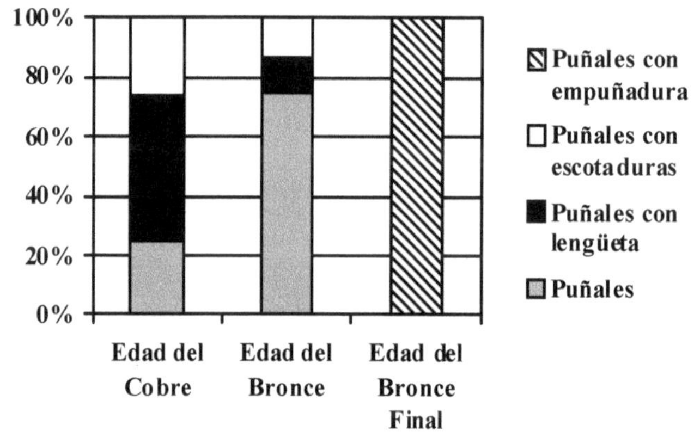

Tabla 33: Longitud y anchura media de los puñales según su cronología y su sistema de enmangue						
	Longitud media (mm)			Anchura media (mm)		
	Edad del Cobre	Edad del Bronce	Edad del Bronce Final	Edad del Cobre	Edad del Bronce	Edad del Bronce Final
Escotaduras	138,55	97,33	Sin datos	24,33	24	Sin datos
Remaches en la hoja	109,4	145,42	Sin datos	31,8	31,38	Sin datos
Empuñadura	Sin datos	Sin datos	218,96	Sin datos	Sin datos	24,67

La forma de sujeción de los puñales de estos períodos puede ser muy variable. Todos tienen una hoja triangular y pueden tener una lengüeta (espiga prolongada de la hoja que sirve para el enmangue) o escotaduras para fijar la empuñadura. En otros casos, se han encontrado algunos que no tienen ni lengüeta, ni escotaduras, por lo que se desconoce como se fijaría su empuñadura al alma de metal. Estos sistemas de sujeción de la empuñadura suelen ser complementados con orificios para remaches que pueden aparecer indistintamente en cualquiera de los tres tipos de puñales y que fueron empleados desde la Edad del Cobre. En el Suroeste se han encontrado varios tipos de puñales calcolíticos y del Bronce según su sistema de sujeción (gráfico 51).

Durante la Edad del Bronce Final todos los sistemas de enmangue anteriores desaparecieron y se extendió un nuevo tipo de sujeción, el de empuñadura con remaches que es mucho más eficaz. Asimismo, en este período se extendió la fabricación de puñales con nervio central. Esta innovación es gran importancia porque evita que la hoja del puñal se parta por la mitad y permite una mayor capacidad de penetración. En mi opinión, las diferencias métricas y morfológicas de los puñales de la Edad del Bronce Final podrían estar relacionadas con un cambio de funcionalidad respecto de los datados en períodos anteriores. Las nuevas innovaciones aplicadas habrían hecho que estos artefactos fuesen mucho más útiles para ser empleados como armas que como herramientas.

¿Estos sistemas de sujeción estuvieron relacionados con la anchura y la longitud de los puñales? Para ello, se ha calculado la media y la desviación estándar de las dimensiones de los puñales según su sistema de sujeción. Se han excluido aquellos de los cuales se desconoce sus sistema de enmangue, ya que en muchas ocasiones esta falta de información se debe a una descripción deficiente del artefacto en las publicaciones. Se observa que en la Edad del Cobre los puñales con remaches tienen un tamaño menor que los que cuentan con escotaduras (tabla 33). Esta diferencia se reduce para los puñales de la Edad del Bronce, período en el cual el tamaño de los puñales con remaches aumentó y en el cual los que tienen escotaduras los redujeron. El cálculo de la anchura media de los puñales demuestra que existe una cierta diferencia entre la anchura de los puñales con remaches y con escotaduras de la Edad del Cobre y del Bronce. Los de de la Edad del Bronce Final tienen una anchura inferior a la de los puñales de otros períodos, lo que indica que el empleo del bronce en las aleaciones y el nuevo sistema de empuñadura permitía realizar puñales de mayor tamaño y menor anchura sin que existiese el peligro de que la hoja se fracturase.

Los puñales de la Edad del Bronce y Bronce Final se caracterizan por tener una cantidad de media de Cu inferior a la de los de la Edad del Cobre (tabla 34). Esta reducción está relacionada con la adicción de estaño al cobre de manera intencionada para producir bronce. Asimismo, la cantidad de As es muy similar en la Edad del Cobre y del Bronce, aunque esta se redujo en el Bronce Final. La cantidad media de los puñales de la Edad del Cobre del Suroeste es inferior a la de los puñales del Sureste que tienen un 2,73% de As e igual sucede con los puñales de la Edad del Bronce de este lugar que tienen un 3,02% frente al 2% de los puñales del Suroeste (Montero Ruiz, 1994: 249).

El diagrama de distribución de los puñales según su cantidad de As muestra que la mayoría de los puñales de cada período tienen una cantidad de As superior al 2% en su composición (gráfico 53). Esto también se observa para los puñales de la Edad del Bronce, aunque hay varios de ellos que tienen una cantidad de As superior al 3%. En el caso de los puñales de la Edad del Bronce Final, se observa que todos tienen una cantidad de As inferior al 1%.

El número de puñales del Suroeste realizados en bronce y datados en la Edad del Bronce es bastante bajo (2%); tan sólo 3 de ellos tienen una aleación intencionada de Sn y Cu, mientras que los restantes están realizados en cobre. La cantidad media de Sn presente en la composición de los objetos de este tipo realizados en bronce es bastante baja y no supera el 2%, frente al 11% de Sn de los puñales de la Edad del Bronce Final que se caracterizan por tener una cantidad superior al 7% e inferior al 11%. Al igual que ocurre en el Suroeste, en el Sureste los realizados en bronce son escasos y sólo un 15% de los puñales están realizados en esta aleación (Montero Ruiz, 1994: 249). Sin embargo, la cantidad de puñales de bronce datados en la Edad del Bronce es superior en otras zonas. En el Valle del Ebro el 83% de los de la Edad del Bronce están realizados en esta aleación (Rodríguez de la Esperanza, 2005: 115).

¿Es la cantidad de As similar en los puñales aparecidos en contextos funerarios y domésticos? Para responder a esta cuestión, se ha calculado la cantidad media de As de los puñales según su contexto de aparición. Se han excluido los puñales de la Edad del Bronce Final de este estudio, ya que todos los que se han analizado pertenecen al depósito de la Ría de Huelva. La cantidad de As en los puñales de los contextos funerarios de la Edad del Bronce es mayor que la de los puñales hallados en los contextos domésticos (Tabla 35). Por otra parte, hay que señalar que el grado de desviación respecto de la media de As es superior en las piezas de los poblados de la Edad del Bronce y en los puñales de las piezas de los contextos funerarios de la Edad del Cobre. Esto indica que existe una mayor homogeneidad en las cantidades de arsénico de los puñales de los contextos de poblado de la Edad del Cobre y de los contextos funerarios de la Edad del Bronce.

Del total de puñales documentados en el Suroeste, 28 de la Edad del Cobre están analizados (27%), 59 de la Edad del Bronce (49%) y de 24 de la Edad del Bronce Final (68%).

Figura 7: Tipos de puñales hallados en el Suroeste. Medidas expresadas en cm

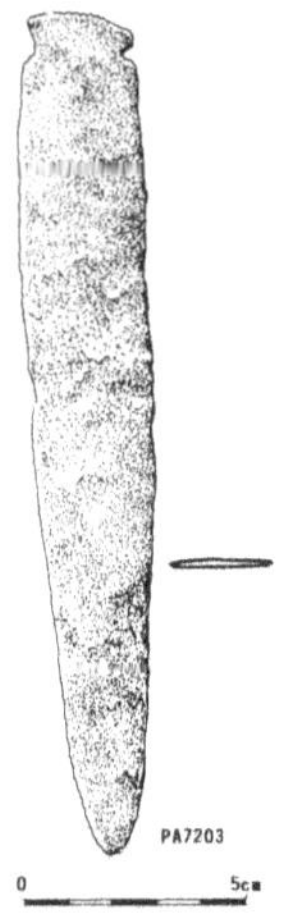

Puñal con escotaduras de La Pijotilla (Badajoz) (Dibujo extraído de Hunt Ortiz, 2003).

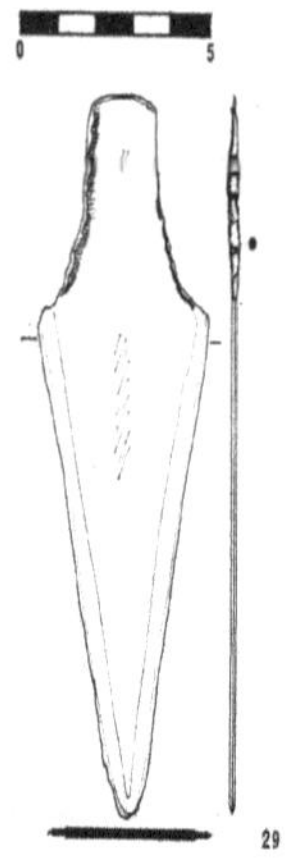

Puñal con lengüeta hallado en el Acebuchal (Carmona, Sevilla) (Imagen extraída de Harrison *et alii*, 1981)

Puñal con empuñadura (fragmentada) y nervio central hallado en el depósito de la Ría de Huelva (Imagen extraída de Ruiz-Gálvez Priego, 1995).

Tabla 34: Media y desviación estándar de la composición de los puñales del Suroeste

	Cu		As		Sn	
	Media (%)	**Desviación estándar**	**Media (%)**	**Desviación estándar**	**Media (%)**	**Desviación estándar**
Edad del Cobre	97,29	1,03	2,12	1,2	0,02	0,01
Edad del Bronce	96,73	3,67	1,88	1,64	2,31	4,7
Edad del Bronce Final	88,71	2,25	0,17	0,1	10,57	1,48

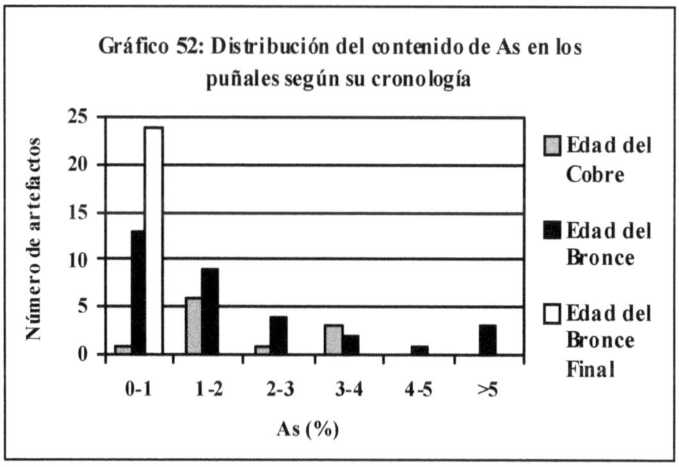

Tabla 35: Media y desviación estándar de la cantidad de As en la composición de los puñales según su cronología y su contexto de hallazgo

	Poblado		Funerario	
	Media (%)	**Desviación estándar**	**Media (%)**	**Desviación estándar**
Edad del Cobre	1,56	0,63	2,67	1,74
Edad del Bronce	1,43	1,43	3,34	1,93

Tan sólo se han aplicado análisis metalográficos a 3 puñales del Suroeste. Uno se aplicó sobre uno de los puñales hallados en la cámara funeraria de El Roquetito (Valencina de la Concepción, Sevilla) (Murillo Redondo *et alii*, 1988). En su interior se inhumaron dos individuos de sexo femenino, como se determinó después del correspondiente estudio antropológico. El estudio metalográfico indicó que se había aplicado un martilleo en frío, un recocido posterior y otro martilleo final (Hunt Ortiz, 2003). Otro puñal aparecido en el yacimiento calcolítico de La Junta (La Puebla del Maestre, Huelva) fue metalografiado. Este fue sometido a un forjado seguido de un tratamiento térmico que recristalizó su estructura (Rodríguez Bayona, 2008). Por último, hay que señalar que uno de los puñales aparecidos en La Pijotilla (Badajoz) también fue analizado para conocer su estructura interna, aunque su superficie tenía tal corrosión que fue imposible determinar cual fue su proceso de fabricación (Hunt, Ortiz, 2003).

6.2.3 PUNTAS DE FLECHA

Una flecha es un arma arrojadiza compuesta de un asta delgada con una punta afilada en uno de sus extremos y en el opuesto con plumas cortas que sirven para que mantenga la dirección al ser disparada. De las flechas sólo se han conservado las partes no perecederas, por lo que sólo se conocen cómo eran las puntas de flecha realizadas en sílex, hueso o metal. Las primeras puntas de flechas de metal copiaban la forma de las puntas realizadas en material lítico y estarían realizadas por medio de un batido de láminas de cobre no muy sofisticado (Rodríguez de la Esperanza, 2005: 83).

El número mínimo de puntas de flecha de base de cobre del Suroeste de España es de 447, de las cuales 253 están datadas en la Edad del Cobre (56%), 151 en la Edad del Bronce (34%) y 29 de la Edad del Bronce Final (6%). Otras 14 no tienen una datación precisa (3%) (Gráfico 53). Por lo tanto, el Suroeste es la zona de la Península Ibérica en donde más puntas de flecha metálicas han aparecido.

La mayoría de las puntas de flecha han sido encontradas en el Valle del Guadalquivir, aunque el número de puntas de la Edad del Bronce se reduce en esta zona. El número de puntas de flecha es inferior en el Valle del Guadiana y en las sierras de los Sistemas Béticos y son mucho más escasas en el resto de las zonas (Gráfico 54). La mayoría de las puntas de flecha de la Edad del Bronce Final han sido encontradas en la zona de Huelva y su aparición en otras zonas es muy escasa.

La mayoría de las puntas de flecha de la Edad del Cobre (más del 70%) han sido encontradas en la superficie de los poblados (Gráfico 55). El resto de las puntas de flecha de este período han sido encontradas en contextos funerarios. La descontextualización es mayor para las puntas de flecha de la Edad del bronce y afecta a más del 80% de las piezas documentadas. Una pequeña cantidad de puntas de flechas de este período han sido halladas en el interior de silos de este período. También existe un alto porcentaje de puntas de flecha de la Edad del Bronce que han aparecido en la superficie de algunos poblados. Por último, hay que señalar que casi todas las puntas de flecha de la Edad del Bronce Final han aparecido en el depósito de la Ría de Huelva, mientras que las aparecidas en otros tipos de contexto son mucho menos frecuentes.

Se conocen las medidas de 61 puntas de la Edad del Cobre (24% del total de puntas de este período), de 95 de la Edad del Bronce (63%) y de 18 de las datadas en la Edad del Bronce Final (62%). El cálculo de la media de la longitud de las puntas de cada período muestra que las dimensiones de estos artefactos se redujeron a lo largo del tiempo (Tabla 36). Por otra parte, hay que señalar que las puntas de flecha de la Edad del Cobre del Suroeste tienen una longitud similar a la de las puntas del Valle del Ebro de este período que medirían una media de 84 mm. Esto no se repite para las puntas de flecha de la Edad del Bronce, ya que las del Valle del Ebro tienen un tamaño menor a las del Suroeste (41 mm) (Rodríguez de la Esperanza, 2005: 88).

Las conclusiones obtenidas para las medidas aportan una valiosa información cuando se contrastan con las obtenidas tras el cálculo de la desviación estándar. Se observa que hay una drástica reducción de la desviación estándar de las medidas de las puntas de flecha de la Edad del Bronce y de la Edad del Bronce Final. Esto no es sólo exclusivo de estos artefactos sino que también se observa para otros artefactos e indica que las puntas de la Edad del Bronce Final tienen unas medidas más homogéneas que las de los períodos anteriores.

El cálculo de la media de las puntas de flecha según el contexto de aparición muestra que las puntas procedentes de los contextos funerarios tienen una mayor longitud que las de los contextos de poblado, aunque una anchira similar (Tabla 37). Esta pauta se repite tanto para la Edad del Cobre como para la del Bronce, aunque no se pueda comparar con las puntas de la Edad del Bronce Final, ya que el número de las mismas en estos contextos es pequeño y se desconocen sus medidas.

La desviación estándar de las medidas anteriores demuestra que la longitud y el peso de las puntas de flecha de los poblados de la Edad del Cobre y del Bronce es mucho menor que la de las puntas aparecidas en contextos funerarios (tabla 37).

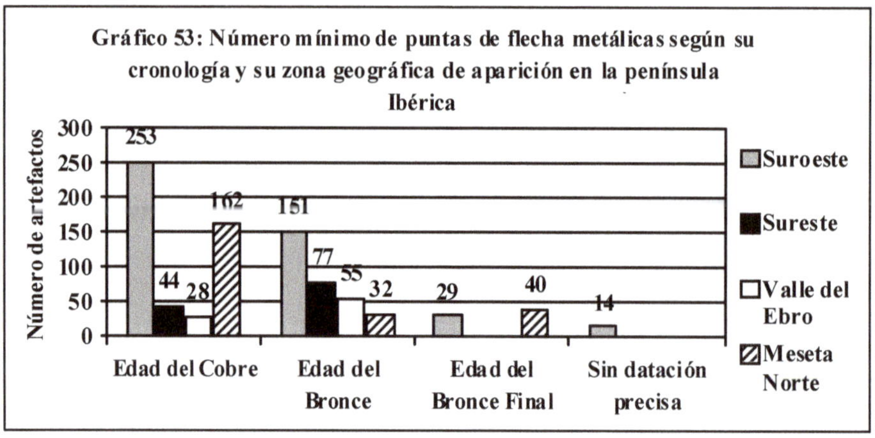

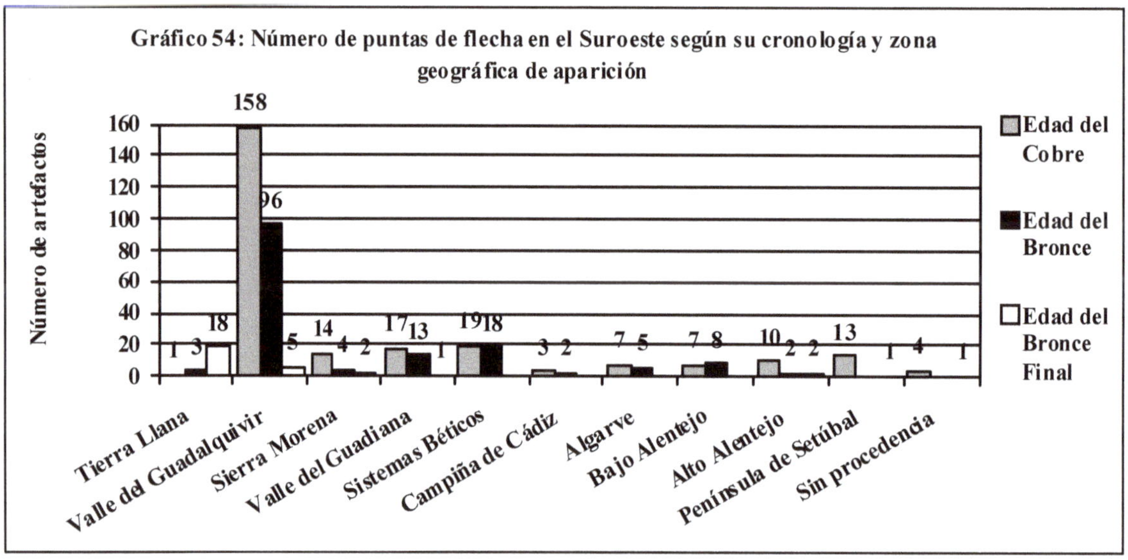

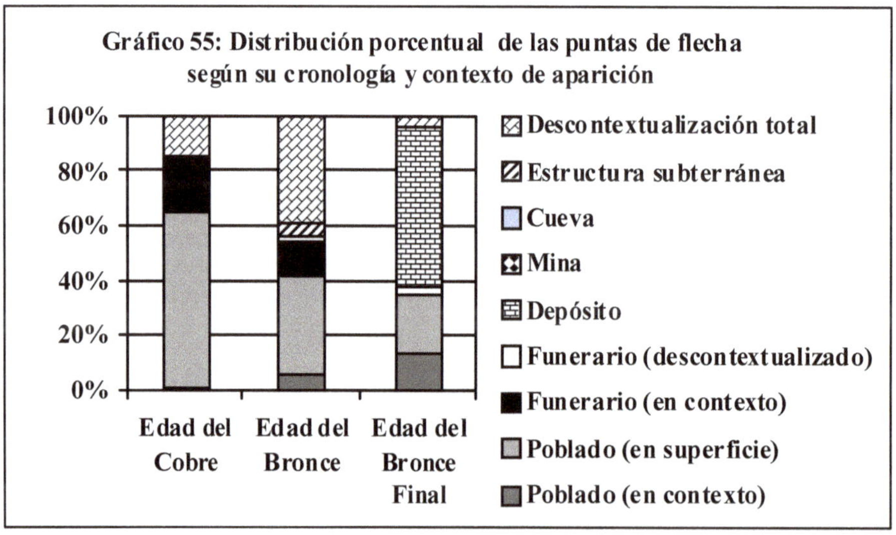

Tabla 36: Media y desviación estándar de las medidas de las puntas de flecha del Suroeste

	Edad del Cobre		Edad del Bronce		Edad del Bronce Final	
	Media	**Desviación estándar**	**Media**	**Desviación estándar**	**Media**	**Desviación estándar**
Longitud (mm)	83,25	34,02	73,4	25,85	49,36	13,98
Anchura (mm)	22,71	9,46	19,25	7,06	11,75	2,8
Peso (gr)	16,86	11,62	10,86	7,04	3,53	2,3

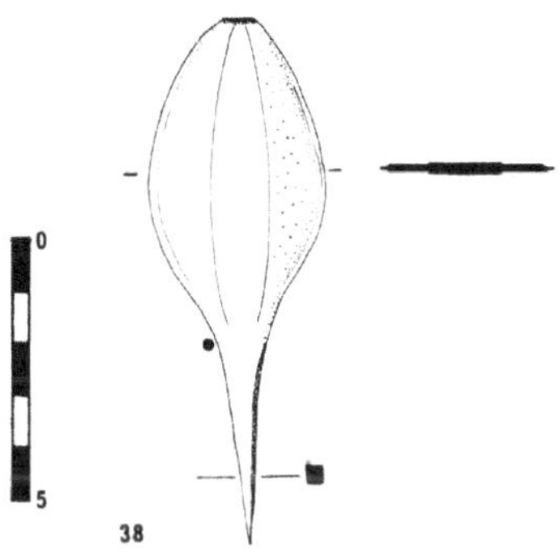

Punta de flecha tipo A hallada en El Acebuchal (Imagen extraída de Harrison *et alii*, 1981).

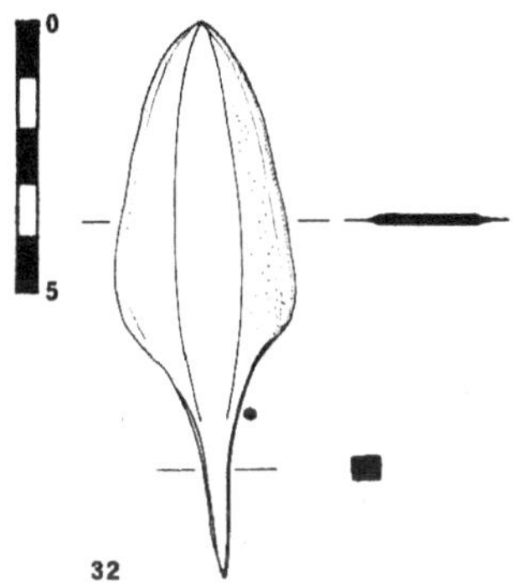

Punta de flecha tipo B hallada en El Acebuchal (Imagen extraída de Harrison *et alii*, 1981).

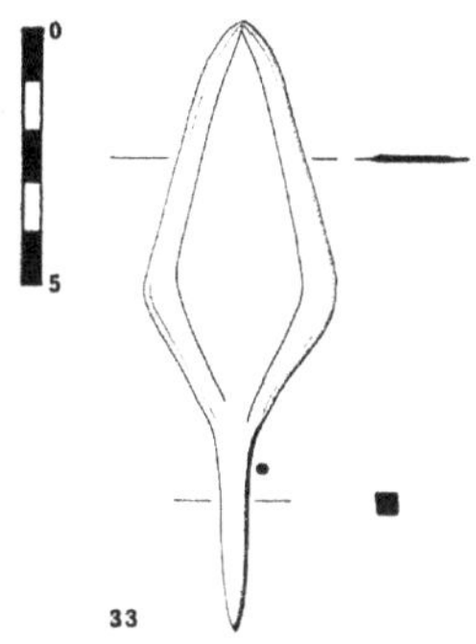

Punta de flecha tipo C hallada en el Acebuchal (Imagen extraída de Harrison *et alii*, 1981).

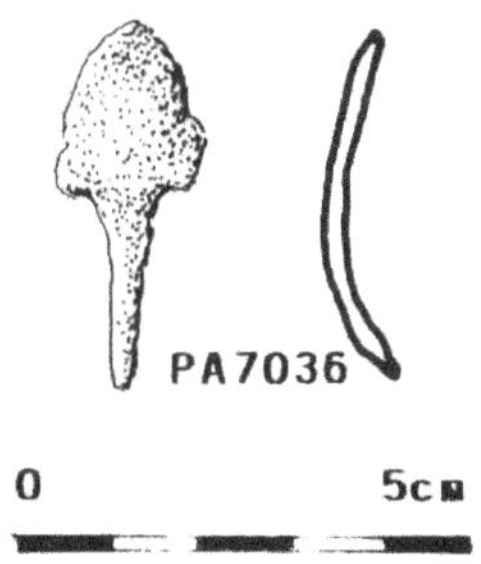

Punta de flecha de tipo D hallada en Algodonales (Cádiz) (Dibujo extraído de Rovira Llorens *et alii*, 1997).

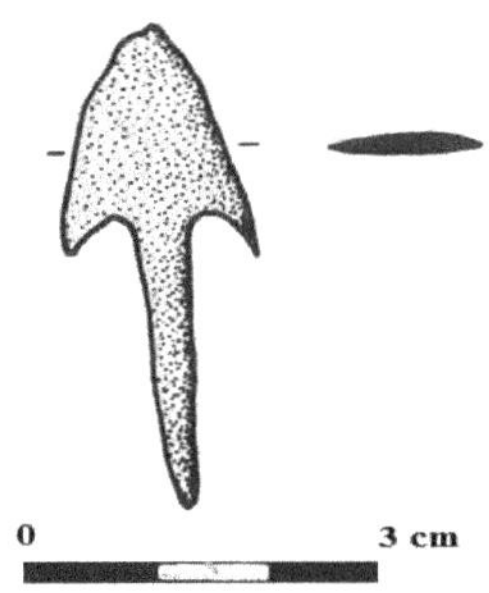

Punta de flecha de tipo E hallada en el depósito de la Ría de Huelva (Imagen extraída de Rovira Llorens *et alii*, 1997).

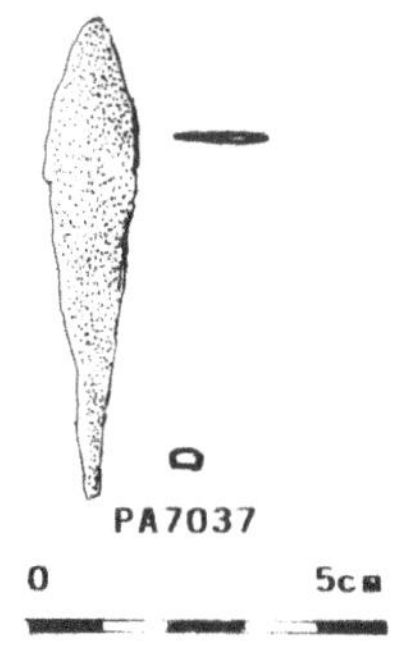

Punta de flecha de tipo F hallada en la necrópolis de Chipiona (Cádiz) (Dibujo extraído de Rovira Llorens *et alii*, 1997).

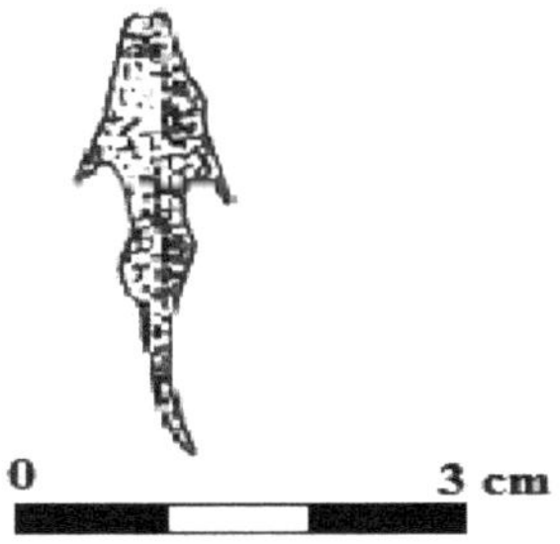

Punta de flecha de tipo G (Imagen extraída de Kaiser, 2003).

Punta de flecha de tipo H hallada en el Castillo de Alange (Badajoz). Dibujo extraído de Rovira Llorens *et alii*, 1997)

Figura 8: Puntas de flecha halladas en el Suroeste. Medidas expresadas en cm.

Tabla 37: Media y desviación estándar de las medidas de las puntas de flecha del Suroeste según su cronología y contexto de aparición

	Edad del Cobre				Edad del Bronce			
	Poblado		Funerario		Poblado		Funerario	
	Media	Desviación estándar	Media	Desviación estándar	Media	Desviación estándar	Media	Desviación estándar
Longitud (mm)	70,54	30,33	79,2	38,32	73,03	20,84	82,41	34,85
Anchura (mm)	21,83	10,22	19,55	8,54	20,44	7,79	20,72	8,34
Peso (gr)	9,1	1,55	No hay datos	No hay datos	13,06	8,24	8,4	7,37

Dentro de la amplia cronología incluida en este trabajo existe una enorme variedad morfológica de puntas de flecha. Las clasificaciones que existen de los diferentes tipos de flecha son complejas, como se demuestra en la clasificación creada por Kaiser (2003). A pesar de que en ésta se incluyen todas las categorías morfológicas que han aparecido en la Península Ibérica, no se ha empleado aquí. Las descripciones que se realizan en la bibliografía consultada suelen ser vagas e imprecisas y es muy frecuente hallar denominaciones como por ejemplo "punta de flecha" o "punta de Palmela" sin mayores precisiones morfológicas. Esto sucede para la mayoría de las puntas de flecha de la Edad del Cobre que han sido clasificadas con el calificativo genérico de "punta de Palmela" o "punta de flecha". En otras ocasiones se han encontrado en la bibliografía consultada conceptos como puntas de flecha con pedúnculo y aletas, pero de las cuales no se realiza una descripción más amplia. En estos casos no se ha podido realizar una clasificación más específica de estas puntas, por lo que se desconoce sus características morfológicas.

En este trabajo de investigación se han clasificado las puntas de flecha en varios tipos:

-Tipo A: dentro de esta clasificación se han incluido todas aquellas puntas de flecha que se incluyen con la misma denominación en el tipo A de Delibes de Castro (1977). Se caracterizan por tener una hoja ancha y con forma foliácea con un pedúnculo de sección rectángular o circular (Figura 13). Este tipo de puntas de flecha son frecuentes en las tumbas de la Meseta y aparecen a finales del Calcolítico (Delibes de Castro, 1977). Aunque según este autor, este tipo de puntas de flecha se pueden dividir en 3 subtipos, esta clasificación no se ha empleado en este trabajo ya que los datos que aparecen en la bibliografía no permiten tanta precisión.

-Tipo B: coincide con el tipo B de la clasificación de Delibes de Castro y corresponde a un subtipo de las puntas de Palmela. Este tipo de punta de flecha aparece en el Calcolítico, aunque perdura en la Edad del Bronce, al igual que el tipo A. Su hoja se caracteriza por tener una forma triangular y por tener unos filos cóncavos en la parte que lleva al pedúnculo (Figura 13). Aunque este autor señala la existencia de dos subtipos, estos no se han incluido en este trabajo por las razones ya mencionadas.

-Tipo C: según Delibes de Castro este subtipo de las punta de Palmela son posteriores ya que aparecen en contextos de finales del período Campaniforme, hasta la Edad del Bronce Medio (Rovira Llorens *et alii*, 1992). Tienen una forma romboidal y con unos filos laterales prominentes que esbozan las aletas que aparecen en la Edad del Bronce (Rovira Llorens *et alii*, 1992) (Figura 13).

-Tipo D: este tipo de puntas de flecha tiene unas aletas rectas y una forma de la hoja triangular y coinciden con el tipo D propuesto por Rovira Llorens en su estudio de las puntas de flecha de la Colección Alonso (Rovira Llorens *et alii*, 1992). En ciertas ocasiones puede tener un nervio central. Algunos investigadores piensan que es una forma de transición entre el Tipo C y el Tipo E (Rovira Llorens *et alii*, 1992). Este tipo de puntas de flecha aparece en la Edad del Bronce.

-Tipo E: tienen una forma triangular con las aletas curvas hacia abajo y pueden tener un nervio central. Este tipo coincide con el tipo E empleado por Rovira Llorens en su estudio de las puntas de flecha de la colección Alonso (Rovira Llorens *et alii*, 1992). El tamaño de la hoja suele ser inferior al del resto de los tipos de puntas de flecha. Su aparición se sitúa en la Edad del Bronce Medio y continúa siendo empleada durante la Edad del Bronce Final e, incluso, durante períodos más recientes.

-Tipo F: tiene una forma foliácea alargada y no se incluye en las tipologías señaladas anteriormente. Esta forma sí es recogida en la tipología realizada por Kaiser (2003). Aparecen en la Edad del Bronce, aunque también algunas en el Calcolítico. Su presencia se reduce durante la Edad del Bronce Final, período en el cual todavía aparecen algunas puntas de este tipo (Kaiser, 2003).

-Tipo G: dentro de esta clasificación se ha incluido a aquellas puntas de flecha que tienen un pedúnculo engrosado, hoja triangular y aletas. Son bastante escasas en el Suroeste, en comparación con las otras puntas de flecha, y han sido clasificadas como puntas de filiación argárica (Durán Recio y Padilla Monge, 1990). Este tipo de puntas de flecha, que están datadas en la Edad del Bronce, está incluido dentro de la clasificación de Kaiser, que considera que son más frecuentes en el área atlántica de la Península Ibérica (Kaiser, 2003).

-Tipo H: tiene una forma foliácea o romboidal de su hoja y se caracteriza por tener una hoja de muy pequeño tamaño y un largo pedúnculo. Este tipo de puntas de flecha está incluido dentro de la tipología de Kaiser, que establece dos subgrupos en base a la forma de la hoja y que fecha este tipo de puntas de flecha en la Edad del Bronce Antiguo y Medio (Kaiser, 2003: 80-81). No obstante, hay que señalar que se han encontrado varias puntas de este tipo en varios yacimientos del Suroeste datados en la Edad del Cobre, como por ejemplo el yacimiento de El Cerro del Ahorcado (Puente Genil, Córdoba) en el que han aparecido un conjunto de 18 puntas de este tipo (Martínez Rodríguez, 1990).

A continuación, se ha estudiado la distribución de cada punta de flecha según su cronología y su morfología (gráfico 56). Se observa que existe una enorme variedad de tipos de puntas durante la Edad del Cobre y del Bronce y que esta se reduce durante la Edad del Bronce Final. La mayoría de las puntas de flecha de la Edad del Cobre son clasificadas de manera genérica como puntas de Palmela o de flecha, mientras que son mucho más escasas la que han sido clasificadas como con pedúnculo y aletas.

Gráfico 56: Número de puntas de flecha según su cronología y su tipología

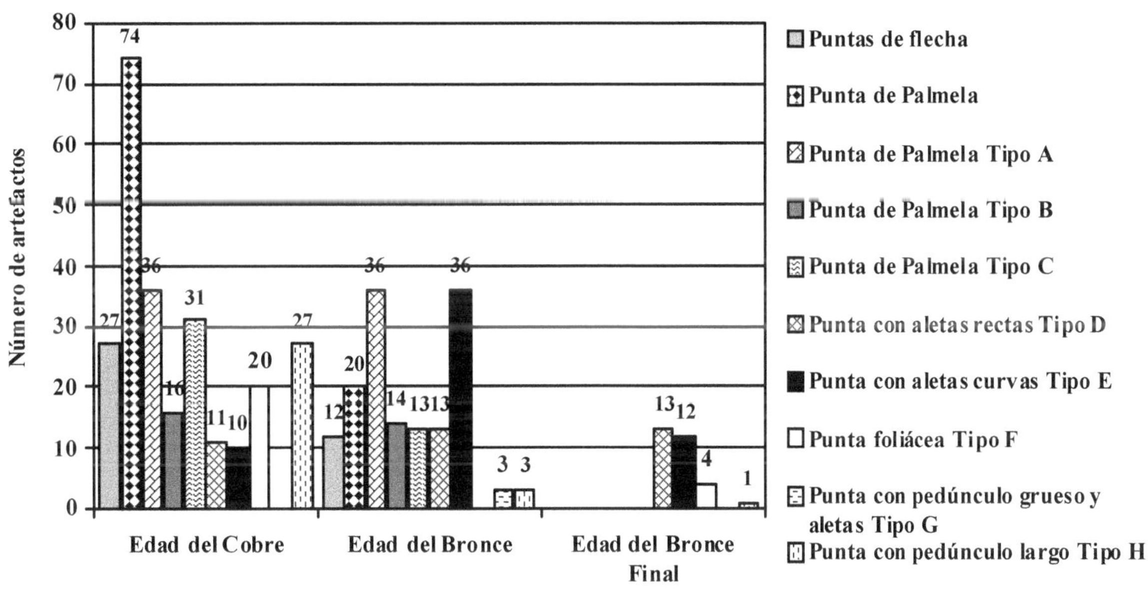

Tabla 38: Longitud y anchura media de las puntas de flecha del Suroeste según su tipologia y su cronología

Tipología	Longitud			Anchura		
	Edad del Cobre	Edad del Bronce	Edad del Bronce Final	Edad del Cobre	Edad del Bronce	Edad del Bronce Final
Punta de Palmela	96,84	78,22	--	27,44	22,63	--
Punta de Palmela Tipo A	73,18	72,81	--	19,27	18,2	--
Punta de Palmela Tipo B	71,67	87,33	--	21	21,35	--
Punta de Palmela Tipo C	74	69,87	--	24	16,28	--
Punta con aletas rectas Tipo D	No hay datos	60,11	45,67	No hay datos	15,37	11,11
Punta foliácea Tipo F	87	78	No hay datos	27	22,33	No hay datos
Punta con aletas curvas Tipo E	--	66,74	40,25	--	16,92	9,75
Punta con pedúnculo largo Tipo H	58,5	--	--	29	--	--

Tabla 39: Desviación estándar de la longitud y la anchura de las puntas de flecha del Suroeste según su tipología y su cronología						
Tipología	Longitud			Anchura		
	Edad del Cobre	Edad del Bronce	Edad del Bronce Final	Edad del Cobre	Edad del Bronce	Edad del Bronce Final
Punta de Palmela	40,29	32,57	--	13,3	6,36	--
Punta de Palmela Tipo A	19,16	18,69	--	5,6	5,28	--
Punta de Palmela Tipo B	25,38	27,47	--	7,72	2,77	--
Punta de Palmela Tipo C	35,35	15,43	--	0	3,05	--
Punta con aletas rectas Tipo D	No hay datos	12,52	9,9	No hay datos	4,44	1,9
Punta foliácea Tipo F	21,21	32,19	No hay datos	5,66	13,32	No hay datos
Punta con aletas curvas Tipo E	--	12,01	11,14	--	7,05	2,06
Punta con pedúnculo largo Tipo H	16,26	--	--	24,04	--	--

Tabla 40: Media y desviación estándar de la composición de las puntas de flecha del Suroeste						
	Cu (%)		As (%)		Sn (%)	
Períodos	Media (%)	Desviación estándar	Media (%)	Desviación estándar	Media (%)	Desviación estándar
Edad del Cobre	97,05	2,02	2,63	2,13	0,024	3,53
Edad del Bronce	96,88	6,35	0,7	0,7	3,75	8,02
Edad del Bronce Final	90,04	4,2	0,37	0,4	9,79	3,78

Tabla 41: Media y desviación estándar de la composición de las puntas de flecha del Suroeste según su cronología y su contexto de aparición								
	Edad de Cobre				Edad del Bronce			
	Poblado		Funerario		Poblado		Funerario	
	Media (%)	Desviación estándar	Media (%)	Desviación estándar	Media (%)	Desviación estándar	Media (%)	Desviación estándar
Cu	97,05	2,29	94,16	4,7	97,87	4,08	97,69	3,03
As	2,65	2,42	2,86	1,99	0,7	0,67	1,57	1,57
Sn	0,25	0,51	0,008	0,009	1,91	6,27	0,18	0,24

Dentro de las puntas de flecha clasificadas, son las de Tipo A y las de Tipo C las más numerosas. La mayoría de las puntas de flecha de la Edad del Bronce están mejor clasificadas en las publicaciones originales, de ahí que se observe una mayor variedad de tipos que conviven al mismo tiempo. Por otra parte, hay que señalar que durante la Edad del Bronce Final se produjo una reducción del número de tipos de puntas de flecha. A pesar de esta, es en este período cuando aparecieron una serie de mejoras en la puntas de flecha. Durante la Edad del Bronce Final, se produjo la extensión de un nervio central en las hojas de las puntas de flecha, que evitaba que la pieza se partiese por la mitad durante la penetración. Otra mejora que se extendieron son las aletas curvas o planas que evitan que las puntas de flecha sean extraídas con facilidad. Por otra parte, hay que señalar que se observa una cierta perduración de algunos tipos anteriores como por ejemplo las puntas foliáceas.

Una vez descritos los diferentes tipos de puntas de flecha que existen en el Suroeste cabe plantearse la siguiente pregunta ¿miden estos tipos de puntas lo mismo o sus medidas son diferentes? Para responder a esta pregunta se ha calculado la longitud y la anchura media de cada uno de estos tipos de puntas (Tabla 38). No se ha podido calcular el peso, ni el grosor medio de todas, ya que estas medidas no suelen ser incluidas en la bibliografía que se ha consultado. Por otra parte, hay que señalar que se ha excluido de este estudio métrico las puntas con pedúnculo grueso y aletas (tipo G9). Esto se debe a que no se conoce ninguna de las medidas de estas puntas de flecha, por lo que no se puede calcular la media de ninguna de ellas. En aquellos casos en los que el recuadro está indicado con un doble guión (--), esto indica que no se han encontrado puntas de flecha de este tipo en ese período. En otros casos se ha empleado la expresión "no hay datos". Esto indica que se han documentado puntas de flecha de este tipo para un determinado período, aunque no hay datos con los que calcular la media.

El cálculo de la longitud media demuestra que se produce una reducción generalizada durante la Edad del Bronce de las dimensiones de todos los tipos de puntas de flechas que perviven desde la Edad del Cobre. Esta reducción también afecta a la longitud de aquellas puntas de flecha que aparecen en la bibliografía con el calificativo genérico de "punta de Palmela". La única excepción es la de las puntas de Palmela Tipo B que aumentan su longitud. En el caso de las puntas con pedúnculo largo y hoja de pequeño tamaño (Tipo H), este tipo de puntas de flecha aparecen durante la Edad del Cobre y desaparecen durante la Edad del Bronce, por lo que sus medidas no pueden ser comparadas.

El cálculo de la anchura media de cada uno de los tipos de puntas de flechas documentados demuestra que esta reducción de tamaño también afecta a la anchura de las mismas. Por norma general, esta reducción de la anchura en las puntas de la Edad del Bronce solo significa la pérdida de varios milímetros. La única excepción es la de las puntas de Palmela Tipo C, que se reducen unos 8 mm y las puntas de foliáceas (Tipo F), que se reducen unos 5 mm. Esta no afecta a las puntas de Palmela Tipo B, que aumentaban su longitud en la Edad del Bronce y que mantienen una anchura similar en la Edad del Cobre y la Edad del Bronce.

El cálculo de la desviación estándar de las medidas anteriores de cada tipo de punta de flecha muestra que se produce una reducción durante la Edad del Bronce y la Edad del Bronce Final (Tabla 39). Esta reducción se da en todas los tipos de punta de flecha, excepto en las puntas de Palmela Tipo B y en las puntas foliáceas (Tipo F). Esto significa que ambas puntas de flecha (Tipos B y F) tienen unas medidas más heterogéneas, mientras que el resto de las tipos de puntas de flecha adquieren con el tiempo unas medidas más homogéneas. Este proceso finaliza en la Edad del Bronce Final, período en el cual el grado de desviación estándar es menor que en la Edad del Bronce y en el cual se produjo una reducción más acusada de la desviación estándar. Esto no es ninguna novedad, ya que se repite como pauta generalizada en otros artefactos.

El cálculo de la desviación estándar de la anchura media muestra que también se tuvo lugar en la Edad del Bronce una reducción de la desviación estándar de la anchura de las puntas de flecha. La única excepción es la de las puntas foliáceas (Tipo F), que tienen unas medidas más heterogéneas. Además, hay que señalar que las puntas de flecha con una mayor variedad de medidas son las de pedúnculo largo (tipo H). Por otra parte, hay que señalar que las Puntas de Palmela, Tipo C tienen un grado de desviación estándar de 0. Esto se debe a que la anchura de todas estas puntas de flecha de este período es de 24 mm. No creo que esto este relacionado con una producción estandarizada, sino puede deberse a que se conocen muy pocas medidas de este tipo de puntas.

Del total de puntas de flecha de la Edad del Cobre han sido analizadas 60 de ellas con el objetivo de conocer su composición (24%), de la Edad del Bronce hay analizadas 115 puntas de flecha (76%) y de 16 de la Edad del Bronce Final (55%). Esto significa que más del 70% de las puntas de flecha de la Edad del Cobre no han sido analizadas, frente a más del 50% de las puntas de los periodos posteriores que si han sido analizados.

El cálculo de la media de Cu muestra una reducción de las cantidades de este metal en las puntas de flecha de la Edad del Bronce Final (tabla 40). Esta reducción es análoga al aumento de la cantidad de Sn, que aumenta durante la Edad del Bronce y mucho más durante la Edad del Bronce Final. Por el contrario se observa una importante reducción de las cantidades de As durante este segundo período. Esto es importante puesto que la cantidad media de As en las puntas de flecha es muy inferior a la que se observa en otro tipo de artefactos como por ejemplo los puñales, que tienen una cantidad de As muy elevada. Por otra parte, hay que señalar que la cantidad de Sn es bastante alta en comparación con la cantidad de este metal que se ha detectado en otros artefactos.

Gráfico 57: Distribución de las puntas de flecha según su cronología y con cantidad de As (%)

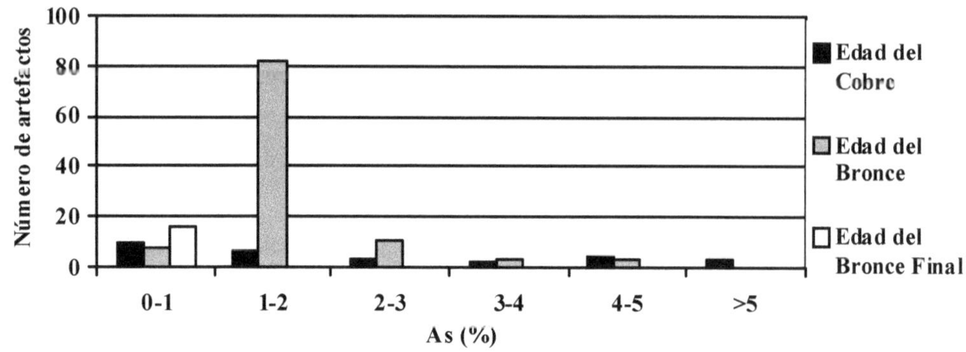

Gráfico 58: Distribución general del contenido de Sn en las puntas de flecha según su cronología

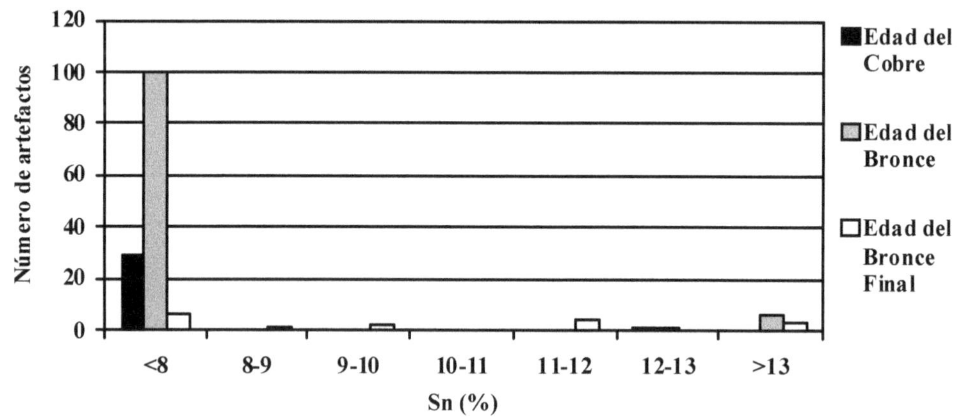

La cantidad media de As de las puntas de la Edad del Cobre del Suroeste es superior a la de las puntas del Sureste (que tienen una media del 2,05%) (Montero Ruiz, 1994: 252) y a las puntas del Valle del Ebro de ese período (con una cantidad media inferior al 1% de As) (Rodríguez de la Esperanza, 2005: 87). Además, la cantidad de Sn presente en las puntas de flecha de la Edad del Bronce del Suroeste es superior a la cantidad de Sn de las puntas del valle del Ebro, que tienen un 3% de Sn (Rodríguez de la Esperanza, 2005: 119).

El cálculo de la desviación estándar de la composición ha permitido observar que existe una mayor variedad en la cantidad de Cu dentro de las puntas de flecha de la Edad del Bronce, aunque esta se redujo en las puntas de la Edad del Bronce Final. Respecto al As hay que señalar que su cantidad en la composición de las puntas de la Edad del Bronce se reduce. Además, se observa que las cantidades de Sn son muy heterogéneas en este mismo periodo. Esto indica que hay puntas de flecha con altas cantidades de Sn y otras en las que su cantidad es muy baja. Por el contrario, durante la Edad del Bronce Final el grado de desviación estándar es menor, lo que indica que las cantidades de Sn son mucho más homogéneas y que se están produciendo aleaciones con propiedades muy similares.

En el gráfico 58 se muestra la distribución del número de puntas de flecha según la cantidad de As en su composición. Se observa que la mayoría de las puntas de la Edad del Cobre tienen una cantidad de As inferior al 2%, aunque existen algunas que llegan a tener en su composición hasta más de un 5%. En la Edad del Bronce las cantidades de As se homogeneizan, ya que prácticamente casi todas tienen una cantidad de As inferior al 2%. Respecto a las puntas de flecha de la Edad del Bronce todas tienen una cantidad de As inferior al 1%.

La distribución observada en el gráfico 59 en el que se muestra la distribución de las puntas de flecha según su cantidad de Sn, es diferente de la observada en el anterior. Se puede ver que la mayoría de las puntas de flecha de la Edad del Cobre y del Bronce tienen una cantidad de Sn inferior al 7%, aunque algunas puntas de la Edad del Bronce y de la Edad del Bronce Final tienen una cantidad de Sn superior al 13%. En la Edad del Bronce Final existe una enorme dispersión de las puntas de flecha. La mayoría de ellas tiene una cantidad de Sn de entre el 7 y el 12% de Sn, y sólo una pequeña cantidad de ellas supera el 13% de Sn.

Tabla 42: Composición media (%) de las puntas de flecha según su cronología y su tipología									
	Edad del cobre			Edad del Bronce			Edad del Bronce Final		
	Cu	As	Sn	Cu	As	Sn	Cu	As	Sn
Punta de Palmela	95,11	2,65	3,24	98,9	0,84	0,026	--	--	--
Punta de Palmela Tipo A	No hay datos	No hay datos	No hay datos	98,13	0,71	0,07	--	--	--
Punta de Palmela Tipo B	97,5	2,18	0,01	98,11	1,04	0,02	--	--	--
Punta de Palmela Tipo C	95,57	3,97	0	98,5	0,49	0,1	--	--	--
Punta con aletas rectas Tipo D	No hay datos	No hay datos	No hay datos	93,42	0,43	6,03	90,13	0,26	9,16
Punta con aletas curvas Tipo E	--	--	--	95,72	0,56	6,24	87,19	0,04	12,21

Tabla 43: Desviación estándar de la composición de las puntas de flecha según su cronología y su tipología									
	Edad del cobre			Edad del Bronce			Edad del Bronce Final		
	Cu	As	Sn	Cu	As	Sn	Cu	As	Sn
Punta de Palmela	4,5	1,20	6,5	0,90	0,76	0,02	--	--	--
Punta de Palmela Tipo A	No hay datos	No hay datos	No hay datos	1,17	0,74	0,12	--	--	--
Punta de Palmela Tipo B	2,12	2,18	No hay datos	1,48	1,15	0,01	--	--	--
Punta de Palmela Tipo C	2,52	3,00	No hay datos	0,67	0,39	0,12	--	--	--
Punta con aletas rectas Tipo D	No hay datos	No hay datos	No hay datos	11,36	0,32	12	3,92	No hay datos	4,22
Punta con aletas curvas Tipo E	--	--	--	6,54	0,48	8,91	2,9	No hay datos	2,91

La media de la composición de los artefactos según el contexto de aparición solo ha podido ser calculada para las puntas de flecha de la Edad del Cobre y de la Edad del Bronce, ya que la mayoría de las puntas de flecha de la Edad del Bronce Final están descontextualizadas. Una vez calculada la media se observa que los artefactos procedentes de contextos funerarios de la Edad del Cobre tienen una menor cantidad de Cu, una mayor cantidad de As y de Sn que las puntas de flecha procedentes de los contextos de poblado (tabla 41). Por el contrario, en la Edad del Bronce se observa que las cantidades de Cu son muy homogéneas, aunque esto no se repite con las cantidades de Sn, que es mayor en las puntas procedentes de los contextos de poblado e inferior en las procedentes de los contextos funerarios, ni con las cantidades de As, que son superiores en las puntas de flecha procedentes de los contextos funerarios.

Las puntas de flecha procedentes de los contextos funerarios de la Edad del Cobre tienen una desviación estándar superior a la de las aparecidas en los poblados. Esta es mayor en las cantidades de Sn. Las aleaciones de Cu-Sn de la Edad del Cobre no parece que sean intencionadas, ya que parte del Sn que aparece en las puntas de flecha pasaría al metal desde el mineral en el cual está presente (Merideth, 1998). Asimismo, la desviación estándar de la cantidad de Cu de las puntas de flecha de los contextos de poblado de la Edad del Bronce es mayor que la de las puntas procedentes de contextos funerarios. Además, la desviación estándar de la cantidad de Sn es también mayor en las puntas procedentes de los poblados que en las halladas en contextos funerarios.

¿Es la a composición de cada tipo de punta de flecha similar o esta varía dependiendo de su morfología? Responder a esta pregunta no es sencillo porque la información que hay es escasa. No existe ningún análisis para las puntas con pedúnculo largo y hoja corta (tipo H) y el número de análisis realizados para las puntas foliáceas (tipo F) es escaso, por lo que no se puede calcular la composición media de estos artefactos. Por otra parte, hay que señalar que el número de análisis realizados para cada tipo de punta de flecha varía considerablemente. A pesar de estas limitaciones, se va a intentar realizar una aproximación que responda a esta pregunta y se han expuesto los resultados en la tabla 42. El signo (--) indica que no se ha encontrado ningún ejemplar de ese tipo de punta de flecha en ese período. En aquellos casos en los que no hay datos suficientes para calcular la media esto se ha indicado en el recuadro.

De todos los tipos de puntas de flecha de la Edad del Cobre que se han encontrado en el Suroeste sólo se tiene información de las puntas de Palmela clasificadas como Tipo B y C y de las que han sido clasificadas de manera genérica como "puntas de Palmela". Se observa que las cantidades de As son bastante altas en las puntas de Palmela Tipo C. No hay un número de análisis suficiente para calcular la media de los otros tipos de puntas de flecha. En la Edad del Bronce se observa que hay una reducción generalizada del As en todas las puntas. Sin embargo, las puntas de pedúnculo y aletas y las de tipo D y E tienen una mayor proporción de Sn en su composición y una menor cantidad de Cu. Por último, hay que señalar que durante la Edad del bronce Final sólo hay datos para las puntas de flecha de tipo D y E. Ambas tienen una cantidad de Sn bastante alta en comparación con las anteriores y unas cantidades de As muy bajas. Los estudios realizados sobre las puntas de Palmela a nivel peninsular han demostrado que las puntas de Palmela tienen una composición muy diferente según el lugar de procedencia (Rovira Llorens *et alii*, 1989). Se sabe que en el valle bajo del Guadalquivir las proporciones de estaño son muy bajas, mientras que por el contrario las puntas procedentes de la provincia de Córdoba, tienen una alta cantidad de Sn. Esto podría deberse a que estos bronces fueron realizados de manera intencionada o a que la presencia de Sn en las puntas de Córdoba se debe a la existencia de mineralizaciones de cobre y de estaño en la zona de Los Pedroches (Rovira Llorens *et alii*, 1989).

Si se calcula la desviación estándar de la proporción de Cu/As/Sn en la composición de cada tipo de punta de flecha se observa que esta medida es similar en todos los tipos de puntas de flecha de la Edad del Cobre (Tabla 43). Por el contrario, la desviación estándar es mayor en las Puntas de Palmela Tipo C que en los anteriores tipos. Respecto a la desviación estándar del Sn sólo hay datos para las puntas de Palmela, pero no para el resto de las puntas de flecha. Si se tienen en cuenta los datos de la Edad del Bronce, se observa que son las puntas de pedúnculo y aletas, las puntas de Tipo D y las de tipo E, las que tienen una mayor desviación estándar en sus cantidades de Cu y Sn. Las cantidades de As suelen ser mucho más homogéneas, ya que coinciden con un descenso generalizado de As en todos los tipos de puntas de flechas. Por último, hay que señalar que en la Edad del Bronce Final sólo hay datos para las puntas de Tipo D y E. Se observa que la desviación estándar de las cantidades de Cu y de Sn es inferior respecto de las puntas de este tipo de la Edad del Bronce. Esto se debe a que se generalizan las puntas de bronce y se producen aleaciones más homogéneas, mientras que en la Edad del Bronce coexistían puntas de cobre y de bronce.

El número de análisis metalográficos realizados sobre las puntas de flecha es bastante alto (27) en comparación con el escaso número de análisis que existe para otro tipo de artefactos. Una cantidad importante de las puntas de flecha de la Edad del Cobre suelen haber recibido un martilleo en frío, un recocido posterior y otro martilleo en frío, que suele ser más intenso en el pedúnculo y en el filo de la hoja (Gráfico 59). El número de puntas de flecha de la Edad del Bronce que recibió este tratamiento es inferior, mientras que por el contrario se generalizó la aplicación de un único martilleo en frío tras la fundición. La principal conclusión que se puede obtener de los análisis metalográficos aplicados a las puntas de flecha de la Edad del Bronce es que existía una enorme heterogeneidad en su proceso de manufactura. El número de análisis metalográficos aplicados a las puntas de flecha de la Edad del Cobre y del Bronce Final es bastante bajo, por lo que no se pueden obtener conclusiones de mayor alcance.

El estudio realizado sobre las puntas de flecha de la Península Ibérica demuestra que existía un tratamiento diferenciado para cada tipo de punta de flecha (Rovira Llorens *et alii*, 1992), aunque, por ahora, estas conclusiones no pueden ser contrastadas con la información existente para las puntas del Suroeste ya que se han realizado muy pocos análisis sobre artefactos de este tipo. Se sabe que la mayor parte de las puntas de Palmela Tipo A fueron sometidas a un forjado en frío (F+FF), mientras que a las puntas de tipo B se aplicó un recocido posterior y a las de tipo C se aplicó un recocido que rara vez se fue acompañado de un forjado en frío (Rovira Llorens *et alii*, 1992). Respecto a las puntas de flecha de tipo D y E, hay que señalar que estas suelen tener un tratamiento diferente en la hoja y en el pedúnculo y que tienen un recocido posterior al forjado en frío (Rovira Llorens *et alii*, 1992). Sin embargo, el tratamiento que se aplicaba a la pieza durante la Edad del Bronce sí dependía de si ésta estaba realizada en cobre o en bronce. Por ejemplo, las puntas de tipo E realizadas en cobre no fueron sometidas a un recocido, tratamiento que si fue aplicado a las puntas realizadas en bronce. Por el contrario, no se ha documentado que hubiese un tratamiento diferente entre las puntas de cobre con altas proporciones de As y las que estaban realizadas en cobre puro, lo que ha llevado a pensar que la presencia de As no era intencionada (Rovira Llorens *et alii*, 1992). En el caso de que se hubiese producido una aleación intencionada de Cu y As, el metalúrgico hubiese sido consciente de las propiedades de la aleación y de la pérdida de As que se produce en el recocido (por volatilización), por lo que hubiese empleado un tratamiento diferente para las puntas de flecha realizadas en cobre puro y las aleadas con arsénico (Rovira Llorens *et alii*, 1992).

No existen análisis traceológicos realizados sobre las puntas de flecha por lo que no se sabe si estas fueron empleadas para la caza o para la guerra. El gran tamaño de las puntas de Palmela ha llevado a pensar que podrían ser empleadas como puntas de lanza, y no como puntas de flecha (Lazarich González, 2005). Sin embargo, se han descubierto puntas de flecha de cobre de tipo Palmela insertadas en restos humanos óseos aparecidos en enterramientos de la Edad del Cobre. Esto ocurre por ejemplo en uno de los esqueletos aparecidos en el yacimiento de San Juan ante Portam Latinam (Álava) (Etxeberría Gabilondo y Vegas Aramburu, 1988). También se han hallado puntas de flecha de cobre en cráneos humanos como el del Dolmen del Collet Sú y la Cueva H de Arbolí (Tarragona) (Campillo Valero, 1977). A pesar de estos datos, hay que señalar que la mayoría de las puntas de flecha aparecidas en huesos humanos no están realizadas en cobre sino en sílex y que, en algunos casos, estas inhumaciones de muertos heridos por flecha son anteriores a la Edad del Cobre. Esto indica que las puntas de flecha de la Edad del Cobre realizadas en cobre pudieron ser empleadas para la caza y la guerra en determinadas ocasiones, aunque era mucho más frecuente, como se desprende del registro arqueológico, emplear puntas de flecha de sílex (Etxeberría Gabilondo y Vegas Aramburu, 1992).

Durante la Edad del Bronce y la Edad del Bronce Final se produjo una reducción del número de puntas de flecha, lo que ha llevado a pensar que el arco fue empleado durante ambos períodos no como un arma de lucha, sino de caza. La reducción del número de puntas de flecha estaría relacionada con la consolidación del sistema económico productivo y con una reducción de las actividades de caza, que dejaría de ser la manera más sencilla de conseguir el aprovisionamiento de carne (Kaiser, 2003). La reducción del número de puntas de flecha se acentuó en la Edad del Hierro, período en el cual se produjo un doble proceso, ya que se redujo aun más el tipo de flechas existentes a la vez que se introdujeron nuevos tipos, atribuido según Kaiser a la llegada de los fenicios (Kaiser, 2003).

Gráfico 59: Número de puntas de flecha según su cronología y su proceso de manufactura

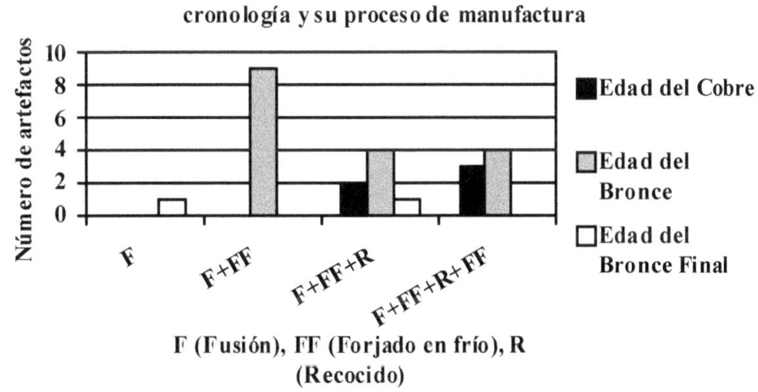

6.3 ARMAS

6.3.1 ALABARDAS

Las alabardas de la Prehistoria son armas se caracterizan por tener un sistema de enmangue transversal al filo, aunque no cuentan con una cuchilla en forma de media luna como las alabardas medievales, sino con un filo puntiagudo que suele estar reforzado por varios nervios centrales o laterales. Las alabardas tienen una serie de remaches en la parte inferior en donde se produciría la sujeción al enmangue transversal.

El número mínimo de alabardas halladas en el Suroeste es de 20, de las cuales una se fecha en la Edad del Cobre Campaniforme y las 19 restantes en la Edad del Bronce. Estas armas desaparecieron en la Edad del Bronce Final, ya que no se ha encontrado ninguna en contextos de este período. El número de alabardas del Suroeste es bajo en comparación con las 40 que han sido halladas en el Sureste (Montero Ruiz, 1994: 254) (Gráfico 60).

La mayoría de las alabardas del Suroeste de España han aparecido en el Valle del Guadalquivir, zona en donde también ha sido hallada la única alabarda de la Edad del Cobre (Gráfico 61). No se han encontrado alabardas en la zona de la Tierra Llana Huelva, aunque si en el resto de las zonas, en donde el número de ejemplares es mucho más homogéneo.

El estudio de los contextos de las alabardas de la Edad del Bronce demuestra que existe una alta proporción de alabardas que sufren una descontextualización total (Gráfico 62). Además, el número de estas encontradas en la superficie de los poblados también es alto. También hay que señalar que todas las que se han encontrado en contextos funerarios han sido documentadas por metodología arqueológica. Respecto a la única alabarda de la Edad del Cobre hay que señalar que esta apareció en una tumba que se documentó por metodología arqueológica.

El cálculo de las media y de la desviación estándar de las diferentes medidas de estos artefactos demuestra que existe una enorme homogeneidad en el grosor de las alabardas, aunque no en su longitud y en su peso que son mucho más variables (Tabla 47). Existe una gran enorme variabilidad de la longitud y de la anchura de las alabardas, factor que hace que la desviación estándar de su peso sea bastante alta.

El cálculo de la media de las medidas de las alabardas según el contexto de aparición muestra que las dimensiones de las alabardas halladas en contextos de poblado tienen unas dimensiones menores a las halladas en contextos funerarios (Tabla 45). Esta información se complementa con la obtenida tras el cálculo de la desviación estándar. Se observa que la desviación estándar de la longitud y de la anchura de las alabardas halladas en contextos funerarios es superior a la de las alabardas encontradas en contextos de poblado. Esto quiere decir que las de los poblados tienen unas medidas mucho más homogéneas que las de los contextos funerarios, que tienen unas medidas mucho más variables.

En el Suroeste se han encontrado los siguientes tipos de alabardas:

-Tipo Argárico: se caracterizan por tener un nervio central y una placa con remaches que se ensancha mucho (Figura 16). Suelen aparecer en contextos funerarios y la mayoría de ellas se extienden por las provincias de Almería, Granada, Murcia y Alicante (Schubart, 1973A). Suelen medir entre 13-28 cm. de longitud y tienen una anchura media de entre 5-11,7 cm, aunque el estudio morfométrico de estas alabardas ha demostrado que existen tres subgrupos de acuerdo con sus características métricas (Lull Santiago, 1983). En este estudio también se ha demostrado que las primeras alabardas de este tipo tenían una mayor variedad de medidas, aunque con el tiempo se fueron homogeneizando.

-Tipo Carrapatas: tienen una hoja con un nervio central y con acanaladuras laterales. Se extiendes por la zona de Bragança y la región de Tras os Montes (norte de Portugal). El enmangue se realizaba por medio de tres remaches y tienen una forma menos triangular.

-Tipo Montejícar: tienen una hoja triangular, con un nervio central y dos aletas laterales en la zona del enmangue, que se realizaba por medio de dos remaches (Figura 16). Por las señales que se conservan se sabe que el enmangue se realizaría por medio de un mango curvado (Schubart, 1973a). Se extienden por el sur de la Península Ibérica, sobre todo por el Algarve. El enmangue no se realizaría de manera angular sino un poco inclinada como demuestran los remaches que no están rectos sino ligeramente torcidos (Schubart, 1973a). Este tipo de alabardas son más tardías y se sitúa su aparición en torno al año 1900-1800 Cal ANE.

-Tipo Suroeste: este tipo de alabardas han sido consideradas como pertenecientes a los grupos anteriores; sin embargo, el estudio más detallado de las mismas ha demostrado tienen unas características propias. Estas tienen una hoja de forma triangular con remaches en su parte distal que a diferencia de las alabardas argáricas es redonda. Su hoja se caracteriza por tener un nervio muy grueso de forma triangular que cubre gran parte de la misma. Se han encontrado ejemplares de este tipo en Aguilar de la Frontera (Martín de la Cruz *et alii*, 1989), El Castillejo (Écija, Sevilla) y Atalaya de la Moranilla (Écija, Sevilla) (Durán Recio y Padilla Monge, 1990). Este tipo de alabardas también han sido encontradas en Portugal ya que en Silves (Algarbe) ha aparecido una que se caracteriza por tener una hoja ancha y un gran nervio central en ambas caras (Schubart, 1973A). En su clasificación Schubart no incluye esta alabarda en ninguno de las otras categorías morfológicas, aunque reconoce que es un tipo diferente a los anteriores (Schubart, 1973A).

Gráfico 60: Número mínimo de alabardas de la Edad del Bronce según su zona de aparición

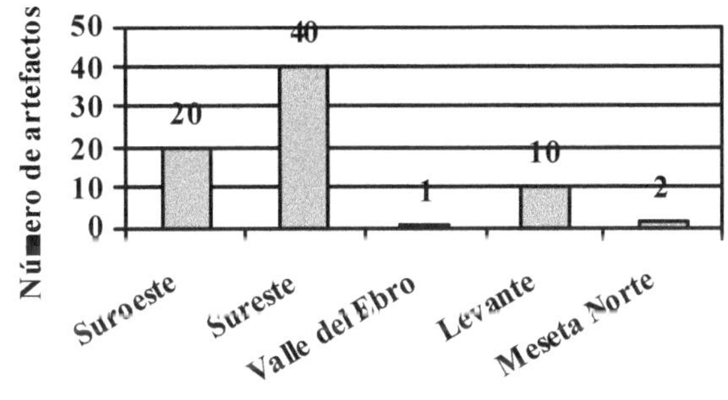

Gráfico 61: Número mínimo de alabardas en el suroeste según su cronología y su zona de aparición

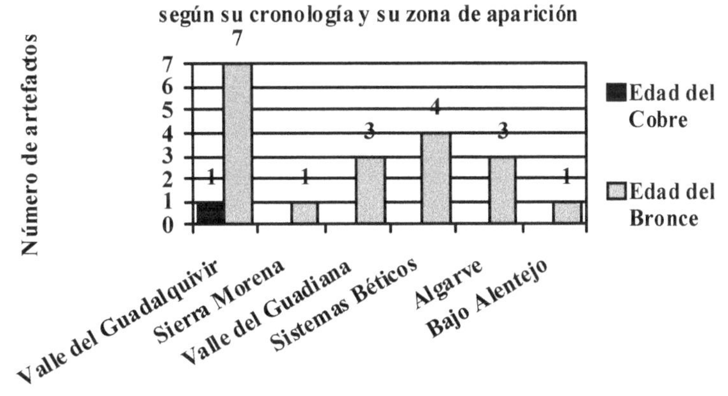

Gráfico 62: Distribución porcentual de las alabardas de la Edad del Bronce según su contexto de aparición

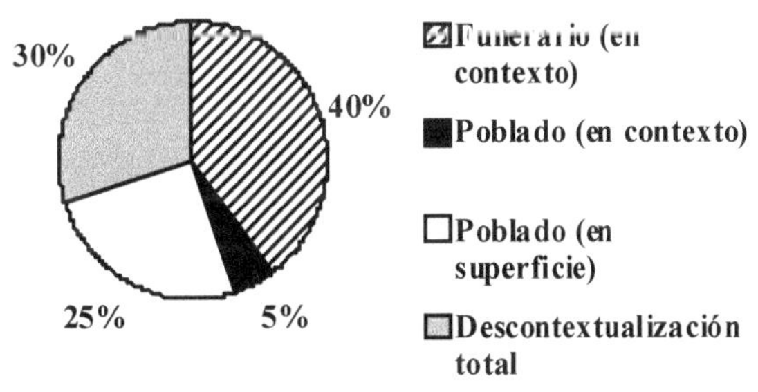

Tabla 44: Media y desviación estándar de las medidas de las alabardas del Suroeste		
Medidas	**Media**	**Desviación estándar**
Longitud (mm)	201,53	53,41
Anchura (mm)	60,87	20,74
Peso (gr)	274,75	126,59

Tabla 45: Media y desviación estándar de las alabardas del Suroeste según su contexto de aparición				
	Poblado		**Funerario**	
Medidas	**Media**	**Desviación estándar**	**Media**	**Desviación estándar**
Longitud (mm)	192,5	16, 6	214,14	61,41
Anchura (mm)	66,4	19	58,42	25,4
Peso (gr)	299	139,37	224,56	126,75

Figura 9: Tipo de alabardas halladas en el Suroeste

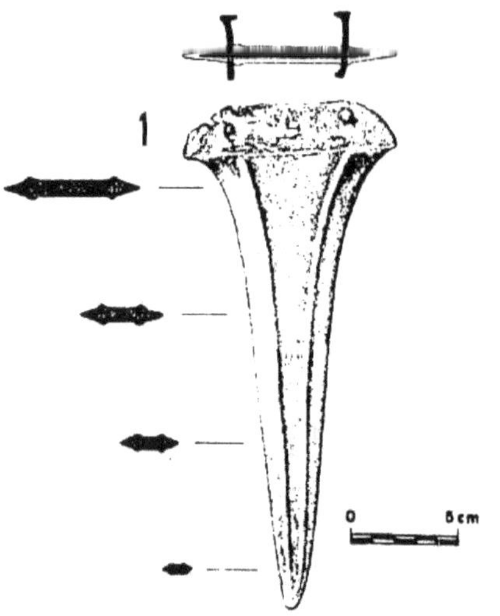

Alabarda de tipo Argárico de Setefilla (Lora del Río, Sevilla). (Imagen extraída de Hunt Ortiz, 2003)

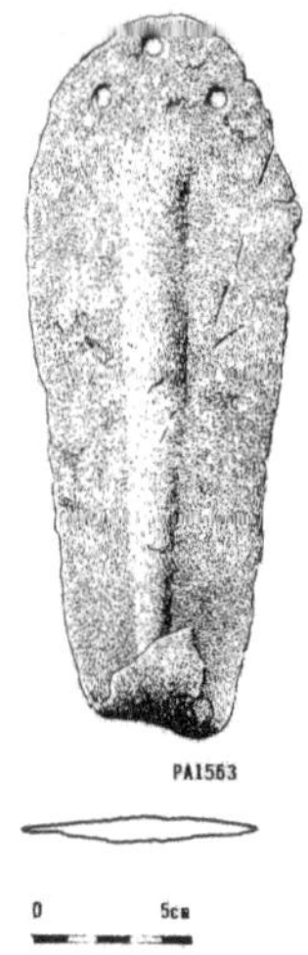

Alabarda de tipo Carrapatas hallada en el Cortijo de Jaduglón (Cádiz) (Dibujo extraído de Rovira Llorens *et alii*, 1997)

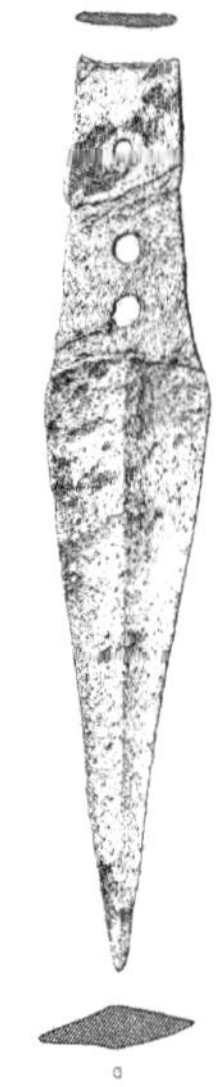

Alabarda de tipo Montejícar hallada en Écija (Sevilla). Imagen extraída de Schubart, 1973a). Sin escala en el original.

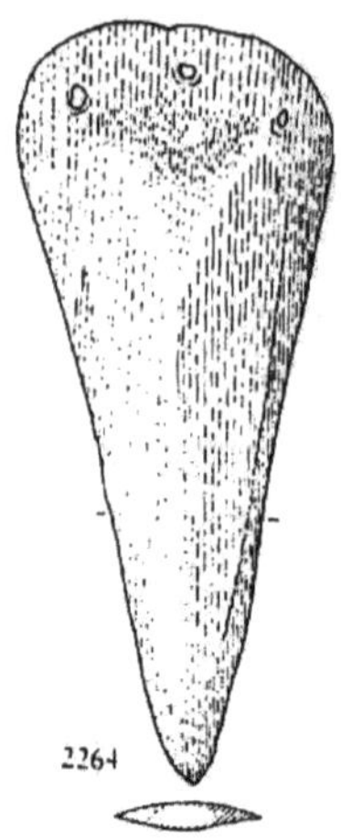

Alabarda de tipo Suroeste aparecida en Aguilar de la Frontera (Córdoba) (Dibujo extraído de Hunt Ortiz, 2003). Sin escala en la obra original.

Gráfico 63: Distribución porcentual de las alabardas de la Edad del Bronce según su tipología

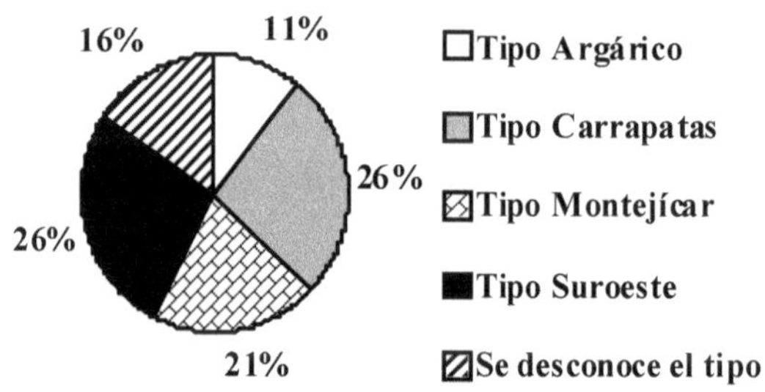

Tabla 46: Media y desviación estándar de las medidas de las alabardas del Suroeste según su tipología

	Tipo Carrapatas		Tipo Montejícar		Tipo Suroeste		Tipo Argárico	
	Media	**Desviación estándar**	**Media**	**Desviación estándar**	**Media**	**Desviación estándar**	**Media**	**Desviación estándar**
Longitud (mm)	209,2	43,76	236,35	54,09	190	72,69	205,25	9,55
Anchura (mm)	52,04	13,31	60	21,21	56	21,21	88	18,38
Peso (gr)	350,05	44,54	310,8	13,85	212,91	150,88	336,65	22, 7

Las alabardas más frecuentes en el Suroeste de España son las de tipo Carrapatas y las que han sido incluidas dentro del tipo de Suroeste (Gráfico 63), mientras que el resto de alabardas tienen una mayor variedad morfológica. Respecto a la alabarda datada en la Edad del Cobre, hay que señalar que se desconoce su tipo, ya que en la publicación en la que se describe su hallazgo no se hace referencia de manera más precisa a su forma. Por último, hay que señalar que hay una alta proporción de alabardas de las cuales se desconoce su morfología y a las que se hace referencia en la bibliografía sin incluir fotos o referencias más precisas.

A continuación se ha calculado la media de las medidas de las alabardas según su tipología. Se observa que las alabardas de tipo Montejícar encontradas en el Suroeste tienen una mayor longitud; mientras que las alabardas de mayor peso son las de tipo Carrapatas, mientras que las de mayor anchura son las de tipo Argárico (Tabla 46). Esta información métrica se complementa con los resultados obtenidos tras el cálculo de la desviación estándar de las medidas. Se observa que las medidas de las alabardas de tipo Argárico son mucho más homogéneas que las de tipo Montejícar, que tienen unas medidas mucho más heterogéneas. El mayor grado de desviación estándar de las medidas se da en el peso de las alabardas de tipo Suroeste.

De las 20 alabardas que hay en el Suroeste 11 de ellas han sido analizadas (55%). La cantidad de Cu en las alabardas es muy alta y homogénea, ya que la desviación de estándar es muy baja (Tabla 47). Las cantidades de As son bastante altas, aunque todas las alabardas tienen una cantidad de este elemento bastante similar. Por el contrario, las cantidades de Sn son bastante bajas en todas las alabardas, lo que indica que ninguno de estos artefactos está realizado en bronce y que todos se produjeron en cobre. La cantidad media de As de las alabardas del Suroeste es inferior a la cantidad media de las alabardas del Sureste (con una media de 3,29% As) (Montero Ruiz, 1994: 284) y de Levante que tienen entre el 5,87 y el 3,7% de As (Simón García, 1998: 259).

El cálculo de la media de la composición de las alabardas según el contexto de aparición muestra que la cantidad media de Cu es muy similar en las alabardas que han sido halladas en contextos funerarios y de poblado (tabla 48). Por el contrario, la cantidad de As es superior en las alabardas procedentes de contextos funerarios. No se ha podido calcular la media de la composición de Sn, ya que sólo se conoce la cantidad de Sn de una alabarda de un contexto funerario y de otra de un contexto de poblado. La desviación estándar de la proporción de As y de Cu en las alabardas de ambos contextos es similar.

Estos resultados son similares a los que se obtienen tras el cálculo de la media y de la desviación estándar de la composición de cada tipo de alabarda. Estas medidas sólo han podido ser calculadas con la información de los análisis realizados sobre las alabardas de tipo Carrapatas y Argárico, ya que solo se ha analizado una de las alabardas de tipo Montejícar y otra de las de tipo Suroeste. Los resultados obtenidos demuestran que las proporciones de As y de Cu son muy similares en las alabardas de tipo Argárico y Carrapatas, aunque las primeras tienen una composición menos homogénea que las segundas, cuya desviación estándar es inferior (tabla 49).

Existen varios análisis sobre la composición de los remaches de las alabardas. El resultado del cálculo de la media y de la desviación estándar demuestra que estos tienen una composición muy similar a la de las hojas de las alabardas (tabla 50).

Sólo se ha realizado un análisis metalográfico para las alabardas del Suroeste. La metalografía estudió la alabarda de La Traviesa (Almadén de la Plata, Sevilla) y dio como resultado una superficie que había sido sometida a un martilleo en frío, un recocido y otro martilleo en frío posterior (Hunt Ortiz, 1998). También se realizaron dos análisis sobre uno de los remaches. Se observó que el tratamiento al que habían sido sometidas las diferentes partes del mismo era diferente. La estructura interna del remache había sufrido un recocido y un martilleo en frío posterior, mientras que en su extremo se había realizado un martilleo en frío sin que se aplicase un tratamiento térmico posterior (Hunt Ortiz, 1998).

Las alabardas han sido consideradas por los investigadores como elementos de prestigio que sólo serían portadas por individuos de un alto estatus social (Schumacher, 2002). Las alabardas de mayor antigüedad han aparecido en Irlanda, en donde se fecha el primer ejemplar por fecha radiocarbónica en el 2300 a.n.e., aunque el resto de las alabardas europeas son más tardías (Schumacher, 2002). En la Península Ibérica se fecha su aparición en la Edad del Bronce, aunque aparecen también en representaciones campaniformes (De la Peña Santos, 1980). Existen representaciones de alabardas en ciertos petroglifos gallegos, en el Atlas marroquí, en las estelas alentejanas y en las representaciones del área alpina, en la cual estas armas han sido interpretadas como guadañas (De la Peña Santos, 1980).

6.3.2 CASCOS

Un casco es una cobertura que se emplea para proteger la cabeza. Los primeros cascos hallados en la Península Ibérica y en Europa datan de la Edad del Bronce Final y no se han encontrado cascos metálicos más antiguos. Existe la posibilidad de que hubiese cascos en la Edad del Bronce realizados en materias primas perecederas, como por ejemplo cuero. Sin embargo, no se ha conservado ninguno por lo que se desconoce si fueron empleados o no.

Tabla 47: Composición a nivel global de las alabardas de la Edad del Bronce del Suroeste		
	Media (%)	**Desviación estándar**
Cu	98,71	0,41
As	1,15	0,51
Sn	0,01	0,005

Tabla 48: Media y desviación estándar de la composición de las alabardas del Suroeste según su contexto de aparición				
	Poblado		Funerario	
	Media (%)	**Desviación estándar**	**Media (%)**	**Desviación estándar**
Cu	98,87	0,085	98,24	0,34
As	0,85	0,113	1,85	0,176

Tabla 49: Media y desviación estándar de la composición de las alabardas del Suroeste según su tipología				
	Tipo Carrapatas		Tipo Argárico	
	Media (%)	**Desviación estándar**	**Media (%)**	**Desviación estándar**
Cu	98,74	0,67	98,7	0,32
As	1,15	0,71	1,33	0,56

Tabla 50: Composición de los remaches de las alabardas de la Edad del Bronce		
	Media (%)	**Desviación estándar**
Cu	98,12	0,60
As	1,32	0,79

Tabla 51: Media y desviación estándar de la composición de los cascos del Suroeste	Media (%)	Desviación estándar
Cu	87,21	3,02
Sn	11,41	1,03
Pb	0,41	0,2

En el Suroeste los únicos cascos de metal hallados son los 8 fragmentos de casco aparecidos en el depósito de la Ría de Huelva. Estos tienen una forma cónica con una decoración de bandas en los laterales de la chapa. Los cascos están muy deteriorados y fragmentados, por lo que se desconocen cuáles serían sus dimensiones originales.

Los 8 fragmentos han sido analizados y tienen una composición media bastante baja de Cu y una cantidad de Sn mucho más homogéneas (Rovira Llorens, 1995) (Tabla 51).

Tan sólo se ha aplicado un análisis metalográfico realizado sobre los fragmentos de casco. Este mostró una superficie que había sufrido un martilleo en frío y un recocido posterior, lo cual indica cómo se llevó a cabo el proceso de producción del casco. Este consistía en un batido en frío de la lámina de bronce y en un recocido posterior que producía una recristalización de la estructura interna, lo que evitaría la aparición de fisuras producidas por las tensiones de la estructura interna.

6.3.3 ESPADAS

A simple vista, parece sencillo definir qué es una espada. Sin embargo, los términos empleados en la bibliografía consultada son imprecisos y son frecuentes los errores terminológicos, sobre todo cuando se emplean determinados conceptos sin que se sepa cuáles son las características que los definen. Una espada es un arma blanca, larga, recta, aguda y cortante, con guarnición y empuñadura que por norma general suele medir como mínimo medio metro. No se conoce la empuñadura de la mayoría de las espadas prehistóricas, ya que esta parte solía estar realizada en materiales perecederos. En algunas publicaciones han sido empleados otros términos para hacer referencia a las espadas como por ejemplo estoque o daga. La palabra **estoque** hace referencia a un arma blanca a modo de espada estrecha aguzada por la punta con la cual solo se puede herir de punta. El término **daga** hace referencia a un arma blanca, de hoja corta y con guarnición para cubrir el puño que tiene varios filos. La daga suele ser más larga que el puñal y menos que la espada, por lo que es no es sencillo conocer con precisión cuando una hoja de metal corresponde a una u otra. Un sable es una espada curva de un solo filo hecha para cortar y que era empleada por la caballería. Este término no debe ser empleado para hacer referencia a las espadas de la Prehistoria, ya que este tipo de arma fue creada en el Siglo XVIII d. C. para dotar a la caballería de un arma efectiva y más adecuada a las necesidades de la lucha a caballo. En este trabajo de investigación sólo se va a emplear el término espada, ya que es mucho más genérico que los anteriores, que tienen un significado muy específico y que, por falta de información, no pueden ser empleados para las armas de la Prehistoria.

El número de espadas halladas en el Suroeste es de 152, de las cuales 9 están datadas en la Edad del Bronce (6%) y 143 (94%) en la Edad del Bronce Final, la mayoría de forman parte del depósito de la Ría de Huelva (Gráfico 72). Si se excluyen las aparecidas en este depósito el número es de este período es de 21. Los depósitos del Suroeste de la Edad del Bronce Final, se caracterizan por tener muy pocas hachas y un mayor número de puntas de lanza y de espadas. Esto indica que tienen unas características propias y diferentes de los depósitos que han aparecido en el norte de la Península Ibérica, en donde predominan las hachas.

La mayoría de las espadas de la Edad del Bronce han aparecido en el Valle del Guadalquivir, las sierras de los Sistemas Subbéticos y el Alto Alentejo (gráfico 65). Por el contrario, la mayoría de las de la Edad del Bronce Final han aparecido en la Ría de Huelva, aunque en el Valle del Guadalquivir han aparecido unas 15 espadas.

Más de la mitad de las espadas de la Edad del Bronce sufren una descontextualización total. El resto de las espadas han aparecido en el interior de tumbas documentadas en excavaciones realizadas con metodología arqueológica o en la superficie de los poblados (gráfico 66). Por el contrario, la mayor parte de las espadas de la Edad del Bronce Final han sido halladas en depósitos ubicados en medios acuáticos, como por ejemplo el de la Ría de Huelva o los aparecidos en el curso de los ríos Guadalquivir y Guadiana y sus afluentes. El número de espadas halladas en contextos funerarios y de poblado es bastante bajo. La espada hallada el poblado de Castelo do Girando (Évora) es la única que han aparecido en la superficie de un poblado de la Edad del Bronce Final (Coffyn, 1983), mientras que la espada aparecida en Las Alcobainas (Jerez de la Frontera, Cádiz) (Farnié Lobenstainer y Quesada Sanz, 2005), es la única espada de este período que ha aparecido en un contexto funerario bien documentado

Se conocen las medidas de las 9 espadas de la Edad del Bronce y de 123 espadas de la Edad del Bronce Final (86%). Sin embargo, la mayoría de las espadas de este período sufren una rotura y una fuerte deformación, por lo que sólo se conoce la medida de 46 espadas que no han sufrido ningún tipo de desperfecto (32%). El cálculo de la media de estas medidas muestra que se produjo un aumento de la longitud de las espadas de la Edad del Bronce Final, que miden casi el doble que las espadas de la Edad del Bronce (Tabla 52). Por el contrario se observa una reducción de la anchura de las espadas entre ambos períodos.

La desviación estándar indica que las medidas de las espadas de la Edad del Bronce Final son mucho más heterogéneas que las de la Edad del Bronce. Esta tendencia es bastante diferente de la que se observa para otros artefactos, en los que se produce una reducción de la variabilidad métrica durante la Edad del Bronce Final.

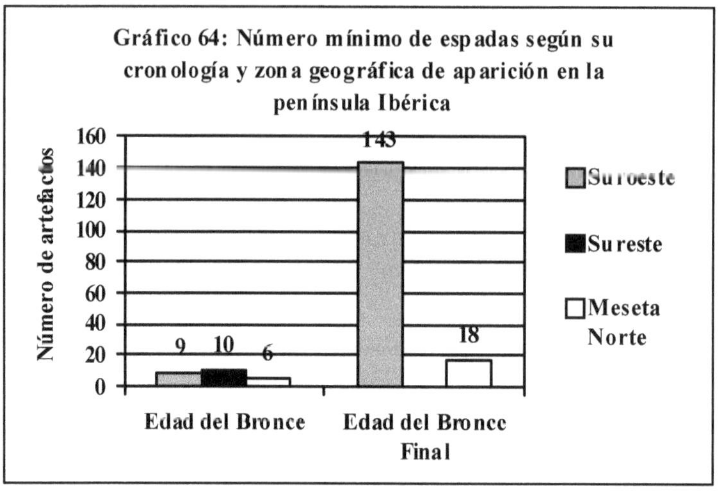
Gráfico 64: Número mínimo de espadas según su cronología y zona geográfica de aparición en la península Ibérica
Número de artefactos
160
140
120
100
80
60
40
20
0
143
9
10
6
18
Edad del Bronce
Edad del Bronce Final
Suroeste
Sureste
Meseta Norte

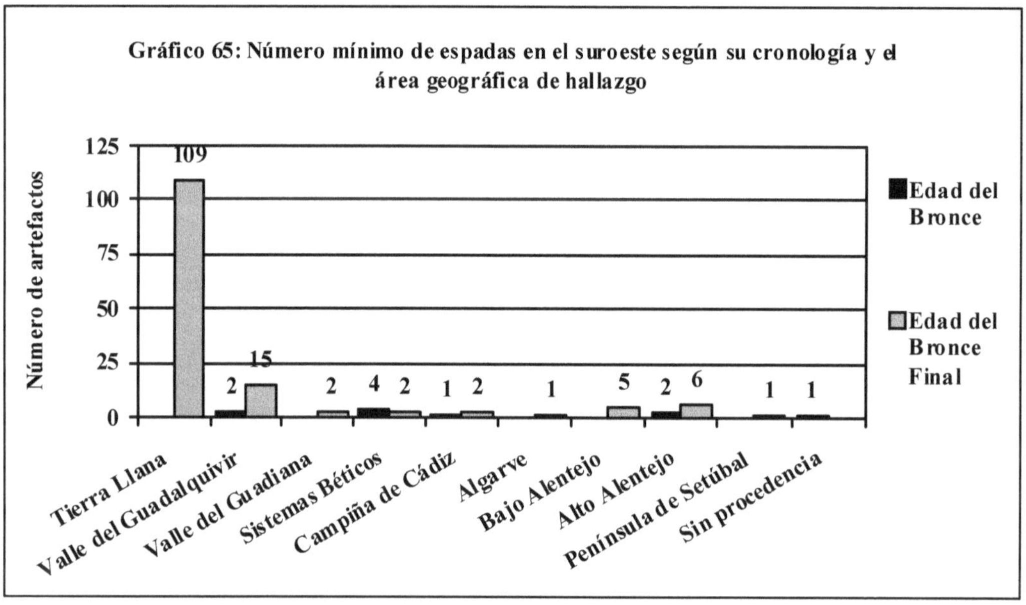
Gráfico 65: Número mínimo de espadas en el suroeste según su cronología y el área geográfica de hallazgo
Número de artefactos
125
100
75
50
25
0
109
2
15
2
4
2
1
2
1
5
2
6
1
1
Tierra Llana
Valle del Guadalquivir
Valle del Guadiana
Sistemas Béticos
Campiña de Cádiz
Algarve
Bajo Alentejo
Alto Alentejo
Península de Setúbal
Sin procedencia
Edad del Bronce
Edad del Bronce Final

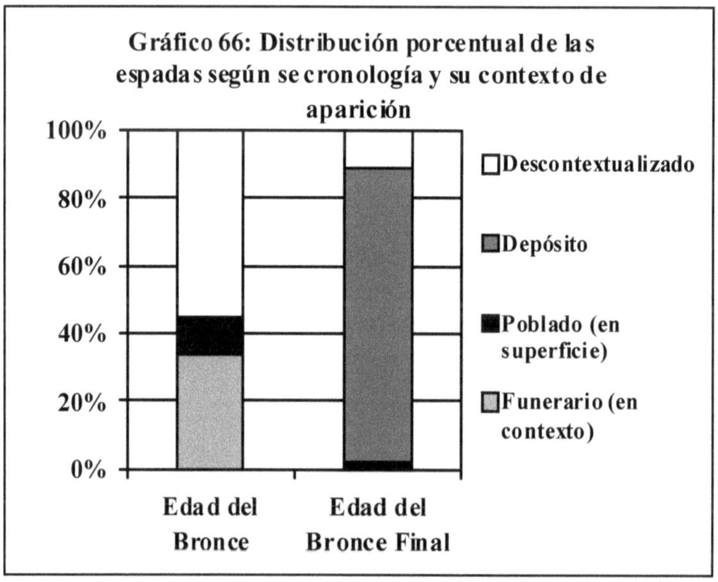
Gráfico 66: Distribución porcentual de las espadas según se cronología y su contexto de aparición
100%
80%
60%
40%
20%
0%
Edad del Bronce
Edad del Bronce Final
Descontextualizado
Depósito
Poblado (en superficie)
Funerario (en contexto)

Tabla 52: Media y desviación estándar de las medidas de las espadas del Suroeste				
	Edad del Bronce		Edad del Bronce Final	
Medidas	**Media**	**Desviación estándar**	**Media**	**Desviación estándar**
Longitud media (mm)	327	88,44	611,84	204,16
Anchura media (mm)	55	18,6	46,81	15,45
Peso (gr)	208,25	83,86	520,21	124,48

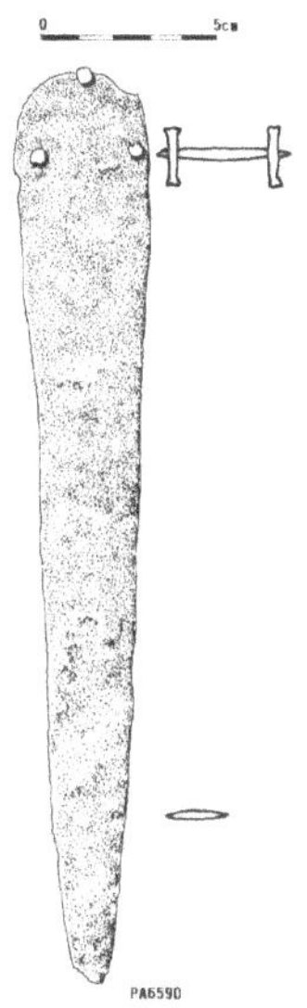

Espada de la Edad del Bronce hallada en Setefilla (Lora del Río, Sevilla). Imagen tomada de Rovira Llorens *et alii*, 1997).

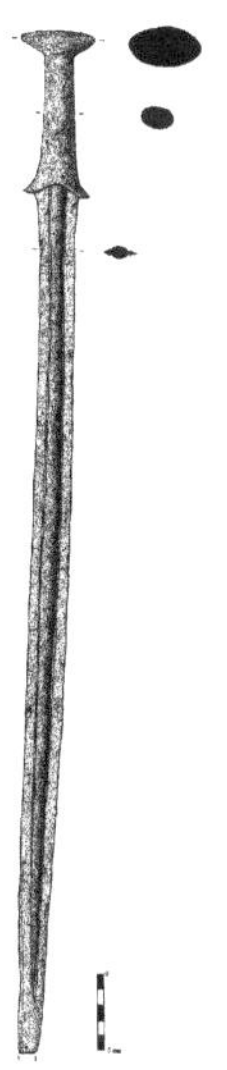

Espada de tipo lengua de carpa con empuñadura maciza hallada en el depósito de la Ría de Huelva (Imagen tomada de Ruiz-Gálvez Priego, 1995)

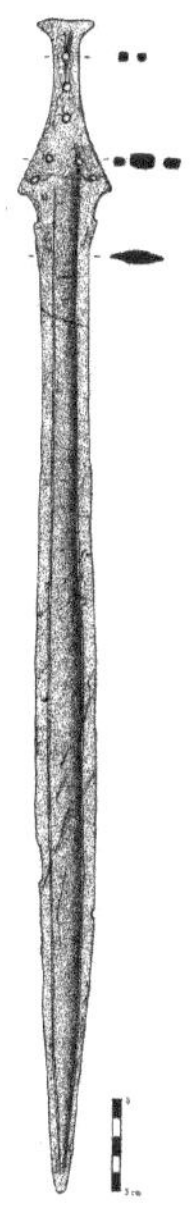

Espada pistiliforme hallada en el depósito de la Ría de Huelva (Dibujo extraído de Ruiz-Gálvez Priego, 1995).

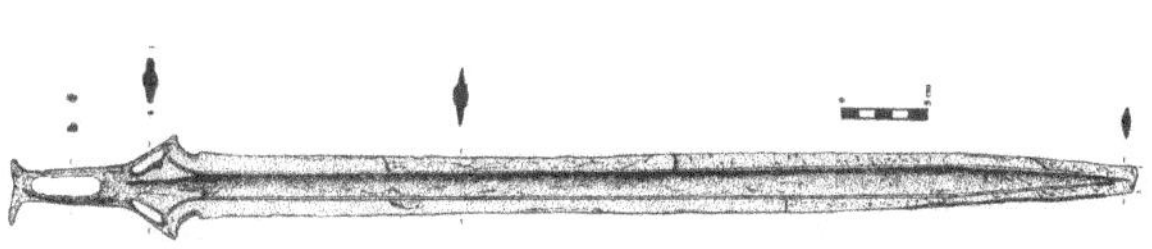

Espada de lengua de carpa tipo Huelva hallada en el depósito de la Ría de Huelva (Imagen tomada de Ruiz-Gálvez Priego, 1995)

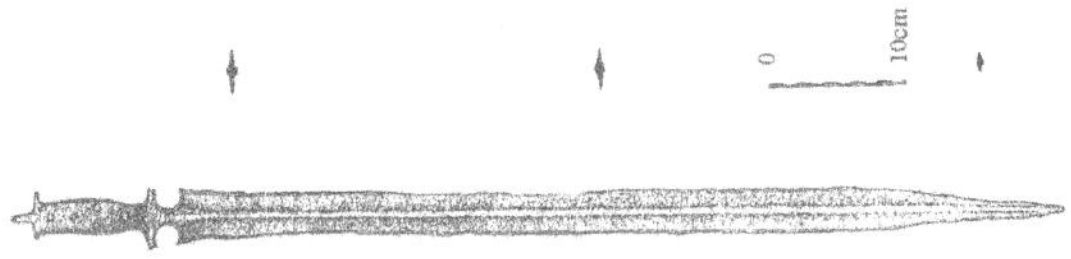

Espada de lengua de carpa tipo Sa Idda hallada en el depósito de Alcalá del Río (Sevilla) (Imagen extraída de Farnie Lobenstainer y Quesada Sanz, 2005)

Figura 10: Tipos de espadas hallados en el Suroeste

La principal conclusión que se puede obtener de todo estos datos, es que hubo una reducción de la anchura a la misma vez que se produjo un aumento de la longitud. Este cambio de tamaño potenció la posibilidad de un ataque a distancia, pero hizo que la espada perdiera potencia de corte. Un proceso similar ocurrió durante la Edad Media, cuando las espadas perdieron su grosor y aumentaron su longitud para poder traspasar las nuevas armaduras de escamas de metal y las cotas de malla. Se desconoce cuales eran las armaduras que podrían emplearse en la Edad del Bronce Final en el Suroeste de la Península Ibérica -si es que se empleó alguna-, por lo que resulta difícil interpretar con exactitud la causa a que se debe este proceso.

Las espadas de la Edad del Bronce, que suelen ser denominadas como de tipo argárico en la bibliografía (Junghans *et alii*, 1968: 50), se caracterizan por carecer de una empuñadura de metal y por contar con un sistema de orificios para remaches en la hoja. Este sistema de enmangue es bastante deficiente y puede producir una fractura de la hoja cuando se emplea como arma de corte, de ahí que las espadas de este período sean de menor longitud y de mayor anchura que las espadas de la Edad del Bronce Final. Durante este período, se aparecieron las empuñaduras de metal con agujeros para los remaches y hojas de mayor grosor.

Las primeras espadas de la Edad del Bronce Final de la Península Ibérica son las de tipo Pistiliforme que se empezaron a manufacturar a partir del Bronce Final II. Sus empuñaduras suelen tener agujeros para remaches y tienen unos recazos (parte de la hoja de la espada que no esta afilada ni aguzada y que se mete hacia dentro entre la hoja y la empuñadura) muy poco marcados. Las espadas de lengua de carpa se comenzaron a producir a desde la Edad del Bronce Final III (Galán Domínguez, 2004) y suelen tener el extremo distal más triangular, menos agujeros para el enmangue y una hoja más sólida que cuenta con un nervio central, para evitar que se fracturase por la mitad. Como ya se ha dicho, estas aumentaron en longitud y tienen una menor anchura, hecho que podría deberse al intento de reducir el peso de las espadas, ahora realizadas en bronce y con un nervio central, que evitaría la rotura de su hoja.

Los dos tipos de espadas de lengua de carpa presentes en el Suroeste de la Península Ibérica son las espadas de tipo Huelva, caracterizadas por tener unos recazos suaves y mantener todavía una forma pistiliforme, y las Espadas de tipo Sa Idda, que se caracterizan por tener unas aletas de la guarda y unos recazos más desarrollados (Farnié Lobenstainer y Quesada Sanz, 2005). Las espadas de tipo Huelva se fechan en el Siglo IX a.n.e. y las de tipo Sa Idda en el Siglo VIII a.n.e., por lo que estas últimas quedarían fuera del período de estudio aunque se han incluido por estar relacionadas con el resto del depósito de la Ría de Huelva.

La mayor parte de las espadas de la Edad del Bronce Final del Suroeste son de lengua de carpa de tipo Huelva (68%) (Gráfico 67). Se desconoce la clasificación morfológica de un 21% de las espadas, mientras que el porcentaje de las mismas pistiliformes es similar al de Tipo Monte Sa Idda (4%). La proporción de espadas de lengua de carpa con empuñadura maciza es muy baja, hecho que no es una casualidad, ya que estas también son bastante escasas en el resto de la Península Ibérica (Farnié Lobenstainer y Quesada Sanz, 2005: 38). La falta de datos no permite identificar las características métricas de cada uno de los grupos morfológicos aparecidos en el Suroeste. Esta escasez de información no se debe tanto a la falta de medidas en las publicaciones, sino a que muchas de estas están fragmentadas y deformadas, por lo que sus medidas no pueden ser incluidas dentro de un estudio morfométrico.

De las 9 espadas de la Edad del Bronce halladas en el Suroeste hay analizadas 4 (44%) y de 90 de la Edad de Bronce Final (63%). Algunas de las espadas de este período han sido analizadas en varias partes. Existen 3 análisis realizados sobre remaches, 11 realizados sobre la empuñadura y unas 90 sobre las hojas de las espadas.

La media de la composición de los análisis realizados demuestra que las espadas de la Edad del Bronce están realizadas en cobre y que tienen una alta cantidad de As (Tabla 53). No hay datos suficientes para calcular la cantidad media de Sn y de Pb, ya que en la mayoría de los casos, estos elementos no han sido detectados en los análisis realizados. Por el contrario, las espadas de la Edad del Bronce Final están todas realizadas en bronce y su cantidad media de As es bastante baja. Asimismo, la desviación estándar de la cantidad de As en las espadas de la Edad del Bronce Final es también bastante baja. La proporción de Cu es menor en las espadas de este último período y su desviación estándar es mayor en las espadas de la Edad del Bronce, hecho que se debe a la también diferente cantidad de Sn en estos artefactos. La mayoría de las espadas de la Edad del Bronce Final tienen unas cantidad de Sn entre un 9% y un 12% (gráfico 68). El estudio de la Ría de Huelva demostró que existen dentro de este depósito cinco tipo de aleaciones según la proporción existente entre el Cu, Sn y Pb, si bien la mayoría de las espadas de este depósito tiene una cantidad de Sn que oscila entre un 8 y un 12% (Rovira Llorens, 1995). Esto ha llevado a pensar que existen varios talleres y que los artefactos de este depósito podrían no proceder de un único taller (Rovira Llorens, 1995).

Gráfico 67: Distribución porcentual de las espadas de la Edad del Bronce Final según su tipología

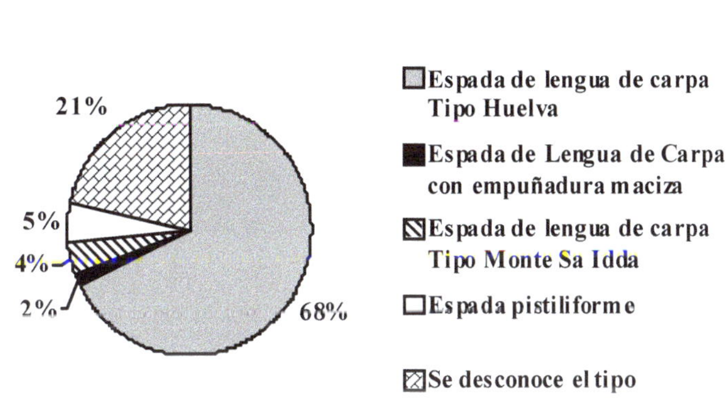

Tabla 53: Media y desviación estándar de la composición de las espadas del Suroeste								
	Cu		As		Sn		Pb	
	Media (%)	Desviación estándar	Media (%)	Desviación estándar	Media (%)	Desviación estándar	Media (%)	Desviación estándar
Edad del Bronce	97,06	1,21	2,65	1,46	--	--	--	--
Edad del Bronce Final	87,03	9,37	0,178	0,33	11,62	3,33	0,24	0,48

Tabla 54: Media y desviación estándar de la composición de las diferentes partes de las espadas del Suroeste						
	Cu		Sn		Pb	
	Media (%)	Desviación estándar	Media (%)	Desviación estándar	Media (%)	Desviación estándar
Hoja	88,37	3,2	11,32	2,75	0,24	0,48
Empuñadura	84,38	5,21	13,26	6,12	0,69	0,86
Remaches	83,25	3,32	15,8	2,83	No hay datos	No hay datos

Gráfico 68: Distribución de las espadas de la Edad del Bronce Final según su cantidad de Sn

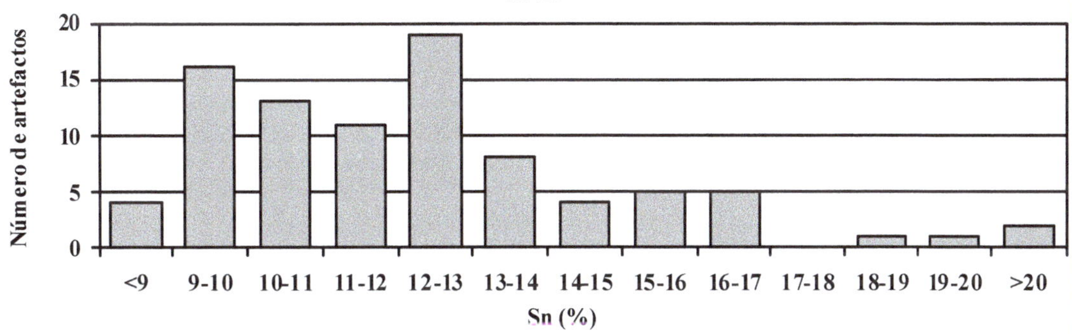

Tabla 55: Media y desviación estándar de las espadas del Suroeste según su tipología						
	Cu		Sn		Pb	
	Media (%)	Desviación estándar	Media (%)	Desviación estándar	Media (%)	Desviación estándar
Pistiliforme	86,92	3,57	12,17	1,66	0,68	1,06
Espada de lengua de carpa Tipo Huelva	88,72	2,92	10,97	2,58	0,12	0,08
Espada de lengua de carpa Tipo Monte Sa Idda	85,41	4,55	13,62	3,72	0,66	1,02

¿Es similar la composición de los diferentes tipos de espadas de la Edad del Bronce Final? Los datos existentes permiten realizar un análisis comparativo de la hoja y de las empuñaduras de cada tipo de espada. La media de la composición de cada tipo de espada muestra que las cantidades de Sn son mayores en las espadas pistiliformes y las de lengua de carpa de tipo Sa Idda (Tabla 55). Sin embargo, la desviación estándar es mayor en las espadas de tipo Sa Idda, que es cronológicamente posterior a los dos tipos anteriores. En todas ellas la cantidad de Pb es bastante similar, aunque en las espadas de tipo pistiliforme y Sa Idda existe una mayor heterogeneidad en la composición de Pb. Todo esto indica que que existe una mayor diversidad en la composición de las espadas de tipo Pistiliforme y Sa Idda.

La situación anterior es diferente de la que se documenta para las empuñaduras de cada tipo de espada (Tablar 56). En el caso de las hojas se produjo una reducción gradual de las cantidades de Cu y un aumento progresivo de las cantidades de Sn. Por el contrario, en las empuñaduras se observa una reducción de las cantidades de Sn y un aumento de las cantidades de Cu. La desviación estándar de estos datos permite observar que hay una reducción gradual de la variabilidad de las cantidades de Sn en las empuñaduras. Todo esto indica que la tendencia de las empuñaduras es diferente de que se da en la hoja de las espadas, lo que se sin duda se debió a que el proceso de manufactura era diferente en unas y otras. La primera se realizaba por medio del vertido de la colada en un molde; mientras que la segunda se fabricaba por medio de la técnica del sobremoldeo, técnica que también fue empleaba para realizar reparaciones en las piezas que sufrían desperfectos (Rovira Llorens, 1995: 50). Esta consistía en poner un molde sobre la hoja de metal y en verter el metal en este para añadir la parte de la empuñadura a la hoja por soldadura por fusión. Para realizar esta técnica se empleaba una aleación cuya proporción de Sn era mayor en la empuñadura que en la hoja, lo que permitía que el período de solidificación fuese más lento y que la soldadura tuviese mejores propiedades físicas (Rovira Llorens, 1995).

Ninguna de las 9 espadas de la Edad del Bronce ha sido analizada para conocer su estructura interna, por lo que se desconoce qué tratamientos eran aplicados a esta serie de artefactos. De las 143 espadas de la Edad del Bronce Final sólo 4 han sido analizadas por medio de metalografía. El resultado de las metalografías realizadas muestra que las 3 espadas fueron sometidas a un forjado en frío y a un recocido posterior, y otra sufrió un forjado posterior al tratamiento térmico (Rovira Llorens, 1995). La microestructura de las 3 está llena de vacuolas de desgaseo, lo que demuestra que los moldes no permitían una correcta salida de los gases y que estos artefactos tenían una menor compacidad (Rovira Llorens, 1995).

Todas las espadas están realizadas en bronce, salvo una. Esta fue encontrada en el caso urbano de Alange y tiene una empuñadura y unos remaches de oro (Gómez Ramos *et alii*, 1998). El único artefacto del Suroeste que tiene una empuñadura similar es el puñal hallado en Fuente Morellana (Luque, Córdoba) (López Rey, 1994). Este tiene una empuñadura y unos remaches de plata y se data en la Edad del Bronce Medio. Estos dos artefactos muestran que la asociación de metales preciosos y artefactos de base de cobre es escasa, aunque no inexistente. Sin duda alguna, el oro y la plata se emplearon para reforzar el carácter de prestigio de artefactos que sirvieron para expresar el estatus social.

6.3.4 PUNTAS DE JABALINA

En arqueología se designa con el nombre punta de jabalina a aquellos artefactos que tienen una cabeza de punta de flecha y un pedúnculo de largas dimensiones. A pesar de que reciben el nombre de punta de jabalina o lanza, conceptos muy similares (Montero Ruiz y Teneishvili, 1996), se desconoce su verdadera función. Se considera que este tipo de artefactos, que aparecen de manera excepcional en el registro arqueológico, no tienen un uso como armas-herramienta, sino simbólico y relacionado con el prestigio.

El número de jabalinas halladas en el Suroeste es de 37, de las cuales 7 han aparecido en contextos de la Edad del Cobre y 30 en contextos de la Edad del Bronce. La mayoría de ellas aparecieron fruto de un hallazgo causal que se realizó en el año 1860 en el Dolmen de la Cueva de la Pastora (Valencina de la Concepción, Sevilla) (Tubino, 1868). No se conoce con precisión como se produjeron las circunstancias del hallazgo, aunque está generalmente aceptado que aparecieron en el interior de un recipiente cerámico y que fueron depositadas con un finalidad votiva. Se han encontrado otras más en yacimientos como La Pijotilla (Badajoz) (Hurtado Pérez, 1984), Outeiro de São Bernardo (Moura, Beja) (De Veiga Ferrerira, 1970) o El Bramadero (Hornachuelos, Córdoba) (Martínez Boloix, 2002).

El estudio de los contextos de aparición de estos artefactos según su cronología demuestra que un alto porcentaje de las mismas de ambos períodos sufre algún tipo de descontextualización (gráfico 70). Algunas de las puntas calcolíticas y de la Edad del Bronce han sido halladas en contextos funerarios documentados con metodología arqueológica.

Se conocen las medidas de 29 puntas de la Edad del Bronce y de sólo una de la Edad del Cobre. Las de este primer período se caracterizan por tener una mayor longitud (unos 249,58 mm) que las puntas de flecha de la Edad del Cobre, cuya media es de 73,25 mm (Tabla 57). La anchura y el grosor de estos artefactos son similares a la de las puntas de flecha. La desviación estándar de la anchura, del grosor y del peso es mucho menor, lo que indica que estas medidas son mucho más homogéneas en las puntas de jabalina que la longitud. Durante mucho tiempo, se pensó que las puntas de jabalina tenían una procedencia foránea. Sin embargo, el estudio de los parámetros formales ha descartado esta hipótesis, ya que no se parecen a los tipos que aparecen en el Mediterráneo Oriental (Montero Ruiz y Teneishvili, 1996).

Tabla 56: Media y desviación estándar de las empuñaduras de las espadas del Suroeste según su tipología

	Cu		Sn		Pb	
	Media (%)	Desviación estándar	Media (%)	Desviación estándar	Media (%)	Desviación estándar
Pistiliforme	81,33	6,5	17,6	5,02	0,95	1,2
Espada de lengua de carpa Tipo Huelva	84,17	4	15	3,68	0,15	0,08
Espada de lengua de carpa Tipo Monte Sa Idda	87,7	5,05	11	3,7	No hay datos	No hay datos

Gráfico 69: Número de puntas de jabalina en el suroeste según su cronología y su zona geográfica de aparición

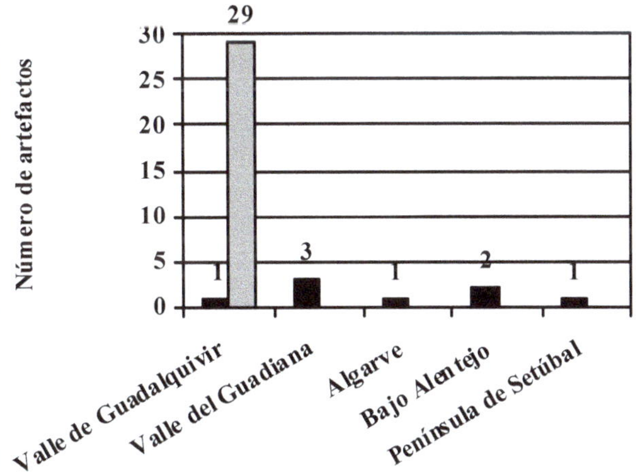

Gráfico 70: Distribución porcentual de las puntas de jabalina según su contexto de aparición

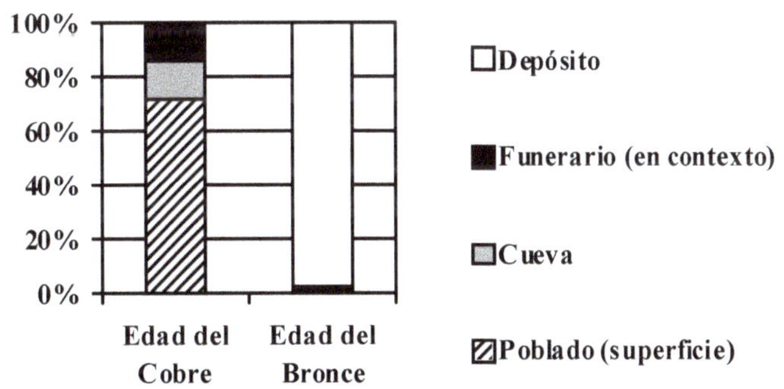

Tabla 57: Media y desviación estándar de las medidas de las puntas de jabalina del Suroeste

	Media	Desviación estándar
Longitud (mm)	249,58	29,62
Anchura (mm)	18,10	3,17
Peso (gr)	49,46	7,95

Tabla 58: Media y desviación estándar de la composición de las puntas de jabalina

	Media (%)	Desviación estándar
Cu	98,83	0,59
As	1,10	0,54
Sn	0,01	0,005

De todas las puntas de jabalina se ha analizado 1 de la Edad del Cobre hallada en la cueva del Bramadero (Hornachelos, Córdoba) (Martínez Boloix, 2002) y 29 de la Edad del Bronce, todas pertenecientes al conjunto de puntas del dolmen de La Pastora estudiado hace unos años (Montero Ruiz y Teneishvili, 1996). La cantidad de Cu, Sn y As son bastante homogéneas en todas ellas, como lo demuestra la baja desviación estándar de estos elementos (tabla 58). Estas cantidades de As son bastante bajas en comparación con la detectada en los 3 análisis realizados por el Proyecto SAM sobre puntas de jabalina, cantidad de As que estaba sobrevalorada como ocurría con el resto de las impurezas (Montero Ruiz y Teneishvili, 1996). Las conclusiones de este estudio han permitido reafirmar el origen de autóctono de esta producción, ya que la cantidad de impurezas de Ag, Sn y Sb es similar al existente en el resto de lo artefactos de la provincia de Sevilla lo que demuestra que fueron realizadas con metales procedentes de minerales con un origen similar (Montero Ruiz y Teneishvili, 1996).

No existen análisis metalográficos de las puntas de jabalina, por lo que se desconoce que tratamientos se aplicaron a estos artefactos tras la extracción del molde. Según el estudio de Montero y Teneishvili, estas puntas de flecha se realizarían a partir de una barra metálica cuya hoja se obtendría por martilleo y cuyo pedúnculo se realizaría alargando y estirando la barra de metal (Montero Ruiz y Teneishvili, 1996: 81). El pedúnculo tiene en todas las puntas de este tipo una sección cuadrangular, forma que permitiría una correcta unión con el mango (Chernij *et alii*, 1990: 82).

6.3.5 PUNTAS DE LANZA Y REGATONES

El término lanza hace referencia a un arma ofensiva formada por un asta y una hoja de metal puntiaguda y cortante. Las lanzas son empleadas de diferente manera que las jabalinas, ya que no suelen ser lanzadas y son usadas como armas que están diseñadas para ser asidas. Las lanzas están compuestas por tres partes: la punta de lanza, que está realizada en metal, el astil, que está realizado en madera, y el regatón, que está realizado en metal. Este último elemento es empleado para ejercer de contrapeso necesario para que la punta de lanza en caso de ser lanzada vaya en dirección recta.

Las puntas de lanzas de bronce aparecen en la Edad del Bronce Final y son características de los depósitos fluviales del Suroeste de la Península Ibérica, que suelen estar compuestos por espadas y lanzas a diferencia de los depósitos del noroeste, compuestos en su mayoría por hachas. La única excepción a esta regla es la del Valle del Guadiana, en donde son mucho más frecuentes las hachas y más escasas las espadas y las puntas de lanza. La cantidad de puntas de lanza halladas en el Suroeste es alta y mayor que la de aparecidas en Levante (2 ejemplares) (Simón García, 1998: 271), las Islas Baleares (27) (Delibes de Castro *et alii*, 1988) y que en la Meseta Norte (96) (Herrán Martínez, 2008: 333).

En el Suroeste de la península Ibérica se han hallado 122 puntas de lanza y 76 regatones. La mayoría de ellos proceden del depósito de la Ría de Huelva, aunque existen otros depósitos que se distribuyen a lo largo del curso del río Guadalquivir en los que también han sido encontrados ambos tipos de artefactos (Gráfico 71). Estos depósitos tienen una menor cantidad de artefactos que el de la Ría de Huelva y demuestran que el fenómeno de la deposición de artefactos de base de cobre en medios fluviales también se da en otros lugares del Suroeste. Sin embargo, existen una serie de zonas del Suroeste en donde, a día de hoy, no ha sido hallada ninguna punta de lanza o regatón, como ocurre en las sierras de los Sistemas Béticos o en la Campiña Gaditana.

Todos los regatones han sido hallados en depósitos fluviales, al igual que ocurre con la mayoría de las puntas de lanza (gráfico 72). Estos depósitos aparecen en los lechos fluviales y suelen ser descubiertos fruto del azar, lo que hace que estos sean recogidos sin que exista una supervisión arqueológica que documente el proceso de extracción. Por este motivo, las piezas de estos depósitos están descontextualizadas, aunque sabemos el medio en el que fueron depositadas y las otras piezas que formaban parte del mismo conjunto. También se han encontrado otras puntas de lanza en contextos de poblado y funerarios que son poco conocidos por los investigadores. Aunque estos hallazgos son escasos, indican que la ausencia de puntas de lanza en otros contextos se debe a la falta de excavaciones en yacimientos de este período. Se ha hallado una punta de lanza en el yacimiento de Castrejón de Capote (Higuera la Real, Huelva), que apareció junto a una estela de guerrero (Berrocal Rangel, 1989), otra en el poblado del Carambolo Bajo (Camas, Sevilla) (Carriazo y Arroquia, 1973) y otra en la superficie del yacimiento de Mesa del Almendro (Lora del Río, Sevilla) (Padilla Monge *et alii*, 2003). Las únicas puntas documentadas en un contexto funerario hasta el momento son las dos aparecidas en la tumba de uno de los túmulos de El Acebuchal (Carmona, Sevilla) (Bonsor, 1899). La situación en la Submeseta Norte es bastante diferente de la que se documenta en el Suroeste, ya que las puntas de lanza sólo han aparecido en depósitos (Hernando Grande, 1992: 235).

Se conocen las medidas de 100 puntas de lanza (82%), aunque 26 de ellas están fragmentadas. El cálculo de la media y de la desviación de su longitud, anchura y peso demuestra que punta de lanzas y regatones tienen una longitud y un peso muy similar (tabla 59).

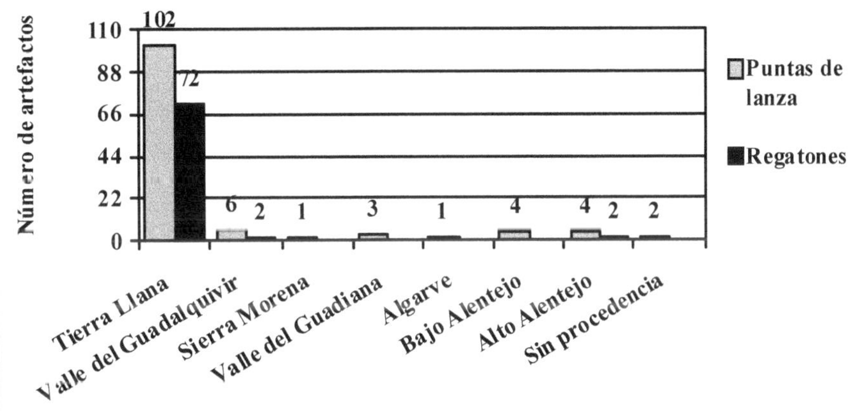

Gráfico 71: Número de puntas de lanza y regatones en el suroeste de la Edad del Bronce Final según el área geográfica de aparición

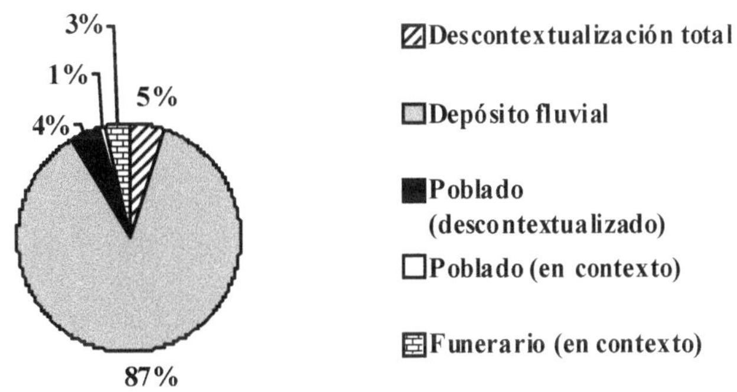

Gráfico 72: Distribución porcentual de las puntas de lanza según el contexto de aparición

Tabla 59: Media y desviación estándar de las medidas de las puntas de lanza y de los regatones del Suroeste

Medidas	Puntas de lanza		Regatones	
	Media	Desviación estándar	Media	Desviación estándar
Longitud (mm)	228,54	63,37	225,41	65,75
Anchura (mm)	34,64	6,25	No hay datos	No hay datos
Peso (gr)	166,38	68,58	152,55	54,1

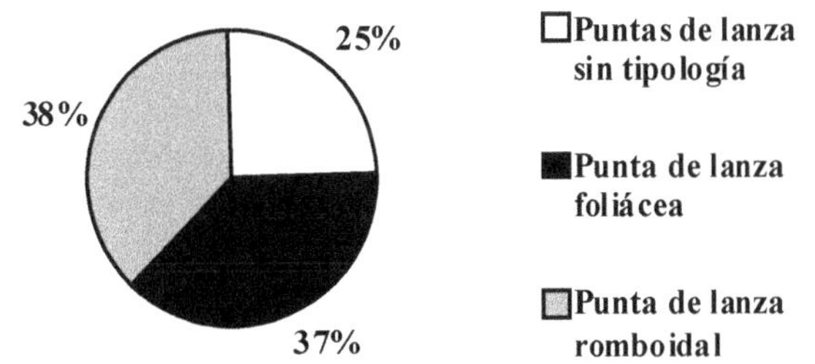

Gráfico 73: Distribución porcentual de las puntas de lanza según su tipología

En el Suroeste hay dos tipos de puntas de lanza según la morfología de su hoja (Figura 18). Unas son denominadas como puntas foliáceas por tener una hoja de forma oval; otras son denominadas como losángicas o romboidales. La distribución de estos tipos en el Suroeste es bastante homogénea (Gráfico 73). Se desconoce la tipología del 25% de las puntas de lanza restantes que se suelen encontrar en mal estado de conservación o que presentan roturas y deformaciones intencionadas.

¿Existen diferencias métricas entre estos dos tipos de puntas de lanza? Para responder a esta pregunta se ha calculado la media y la desviación estándar de las medidas de cada tipo de punta de lanza según sus características morfológicas (tabla 60). Las que cuentan con una hoja foliácea tienen una mayor anchura que las romboidales pero también una menor longitud y peso. Estos resultados se complementan con los obtenidos tras el cálculo de la desviación estándar. Se observa que existe una mayor diversidad de medidas en las puntas de romboidales, que en las foliáceas. La desviación estándar es mayor para el peso y la anchura de la misma, mientras que es bastante similar para la anchura.

Se conocen las medidas de 71 de los 76 regatones que se han encontrado en el Suroeste. Sin embargo, 32 están fragmentados, por lo que sólo se conoce la medida de 44 regatones que no sufren ningún tipo de desperfecto (58%). Su longitud es mucho más variable que su peso, hecho que tiene gran importancia ya que servirían para ejercer de contrapeso de la punta en la lanza.

De las 122 lanzas 86 han sido analizadas (70%) y de los 76 regatones han sido analizados unos 61 (80%) (Tabla 61). Las primeras tienen una media de Cu y de Sn bastante similar. Es importante señalar que las impurezas de As son bastante bajas en todas ellas, lo que demuestra que existió un proceso metalúrgico que permitía eliminar mejor las impurezas existentes en el mineral.

La media de Cu y de Sn en los regatones es bastante similar a la de las puntas de lanza e igual ocurre con la desviación estándar. Existe una gran homogeneidad dentro de ambos tipos de producciones, lo que indica que estos dos tipos de artefactos se fabricaron con aleaciones similares. Esto sugiere que ambos proceden de un mismo taller o de varios que emplearon unas aleaciones similares para la fabricación de artefactos.

¿Existe alguna relación entre la composición y la forma de las puntas de lanza? Para responder a esta pregunta se ha calculado la media de la composición en Cu y Sn de cada tipo de punta de lanza (Tabla 62). La media muestra que la cantidad de Cu es ligeramente superior en las puntas de lanza romboidales, pero las cantidades de Sn son bastante similares en uno y otro tipo de puntas de lanza. Esta información se complementa con la obtenida tras la desviación estándar, que es mayor para el Sn en las puntas de lanza romboidales.

El gráfico de distribución de las puntas de lanza y regatones según su cantidad de Sn muestra que casi todos estos artefactos tienen una cantidad de este metal en la aleación con Cu que está entre el 10 y 14% (gráfico 74). Se considera que por debajo del 8% estos bronces serían considerados como "pobres" y por encima del 15 % como bronces "ricos", por lo que la cantidad de Sn en estas piezas estaría situada en la mitad de estos límites (Rovira Llorens, 1995). Esta información contrasta con la que se obtiene gráfico de distribución de los diferentes tipos de puntas de lanza según su cantidad de Sn (gráfico 75). La mayoría de las que cuentan con una hoja foliácea tienen una cantidad de Sn entre el 11 y el 15%, mientras que las puntas de lanza romboidales tienen entre el 11 y el 13%. No obstante, existen mayores diferencias en cuanto a la composición de Sn en este último tipo de puntas de lanza, de ahí que la desviación estándar de la cantidad de Sn sea mayor que la de las puntas de lanza foliáceas.

El número de análisis metalográficos aplicados a este tipo de objetos es bastante bajo en comparación con la cantidad de análisis de composición que existen. Sólo se han analizado 3 puntas de lanza y 7 regatones. Los regatones analizados tienen una estructura dendrítica propia de un proceso de enfriamiento rápido en el molde (gráfico 76). Ninguno de ellos ha recibido un forjado posterior, aunque a algunos de ellos se les aplicó un recocido posterior con el objetivo de homogeneizar su estructura interna (Rovira Llorens, 1995). El análisis de las estructura interna de las puntas de lanza y de los regatones ha mostrado una superficie llena de vacuolas de desgaseo, lo que muestras que existían ciertos problemas técnicos en el proceso de fabricación de las piezas. Lo sorprendente es que existen algunas puntas de lanza que no recibieron ningún tratamiento de forjado en frío tras su extracción del molde, proceso que hubiese dado una mayor dureza a estas piezas y que habría acabado con muchas de las burbujas de desgaseo de su superficie. Los moldes conocidos para las puntas de lanza no tienen canales de desgaseo, hecho que explicaría el por qué aparecen con tanta frecuencia estos defectos de fundición en las piezas metalografiadas (Rovira Llorens, 1995).

6.4 ADORNOS

6.4.1 AROS, ANILLOS Y ANILLAS

Los términos de aro, anilla o anillo hacen referencia a un conjunto de artefactos realizados en base de cobre que tienen una forma circular. Puede pensarse que la funcionalidad de estos tres términos es similar aunque realmente no es así. Un aro es una pieza de metal en forma de circunferencia. Un anillo es un aro de metal que es empleado con un fin ornamental y una anilla es un aro de metal del cual cuelga algo.

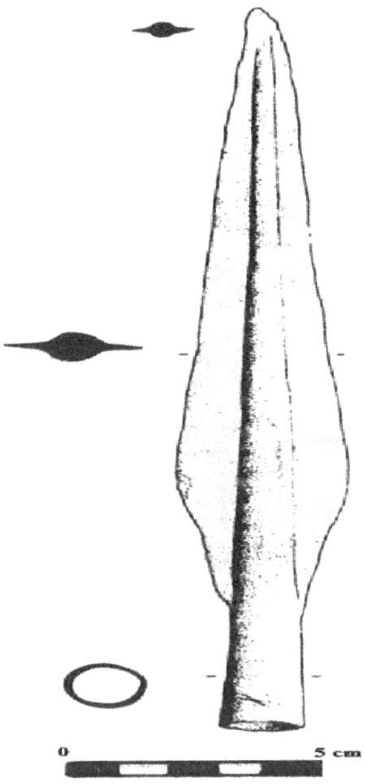

Punta de lanza romboidal del depósito de la Ría de Huelva (Dibujo extraído de Ruiz-Gálvez Priego, 1995).

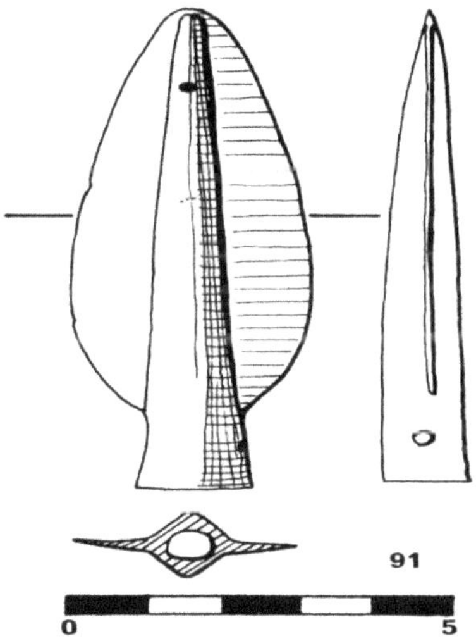

Punta de lanza foliácea de la provincia de Huelva (Imagen extraída de Harrison *et alii*, 1981).

Figura 11: Tipos de puntas de lanza halladas en el Suroeste. Medidas expresadas en cm.

Tabla 60: Media y desviación estándar de las medidas de las puntas del lanza del Suroeste según su morfología

	Puntas de lanza foliácea		Puntas de lanza romboidales	
Medidas	**Media**	**Desviación estándar**	**Media**	**Desviación estándar**
Longitud (mm)	212,36	47,3	250,13	55,18
Anchura (mm)	35,91	5,514	32,15	5,75
Peso (gr)	155,24	49,71	176,85	69,03

Tabla 61: Media y desviación estándar de la composición de las puntas de lanza y los regatones del Suroeste

	Puntas de lanza		Regatones	
	Media (%)	**Desviación estándar**	**Media**	**Desviación estándar**
Cu	87,81	2,98	87,76	3,209
Sn	11,53	2,973	11,69	3,29
As	0,13	0,19	No hay datos	

Tabla 62: Media y desviación estándar de la composición de las puntas de lanza según su tipología

	Foliácea		Romboidal	
	Media (%)	**Desviación estándar**	**Media (%)**	**Desviación estándar**
Cu	87,95	2,8	88,22	2,72
Sn	11,73	2,72	11,12	3,02

Gráfico 74: Distribución las puntas de lanza y de los regatones según su cantidad de Sn (%)

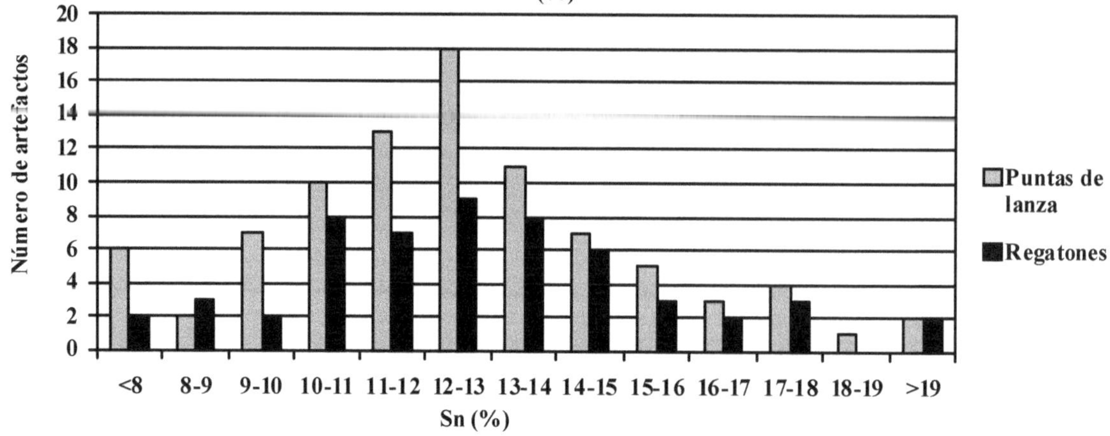

Gráfico 75: Distribución de las puntas de lanza según su morfología y su cantidad de Sn (%)

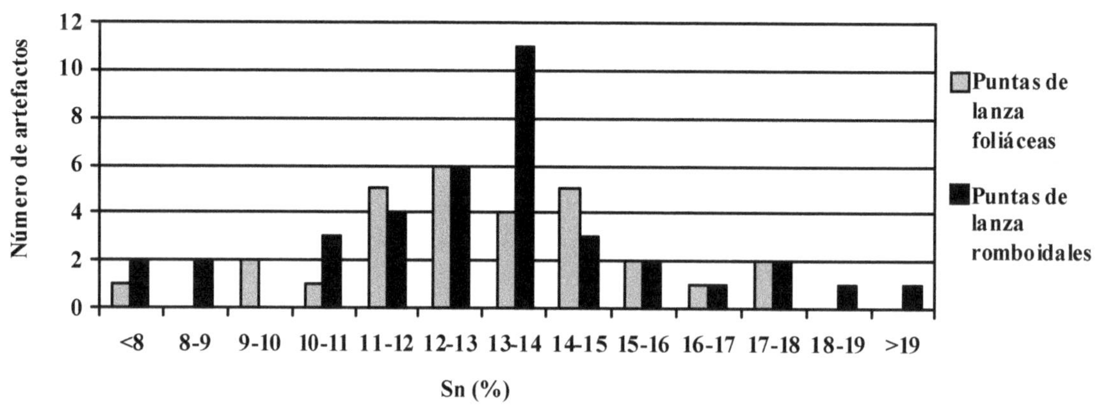

Gráfico 76: Número de puntas de lanza según su proceso de manufactura

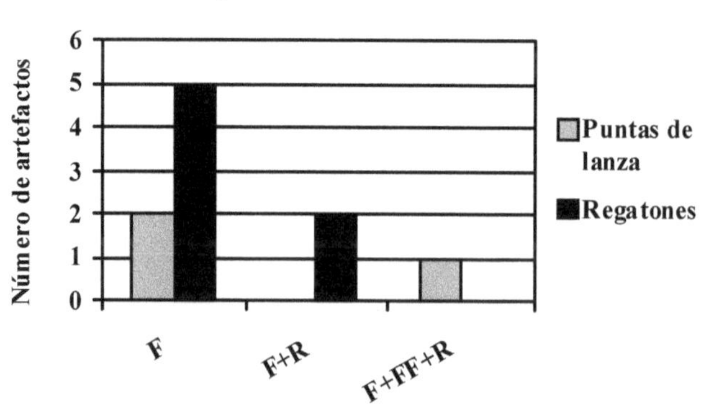

F (Fusión), FF (Forjado en frío), R (Recocido)

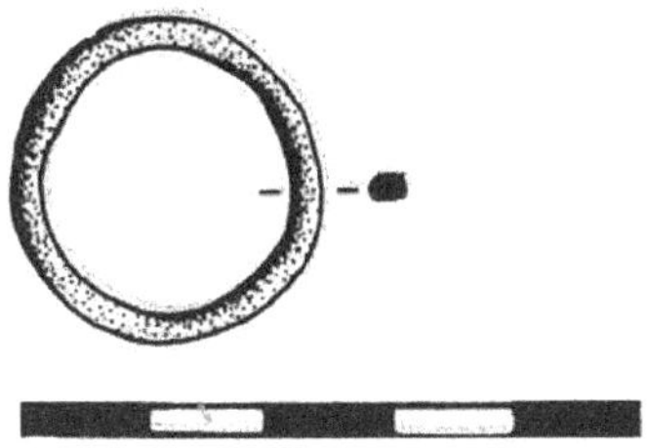

Figura 12: Anilla hallada en el depósito de la Ría de Huelva. Imagen extraída de Ruiz-Gálvez Priego, 1995. Medidas expresadas en cm.

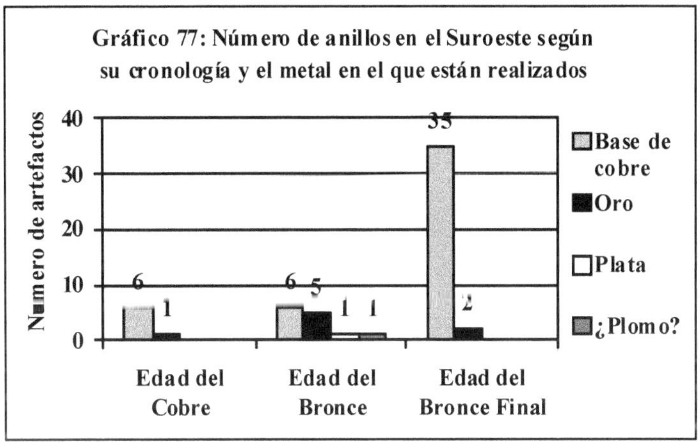

Se desconoce cual pudo ser la funcionalidad de estos artefactos, que incluso pudieron ser empleados para múltiples funciones. En algunas publicaciones se considera que estos aros de cobre o bronce tendrían una funcionalidad ornamental y que podrían haber sido empleados como anillos cuando superasen un diámetro superior a 15 mm, ya que un tamaño inferior no permitiría llevarlo en el dedo (Simón García, 1998: 290). Por otra parte, han aparecido una serie de aros unidos en cadena de la Edad del Bronce Final que han sido interpretados como elementos de arnés o de pasarriendas para caballo (Ruiz-Gálvez Priego, 1995). Ambas afirmaciones son difíciles de demostrar, ya que muchos de estos artefactos han aparecido descontextualizados. Por estas razones, se prefiere emplear el término aro, que hace referencia a la forma de la pieza, pero no a su posible funcionalidad.

El número mínimo de aros es de 57, de los cuales 7 están datados en la Edad del Cobre (12%), 13 en la Edad del Bronce (23%) y 37 en la Edad del Bronce Final (65%) (Gráfico 77). Esta cantidad de aros es baja en comparación con los 724 aros de la Edad del Bronce que han aparecido en el Sureste y que han sido interpretados como anillos (Montero Ruiz, 1994: 255).

Los aros de la Edad del Cobre y del Bronce se están muy distribuidos por todas las zonas del suroeste peninsular. Por el contrario, los de la Edad del Bronce Final se encuentran muy concentrados en determinadas áreas como consecuencia del hallazgo de depósitos en la Tierra Llana de Huelva y en el Bajo y Alto Alentejo (Gráfico 78).

Todos los aros de la Edad del Cobre han aparecido en la superficie de poblados o en contextos funerarios documentados por medio de metodología arqueológica (Gráfico 78). Los la Edad del Bronce han aparecido en una mayor diversidad de contextos, aunque predominan los hallados en el interior de contextos funerarios. Respecto a los aros de la Edad del Bronce Final, hay que señalar que la mayoría de ellos han sido encontrados o en depósitos ubicados en medios acuáticos o en contextos funerarios.

Sólo se conocen las medidas de 28 aros (49%). La longitud y la anchura de los mismos suele ser muy similar, aunque la desviación estándar de la anchura es mayor (tabla 63). Esto se debe a que algunos de los aros tienen una forma ovoidal, ya que su anchura es mayor que su longitud. Respecto a la alta desviación estándar del peso, hay que señalar que esta se debe a la presencia de una pieza que pesa 241 gr. Este valor tan alto distorsiona el resultado de la desviación estándar, de ahí que cuando este no se incluye en la misma la desviación baje hasta 10,12 y la media a 11,62 gr.

Sólo 11 aros realizados en cobre han sido analizados para conocer su composición (24%), 1 de los cuales está datado en la Edad del Bronce y 10 en el Bronce Final. El primero esta realizado en Bronce y tiene un 5% de Sn (Rovira Llorens *et alii*, 1997: 166). La cantidad de Sn es muy inferior a la cantidad media de Sn de los aros del Sureste hallados en contextos argáricos y que tienen un 8,05 Sn (Montero Ruiz, 1994: 256). Respecto a los de la Edad del Bronce Final analizados hay que señalar que tienen una mayor cantidad de Sn que el anterior y que la desviación estándar de la dispersión de los artefactos respecto de la cantidad de media de Cu y de Sn es bastante similar (Tabla 64).

En el interior de una de las cistas de la necrópolis de Las Palomas (Villafranca de los Barros, Badajoz) fue hallado un aro de metal realizado en plomo (Gil-Mascarell Boscá *et alii*, 1986). Esta pieza no está analizada por lo que se desconoce si esta realizada en este metal o no.

De los cinco aros de oro se han analizado sólo dos, el que fue encontrado en la Cueva de la Luna (Jerez de la Frontera, Cádiz) y el que fue hallado en el túmulo de Las Cumbres (Puerto de Santa María, Cádiz) (Ruiz Mata, 1985). El primero tienen una alta cantidad de Au y una impureza de Cu deun 1%. El segundo tienen una composición con un 88% de Au, 0,9% de Sn y 10% de Ag, cantidad que se debe a una aleación natural (Montero Ruiz y Rovira Llorens, 1991).

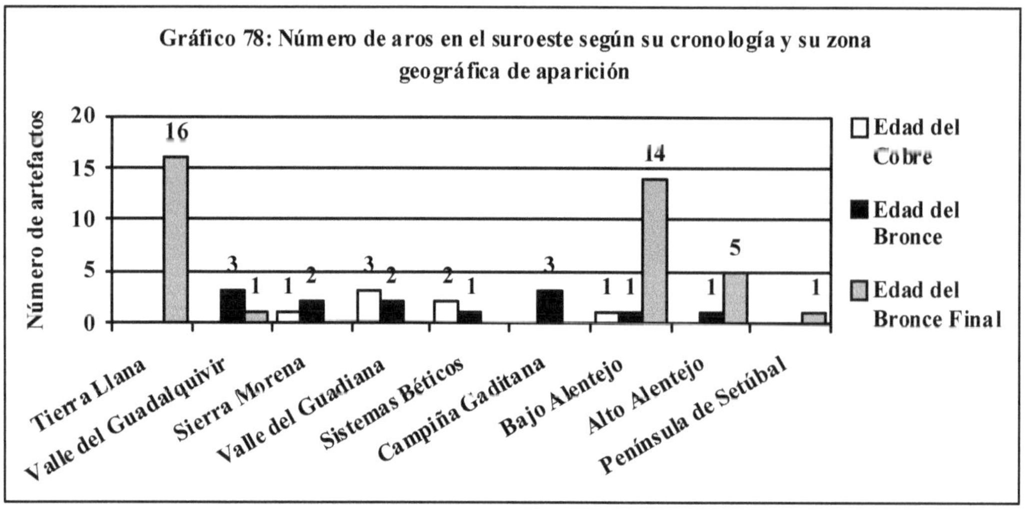

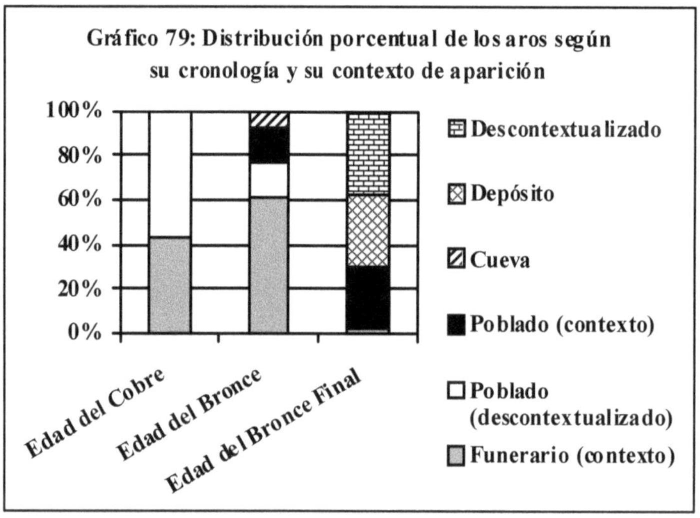

Tabla 63: Media y desviación estándar de las medidas de los aros de la Edad del Bronce Final del Suroeste		
	Media	**Desviación Estándar**
Longitud (mm)	22,29	6,62
Anchura (mm)	22,96	15,59
Diámetro (mm)	21,59	10,80
Peso (gr)	29,26	64,35

Tabla 64: Media y desviación estándar de la composición de los aros de la Edad del Bronce Final		
	Media (%)	**Desviación estándar**
Cu	89,38	3,26
Sn	10,19	3,28

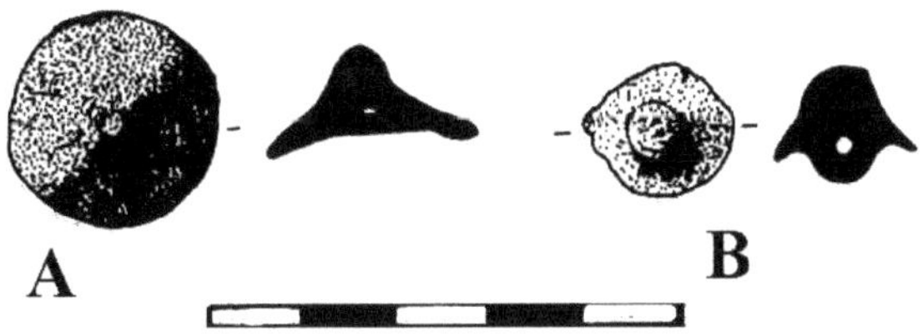

Figura 13: Botón discoidal (A) y botón cónico hallados en el depósito de la Ría de Huelva. Medidas expresadas en cm. Dibujos extraídos de Ruiz-Gálvez, 1995.

Sólo se ha realizado un análisis metalográfico de los 57 aros de base de cobre que se han documentado, por lo que los resultados obtenidos no tienen ningún tipo de representatividad estadística. Este muestra una estructura de granos maclados y recristalizado, propio de una pieza que ha sufrido un martilleo en frío y un recocido posterior (Rovira Llorens, 1995: 48).

6.4.2 BOTONES

El número total de botones es de 41 de los cuales 24 están datados en la Edad del Bronce (51%) y 17 (49%) en el Bronce Final. Si se tiene en cuenta el metal en el que están realizados, del primer período 1 está realizado en cobre (4%), 10 en oro (42%) y 13 en plata (54%). Respecto a los del Bronce Final 15 están producidos en cobre (88%) y 2 en oro (12%). La cantidad de artefactos de este tipo hallados en otras partes de la Península Ibérica es menor, como por ejemplo la Meseta Norte, en donde han sido hallados dos objetos similares (Herrán Martínez, 2008: 333).

Si se tienen en cuenta su contexto de aparición se puede ver que la mayoría de los botones de la Edad del Bronce proceden de contextos funerarios y que los del Bronce Final proceden de depósitos o de contextos domésticos documentados con metodología arqueológica (gráfico 80).

Estos artefactos de adorno pueden tener una forma cónica o discoidal e irían cosidos a las telas de la vestimenta, ya que tienen un aro en su parte posterior por donde se produciría el enganche.

Se conocen las medidas de 23 de la Edad del Bronce (96%) y de 15 del Bronce Final (88%) de estos botones. Los de este segundo período tienen unas mayores dimensiones que los del primero y también una mayor desviación estándar y por lo tanto una mayor variabilidad métrica (tabla 65). Si se comparan los botones del Bronce Final según su morfología se puede comprobar que los botones cónicos tienen un tamaño menor que los discoidales y también una menor desviación estándar.

Se han analizado 11 botones, 1 de ellos de oro y los restantes realizados en base de cobre. El primero se caracteriza por tener un 18% de Ag una cantidad de 1,3% de Cu, cantidades que demuestran que este oro no habría sido aleado. En cuanto a los realizados en cobre hay que señalar que no se observan grandes diferencias en la composición media a nivel global y la de los botones de acuerdo con sus características morfológicas. (Tabla 66). La mayoría de estos botones han sido hallados en el depósito de la Ría de Huelva y tienen una composición es similar a las documentadas en otros artefactos hallados en el mismo como por ejemplo las puntas de lanza o las espadas.

Tan sólo existen se han aplicado dos análisis metalograficos a estos artefactos, uno y otro realizados en base de cobre. En ambos casos la microestructura está formada por una superficie de granos maclados, propios de un forjado en frío y recocido posterior, y de gran porosidad (Rovira Llorens, 1995).

Los motivos decorativos de los botones son escasos, ya que sólo uno de ellos cuenta con decoración. Este fue realizado por medio de un repujado por el cual se llevaron a cabo círculos concéntricos sobre la parte visible del botón discoidal.

6.4.3 BRAZALETES

Un brazalete es un adorno formado por un aro de metal que rodea el brazo por encima del codo o de la muñeca.

El número de brazaletes hallados en el Suroeste es de 67, de los cuales 7 están datados en la Edad del Cobre (10%), 17 de ellos en la Edad del Bronce (25%) 40 en la Edad del Bronce Final (60%) y 3 no tienen una cronología precisa (5%) (Gráfico 81). En el Sureste se han encontrado 10 calcolíticos y 231 de la Edad del Bronce (Montero Ruiz, 1994: 257) y en la Meseta Norte 35 de la Edad del Bronce Final (Herrán Martínez, 2008: 333).

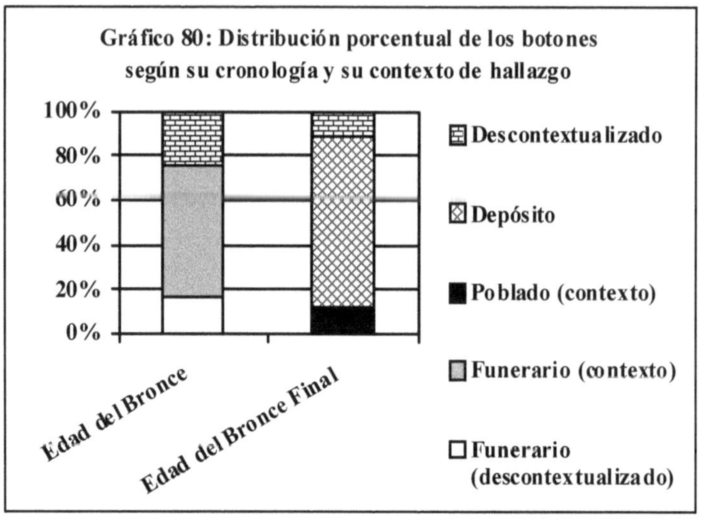

Tabla 65: Media y desviación estándar de las medidas de los botones metálicos de la Edad del Bronce Final del Suroeste								
	Edad del Bronce		Edad del Bronce Final					
			Global		Botones cónicos		Botones discoidales	
Medidas	Media	Desviación estándar	Media	Desviació n estándar	Media	Desviación estándar	Media	Desviación estándar
Longitud (mm)	10,5	2,38	13,54	6,35	11,62	1,85	16,62	9,8
Anchura (mm)	No hay datos	No hay datos	22,84	8,06	21,37	6,14	25,2	10,84
Peso (gr)	0,5	0	8,75	2,3	7,87	2,29	10,5	1

Tabla 66: Media y desviación estándar de la composición de los botones de la Edad del Bronce Final del Suroeste						
	Global		Botones cónicos		Botones discoidales	
	Medi a (%)	Desviació n estándar	Media (%)	Desviación estándar	Media (%)	Desviación estándar
Cu	88,21	1,42	88,41	1,49	88,02	1,5
Sn	11,45	1,5	11,29	1,53	11,61	1,62

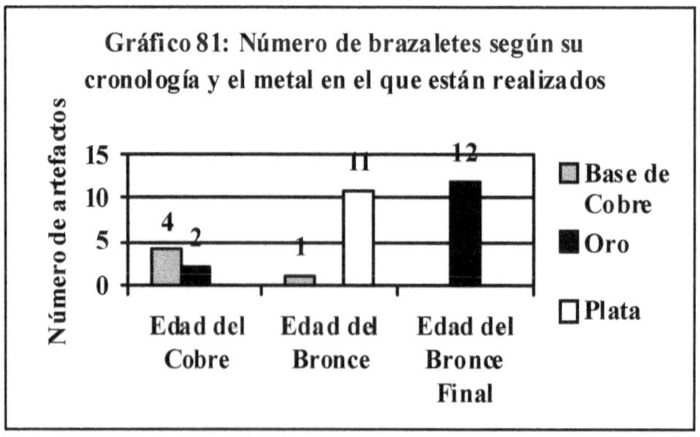

Gráfico 82: Número de brazaletes en el suroeste según su cronología y su zona geográfica de aparición

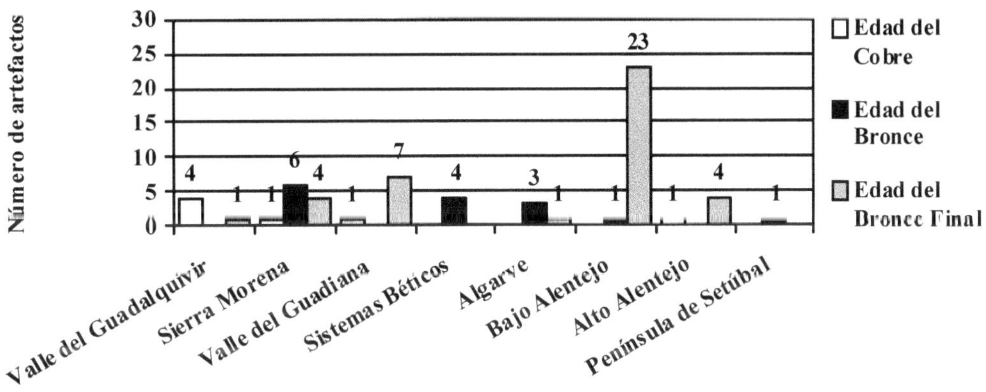

La mayoría de los brazaletes de la Edad del Cobre han sido hallados en el Valle del Guadalquivir, mientras que la mayoría de los de la Edad del Bronce han sido hallados en Sierra Morena, el Algarve y los Sistemas Béticos (gráfico 82). Respecto a los brazaletes de la Edad del Bronce Final hay que señalar que casi todos han aparecido en el Alentejo, el Valle del Guadiana y en Sierra Morena, lo que supone un cambio respecto de los períodos anteriores.

En el gráfico 83 se puede ver la distribución porcentual de los brazaletes según su cronología y contexto de aparición. Se observa que un alto porcentaje de artefactos de la Edad del Cobre sufre una descontextualización parcial ya que han sido encontrados en la superficie de poblados o en contenedores funerarios, pero sin documentación por medio de mitología arqueológica. Por el contrario, la mayoría de los de la Edad del Bronce han aparecido en contextos funerarios documentados en el transcurso de excavaciones arqueológicas. Respecto a los de la Edad del Bronce Final hay que señalar que una alta proporción de los mismos ha aparecido de manera descontextualizada o sufre una descontextualización parcial.

Se conocen las medidas de uno de los brazaletes realizados en base de cobre, de 3 de los 11 brazaletes de plata y de 34 brazaletes de oro todos datados en la Edad del Bronce Final. Según los estudios realizados en otras zonas de la Península Ibérica los brazaletes se caracterizan por tener un diámetro de entre 33 y 65 mm (Simón García, 1998: 303). Estas medidas son similares a las dimensiones de los brazaletes de plata del Suroeste datados en la Edad del Bronce (Tabla 67). Por el contrario, los de la Edad del Bronce Final, que están todos realizados en oro, tienen unas dimensiones mayores. La desviación estándar de las medidas de los brazaletes de la Edad del Bronce Final es mayor que la de los de la Edad del Bronce. Esto indica que aunque las dimensiones de los brazaletes de este primer período son mayores que los del segundo, también es mayor la variabilidad de sus medidas. Sin duda estos datos se ven fuertemente influenciados por la calidad de la información disponible para los brazaletes de plata, por lo que deben ser sometidos a una cierta cautela.

No se ha analizado ningún brazalete de base de cobre del Suroeste, frente a los 6 de plata (54%) y a los 24 de oro. Todos los realizados en plata tienen una alta cantidad de Ag y una baja cantidad de Cu que es bastante uniforme en todos los brazaletes de plata estudiados (Tabla 68). No se ha detectado la presencia de Pb, al igual que ocurre para los artefactos de otras zonas datados en este período (Montero Ruiz *et alii*, 1995). Este metal ha sido tradicionalmente relacionado con el proceso de copelación, por lo que se desconoce si la materia prima fue obtenida a partir de galenas argentíferas o a partir de plata nativa.

El único brazalete de oro de la Edad del Cobre del Suroeste es el que apareció en la superficie del túmulo del dolmen de El Pozuelo (Santa Bárbara de Casas, Huelva) (Gómez Ramos *et alii*, 1999). Su composición tiene un 10% de plata, cantidad que es bastante alta, pero que se debe a una aleación natural. El límite entre las aleaciones naturales y artificiales de oro y plata se sitúa en torno al 20% de plata (Montero Ruiz y Rovira Llorens, 1991: 10). Esto indica claramente que el hallado en este dolmen no fue fabricado por medio de una aleación intencionada.

Los brazaletes de oro de la Edad del Bronce Final tienen una cantidad media de Cu bastante alta (un 2%) (Tabla 69). Ésta sólo puede ser resultado de una aleación intencionada, ya que se considera el 1% de este metal como el límite entre las aleaciones naturales y las aleaciones intencionadas (Montero Ruiz y Rovira Llorens, 1991: 10). Las producciones de orfebrería de la Edad del Bronce Final se caracterizan por tener cantidades de Cu y de Ag superiores a la de los artefactos de orfebrería de los períodos anteriores (Montero Ruiz y Rovira Llorens, 1991: 11).

Gráfico 83: Distribución porcentual de los brazaletes de del Suroeste según su contexto de aparición

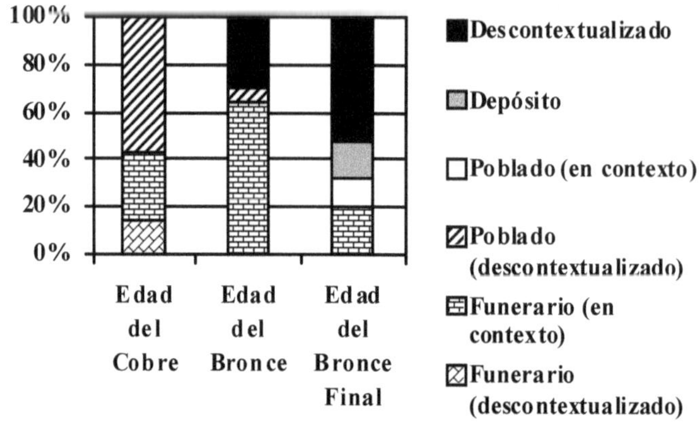

Tabla 67: Media y desviación estándar de las medidas de los brazaletes del Suroeste				
	Edad del Bronce (plata)		Edad del Bronce Final (oro)	
	Media	Desviación estándar	Media	Desviación estándar
Longitud (mm)	49	19,8	139,93	114
Anchura (mm)	12	13,9	59,5	27,74
Diámetro (mm)	65,5	3,53	70,04	7,77
Peso (gr)	No hay datos	No hay datos	110,4	67,1

Tabla 68: Media y desviación estándar de la composición de los brazaletes de plata de la Edad del Bronce		
	Media (%)	Desviación estándar
Cu	1,31	0,97
Ag	99,13	1,55

Tabla 69: Media y desviación estándar de la composición de los brazaletes de oro de la Edad del Bronce Final		
	Media (%)	Desviación estándar
Au	87,75	0,35
Ag	10,25	0,35
Cu	2	--

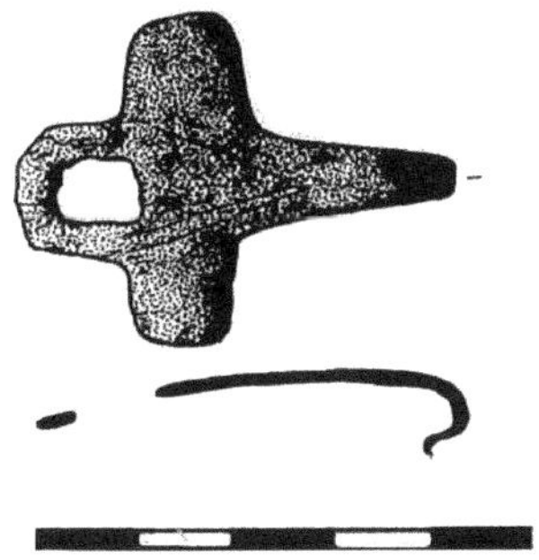

Figura 14: Broche de cinturón hallado en el depósito de la Ría de Huelva. Medidas expresadas en cm. Imagen extraída de Ruiz-Gálvez Priego, 1995

6.4.4 BROCHES DE CINTURÓN

Un broche de cinturón es todo aquel artefacto de metal, formado por una o varias piezas, que sirve para ajustar el cinto textil o de cuero que se coloca en la cintura para llevar armas o ajustar la ropa al cuerpo.

Sólo se han encontrado tres broches de cinturón en el Suroeste, dos en el depósito de la Ría de Huelva y otro en el tholos de Roça do Casal do Meio (Sesimbra, Setúbal). No se han encontrado artefactos similares de Edad del Bronce Final en otros lugares de la Península Ibérica y, aunque existen broches de cinturón datados en períodos posteriores, estos tienen unas características diferentes por lo que no se pueden comparar con estos dos ejemplares (Rovira Llorens, 1995).

Las dos piezas aparecidas en Huelva han sido analizadas para conocer su composición química. El resultado de los análisis demuestra que tienen una composición bastante similar a la de los bronces binarios propios de este período en el Suroeste (Rovira Llorens, 1995). La metalografía de uno de los broches muestra una estructura de granos maclados propia de una pieza que ha sido martilleada en frío y que ha recibido un tratamiento térmico posterior (Rovira Llorens, 1995).

6.4.5 ESLABONES O CADENAS-ESPIRALES

El término eslabón hace referencia un aro de metal que enlaza con otros y forma cadenas. En arqueología se ha empleado este término para hacer referencia a aquellas realizadas con aros de oro. En otras ocasiones se ha empleado el término cadena-espiral, que hace referencia a aros cerrados que forman cadenas y cuyos alambres están enrollados en espiral (Almagro Gorbea, 1977). Se desconoce la funcionalidad de estos artefactos, aunque al estar todos realizados en oro se ha considerado que debieron de tener una función ornamental.

En el Suroeste se han hallado 15 artefactos de este tipo. Todas están datadas en la Edad del Bronce Final y han sido halladas en descontextualizadas, a excepción de una encontrada en un depósito votivo y otra en una tumba ubicada en los alrededores de Mérida y de la cual se desconoce su ubicación exacta (Harrison, 1977). Si se tiene en cuenta su distribución geográfica de estos artefactos se observa que 4 fueron hallados en el Valle del Guadiana, 9 en el Bajo Alentejo y 2 en el Alto Alentejo. No habiéndose se han encontrado objetos similares en otras áreas de la Península Ibérica.

Se conocen las medidas de 12 cadenas-espirales, aunque estas son muy variables puesto que dependen del tamaño de los eslabones y del número de espirales que forman la cadena. Todas estas espirales tienen entre 5 y 10 eslabones realizados en espirales de oro realizadas en alambre que se cierran y que encajan unos con otros. No se conoce la anchura y el grosor de todas las piezas por lo que sólo se ha podido calcular la longitud y el peso medio y su desviación estándar, medidas que son muy variables (Tabla 70).

Se han analizado 14 cadenas-espirales. Los resultados que se han empleado para calcular la composición media y la desviación estándar proceden la publicación de Hartmann (1982), ya que no existe otra serie analítica. Ninguno de estos objetos tiene una cantidad de Cu que supere el 2%, por lo que este metal procede de las impurezas de la propia materia prima (tabla 71). Respecto a la plata hay que señalar que dos eslabones tienen una cantidad de este metal superior al 20%, por lo que habría sido añadida de manera intencionada. Asimismo, la cantidad de Ag es mucho más variable que la de Cu y de Sn. No se ha aplicado ningún análisis metalográfico a estos artefactos, por lo que se desconoce como era su proceso de producción.

6.4.6 CAMPANILLAS

En el Suroeste se han hallado 4 artefactos de oro que han sido interpretados como campanillas. Uno de ellos se data en la Edad del Cobre y los otros 3 en la Edad del Bronce.

Tabla 70: Media y desviación de estándar de las medidas de las cadenas-espirales del Suroeste		
Medidas	Media	Desviación estándar
Longitud (mm)	204,88	198,57
Anchura (mm)	39,05	16,04
Peso (gr)	136,305	180,38

Tabla 71: Media y desviación estándar de la composición de las cadenas-espirales de oro de la Edad del Bronce Final		
	Media (%)	Desviación estándar
Sn	0,08	0,06
Ag	11,34	3,8
Cu	0,19	0,24

Gráfico 84: Número mínimo de cuentas de collar según su cronologia y el metal en el que están realizadas

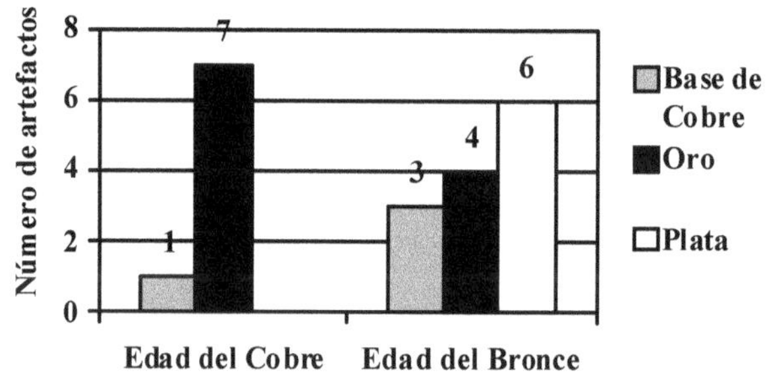

Gráfico 85: Distribución porcentual de las cuentas de collar del Suroeste según su cronología y contexto de hallazgo

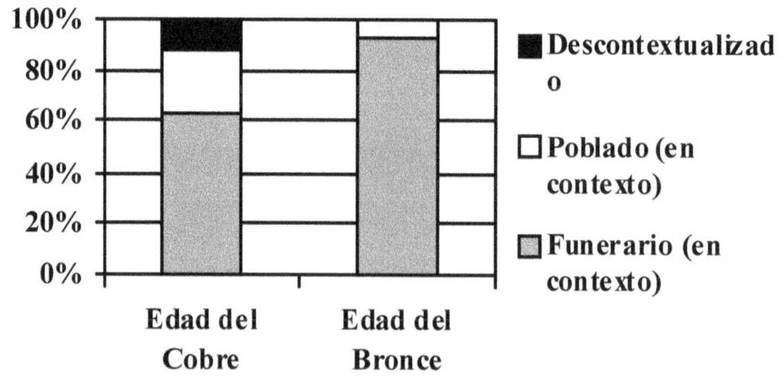

Todos estos objetos han sido hallados en contextos funerarios, tres en la superficie de la necrópolis de la Edad del Bronce de El Castañuelo (Aracena, Huelva) (Hunt Ortiz, 2003: 183) y otra en el dolmen de Torre Águila (Montijo, Badajoz) (Brandherm, 2003). Las primeras aparecieron en superficie y se han datado en la Edad del Bronce, aunque también podrían proceder del poblado que está situado en la cercanías de las necrópolis de cistas mencionada y que se data en entre los siglos IV-III a.n.e.

Los tres objetos de El Castañuelo han sido analizados y tienen una alta cantidad de Ag (entre el 7-10%). Ninguna de las campanillas del Suroeste ha sido metalografiadas, por lo que se desconoce como fueron manufacturadas.

6.4.7 CUENTAS DE COLLAR

Las cuentas de collar son artefactos de pequeño tamaño que tienen una perforación que permite el paso de un hilo (Simón García, 1998, 307). Estos puede ser empleados para collares, pulseras o estar cosidos a un soporte textil. Las cuentas de metal que aparecen de manera más frecuentes en el Suroeste son aquellas realizadas en oro, mientras que las cuentas de base de cobre son bastante escasas en esta zona. Esto no sólo ocurre en el Suroeste sino también en otras zonas de la Península Ibérica como el Valle del Ebro (Rodríguez de la Esperanza, 2005: 108) o la Comunidad Valenciana (Simón García, 307).

El número de cuentas de collar es de 21 de las cuales 8 están datadas en la Edad del Cobre y las 13 restantes en la Edad del Bronce. En este primer período la mayoría de las cuentas están realizadas en oro, frente al segundo período en el cual están realizadas en plata (gráfico 84).

Prácticamente todas las cuentas de ambos períodos han aparecido en contextos funerarios (gráfico 85). Las de cobre son las únicas que han aparecido en poblados, frente a las de plata y oro que siempre se emplearon como ajuares en contenedores funerarios. La única excepción, es la cuenta de oro hallada en el poblado campaniforme de Monturque (Monturque, Córdoba) (López Palomo, 1988).

Se han analizado 8 cuentas de las cuales 2 son de base de cobre y 6 de plata. La hallada en la necrópolis de las Cumbre (El Puerto de Santa María, Cádiz) está realizada en bronce y tiene un 14% de Sn (Rovira Llorens *et alii*, 1997), a diferencia de la encontrada en La Loma del Puerco (Chiclana de la Frontera, Cádiz) que está realizada en cobre. Respecto a las de plata hay que señalar todas ellas tienen muy pocas impurezas purezas, a excepción de una de ellas que tiene un 1% de Cu, cantidad que podría deberse a una aleación intencionada de plata y cobre. Ninguna de las cuentas ha sido metalografiada.

6.4.8 DIADEMAS

Una diadema es una joya en forma de media corona, que está abierta por detrás y que se coloca en la cabeza. Estos adornos, que tienen uno o varios agujeros en sus laterales para la sujeción por medio de un cordón, siempre están realizados en oro o en plata y según Almudena Hernando Grande (1983) se subdividen en dos tipos:

-Diademas: son aquellas láminas de oro que tienen una forma romboidal, por lo que su anchura en la parte central es superior a la anchura de los laterales. Miden entre 50-60 cm de longitud.

-Cintas: están realizadas en una lámina rectangular y tienen un menor tamaño que las diademas ya que miden entre 30-40 cm de longitud.

En el Suroeste se han hallado 4 diademas de oro, 2 datadas en la Edad del Cobre y otras 2 en la Edad del Bronce.

La primera apareció en el interior de una cista de la Edad del Cobre en Montilla (Córdoba) (Carriazo y Arroquia, 1980). La diadema está realizada sobre una lámina de oro que fue batida para darle la forma romboidal deseada. Mide unos 440 mm por 35 de ancho y no tienen ningún tipo de decoración.

La segunda fue encontrada en una cista en Torre Águila (Montijo, Badajoz) asociada a cerámica campaniforme, dos puñales de cobre, un brazalete de oro y una campanilla del mismo metal (Brandherm, 2003). Respecto a las de la Edad del Bronce una fue hallada en un dolmen asociado a una espada con empuñadura de oro en Herdade do Sardoninho (Messejana, Aljustrel, Beja) (Armbruster y Parreira, 1993) y otra está descontextualizada y procede de Évora (Armbruster y Parreira, 1993).

Dos diademas han sido analizadas. Una de ellas tiene un 5% de Ag y otra un 21% (Hartmann, 1982), por lo que habría sido aleada intencionadamente. Ninguna de las halladas ha sido analizada por metalografía.

Se han descubierto artefactos similares en otras zonas de la Península Ibérica como la Cueva de Los Murciélagos (Albuñol, Granada) (Góngora y Martínez, 1868) y dos más en Cícere (Santa Comba, La Coruña) (Hernando Gránde, 1983). La primera ha sido metalografiada y tiene una estructura propia de una pieza que ha recibido un forjado y un tratamiento térmico posterior que realizó con el objetivo de eliminar las tensiones de la estructura interna. Este artefacto se habría producido batiendo una lámina a partir de pepitas de oro, que posteriormente habría sido recocida (Hernando Grande, 1983).

Gráfico 86: Número mínimo de espirales según su cronología y el metal en el que están realizados

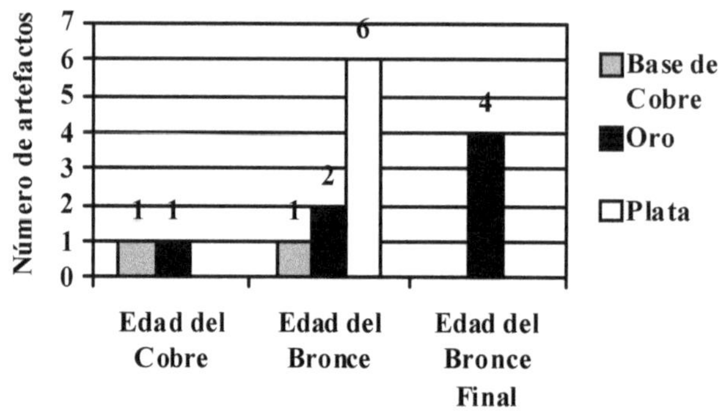

Gráfico 87: Número de espirales según su cronología y su área geográfica de aparición

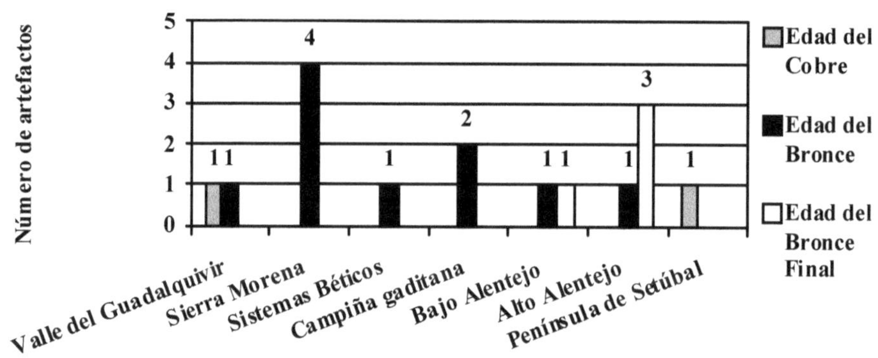

Tabla 72: Media y desviación de estándar de las medidas de las espirales del Bronce Final del Suroeste		
Medidas	**Media**	**Desviación estándar**
Longitud (mm)	50,75	15,86
Diámetro (mm)	46,75	4,99
Peso (gr)	49,95	19,99

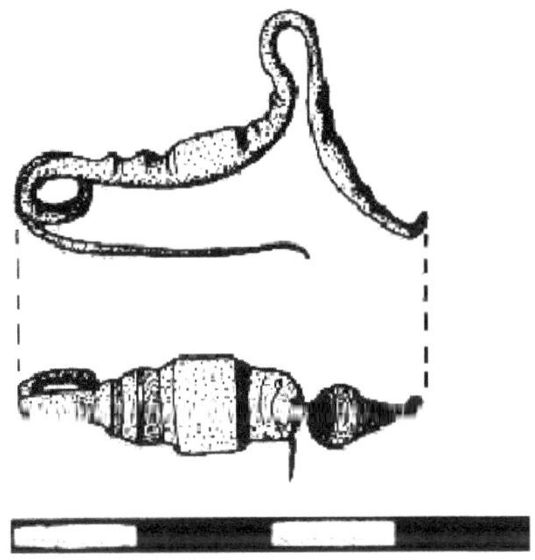

Figura 15: Fíbula hallada en el depósito de la Ría de Huelva. Medidas expresadas en cm. Imagen extraída de Ruiz-Gálvez Priego, 1995

6.4.9 ESFERA

En la necrópolis de Los Algarbes (Tarifa, Cádiz) fue hallada una esfera de oro en el interior de un hipogeo excavado en el subsuelo que actualmente está desaparecida (Posca Mon, 1975). Esta estaba realizada con una lámina que había sido batida y que tenía una decoración repujada en zig-zag y en ajedrez. La pieza está datada en la Edad del Cobre, aunque es la única de este tipo que ha sido hallada en la Península Ibérica. Este adorno apareció en el interior de la tumba colectiva junto a otros artefactos del ajuar como por ejemplo collares de concha y de marfil e ídolos calcolíticos.

6.4.10 ESPIRALES

El término espiral hace referencia en las publicaciones arqueológicas a un tipo de adorno realizado con un alambre de metal de forma helicoidal. Estos artefactos suelen estar realizados en oro o plata, siendo más escasos los que están manufacturados en base de cobre, como se constata en otras áreas de la Península Ibérica, como por ejemplo la Comunidad Valenciana (Simón García, 1998: 301). Se desconoce cual era la función exacta de estos objetos, aunque se sabe que eran empleados como adornos, ya que algunos están producidos en oro y en plata y estos metales sólo tuvieron un uso ornamental. Algunos investigadores consideran que estos adornos fueron empleados como pendientes de ahí que en sus respectivas tipologías los hayan incluido como tales (Lull Santiago, 1983).

El número de espirales halladas es de 17, de las cuales 2 están datadas en la Edad del Cobre, 9 en la Edad del Bronce, 4 en la Edad del Bronce Final y dos tienen una cronología imprecisa, la mayoría de las cuales están realizadas en plata (Gráfico 86). La mayoría de las espirales de la Edad del Bronce han aparecido en Sierra Morena y las del Bronce Final en el Alentejo (Gráfico 87).

Todas las espirales de la Edad del Cobre y del Bronce han aparecido en contextos funerarios que han sido excavados con metodología arqueológica. Las de la Edad del Bronce Final han aparecido todas descontextualizadas, a excepción de una que apareció en São Martinho (Avis, Portalegre) que fue hallada en un depósito.

Se conocen las medidas de una espiral de la Edad del Cobre, de otra de la Edad del Bronce y de las 4 del Bronce Final (tabla 72). Estas tienen una longitud mayor que su diámetro y una mayor variabilidad.

Sólo una de las dos piezas de cobre está analizada y su composición tiene una alta cantidad de As (1%). Todas las espirales de plata tienen una alta cantidad de Ag superior al 99%, siendo la impureza más frecuente el cobre, aunque no se ha detectado la presencia de plomo en ninguna de las espirales.

Se han analizado 7 espirales de oro. Todas, a excepción de una, tienen unas cantidades de Ag y de Cu inferiores al 20% y al 1%, lo que indica que fueron producidas sin aleaciones intencionadas.

6.4.11 FÍBULAS

Una fíbula es un broche realizado en metal que se emplea para sujetar las prendas de vestir. Se han encontrado artefactos similares en otras zonas de la Submeseta Norte y la Provincia de Granada (Carrasco Rus y Pachón Romero, 2006). Se desconoce su cronología, aunque se considera que tienen una cronología de la Edad del Bronce Final y perviven durante el Período Orientalizante. En el caso de las fíbulas aparecidas en la Ría de Huelva se considera que estas tienen una cronología similar a la del resto de artefactos de este depósito que estarían datados por fecha de radiocarbono en el siglo IX a.n.e.

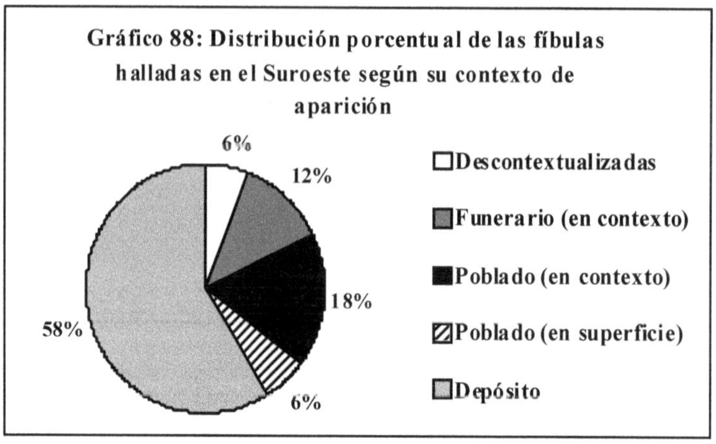

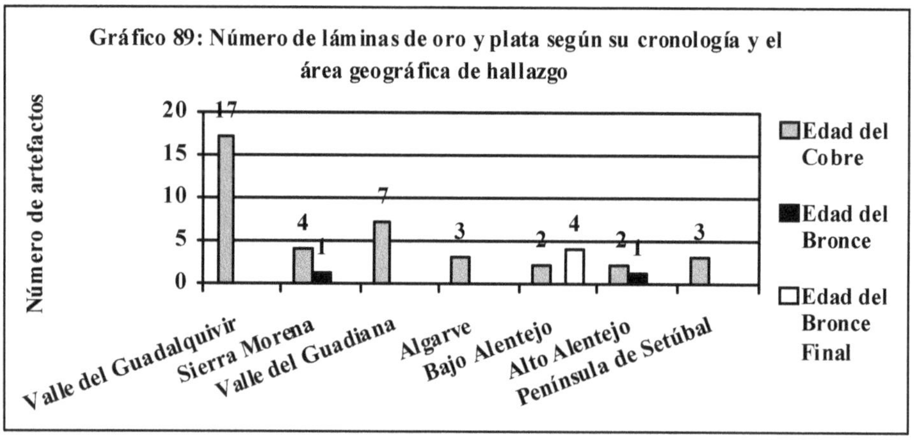

Tabla 73: Media y desviación estándar de las medidas de las fíbulas de la Edad del Bronce Final		
	Media	Desviación estándar
Longitud (mm)	48,14	22,61
Anchura (mm)	15	17,7
Peso (gr)	6,6	5,7

Tabla 74: Media y desviación estándar de la composición de las fíbulas de la Edad del Bronce Final		
	Media (%)	Desviación estándar
Cu	88,03	1,80
Sn	12,33	2,07
Pb	0,08	0,04

En el Suroeste se han hallado 9 fíbulas, al igual que la Meseta Norte (Herrán Martínez, 2008: 333). La mayor parte de las mismas han sido halladas en el depósito de la Ría de Huelva, aunque también se han encontrado otras en contextos funerarios y domésticos (gráfico 88).

Se conocen las medidas de casi todas las fíbulas excepto una, aunque sólo 8 de ellas no sufren ningún desperfecto. La longitud es la medida más variable de todas, ya que tiene una mayor desviación estándar respecto de la media (Tabla 73).

Las fíbulas de codo, comúnmente denominadas de tipo Huelva, fueron interpretadas tras su descubrimiento como de procedencia oriental, aunque actualmente se piensa que eran producidas en la Península Ibérica (Mederos Martín, 1996). Durante años se pensó que las fíbulas de este tipo no sufrieron ningún desarrollo evolutivo y fueron relacionadas cronológicamente con otras del Mediterráneo que también tenían los mismos problemas de descontextualización y de cronología (Carrasco Rus y Pachón Romero, 2006). Se ha establecido un posible patrón evolutivo teniendo en cuenta la decoración de sus puentes, a pesar de lo cual todavía no es posible asignarles ninguna cronología exacta dado que se desconoce su perduración (Carrasco Rus y Pachón Romero, 2006: 117).

De las 10 fíbulas de este tipo se han analizado 7 (Tabla 74). Su composición media es muy similar a la de otros artefactos de la ría de Huelva caracterizados por tener entre un 9 y un 14% de Sn y cantidades de Pb inferiores al 0,1%.

Se han realizado dos análisis metalográficos sobre estos artefactos. El primero tiene una estructura interna propia de una pieza que ha sufrido un forjado en frío y un recocido posterior. Estos tratamientos afectaron por igual al codo y a la mortaja de la misma (Rovira Llorens, 1995: 45). La otra tiene una estructura dendrítica inalterada, por lo que fue extraída del molde y no se le aplicó ningún tratamiento posterior.

6.4.12 LÁMINAS

Una lámina es una plancha delgada realizada en metal que se caracteriza por tener una mayor longitud que anchura. Las realizadas de oro y plata tuvieron una función ornamental clara, aunque las realizadas en base de cobre se han incluido dentro de los artefactos de los cuales se desconoce su función. Algunos investigadores consideran que las láminas de base de cobre fueron empleadas como adornos complejos o complementos que irían colgados de manera indirecta a los ropajes (Montero Ruiz, 1994), aunque en este trabajo de investigación se ha preferido no clasificar estos artefactos como tales por falta de información. Lo cierto es que las láminas de oro fueron empleadas para todo tipo de usos, ya fuese como adornos, como por ejemplo sucede con el collar de láminas de Guta (Castro del Río, Córdoba) (Carrilero Martínez, 1985); ya fuese como láminas que se emplearon en la decoración de artefactos con la intención de remarcar el prestigio de quien los empleaba, como ocurre con la lámina de oro que recubría el mango del cuchillo de Caño Ronco (Camas, Sevilla) (Cabrero García, 1985).

De las 44 láminas halladas en el Suroeste, 38 están realizadas en oro y están datadas en la Edad del Cobre (86%), 2 están datadas en la Edad del Bronce (4%), una manufacturada en plata y otra en oro, y 4 en la Edad del Bronce Final (10%), todas ellas producidas en oro.

La mayoría de las láminas de la Edad del Cobre han aparecido en el Valle del Guadalquivir y del Guadiana. Por el contrario, todas las del la Edad del Bronce Final han sido halladas en el Bajo Alentejo (Gráfico 90).

La mayoría de las láminas calcolíticas han sido halladas en contextos funerarios documentados por metodología arqueológica o han sido recogidas de la superficie de algunos poblados (Gráfico 89). Todas las de la Edad del Bronce Final están descontextualizadas.

Se conocen las medidas de 14 artefactos de la Edad del Cobre, de 1 de la Edad del Bronce y de los 4 de la Edad del Bronce Final. Las de la Edad del Cobre tienen una mayor longitud que las del Bronce Final, aunque no se pueden comparar otras medidas dado que se desconocen los datos para la Edad del Bronce Final.

De todas las láminas calcolíticas se han analizado 11 de ellas, todas las de la Edad del Bronce y ninguna del Bronce Final. A pesar de que existe un número alto de análisis para las del primero y segundo período, lo cierto es que son fruto de diferentes series analíticas por lo que los resultados no pueden ser comparados. A pesar de este problema, hay que señalar que todas las de oro tienen una cantidad de Ag inferior al 20% y de Cu inferior al 1%. La única de plata analizada tiene una cantidad de Cu superior al 1,44% (Rovira Llorens *et alii*, 1997).

Los motivos decorativos más frecuentes son motivos geométricos, la mayoría de los cuales fueron realizados por repujado. Un caso singular es el del fragmento de lámina de oro con dos motivos soliformes similares a los que llevan los ídolos placa de la Edad del Cobre. Este fue encontrado en el corredor que llevaba a la cámara de uno de los tholos de la necrópolis de El Gandul (Alcalá de la Guadaíra, Sevilla) (Hurtado Pérez y Amores Carredano, 1986). Esta decoración no es casual, ya que esta lámina pudo pertenecer a un ídolo placa realizado en una lámina de oro. El mal estado de conservación de la misma, no permite por el momento asegurar esta hipótesis.

Gráfico 90: Distribución porcentual de los láminas del Suroeste según su contexto de aparición y su cronología

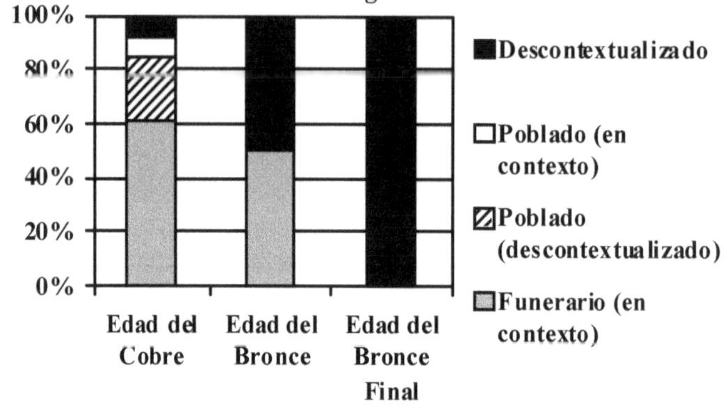

Tabla 75: Media y desviación estándar de las medidas de las láminas según su cronología				
	Edad del Cobre		Edad del Bronce Final	
	Media	Desviación estándar	Media	Desviación estándar
Longitud (mm)	92,46	130,99	10,1	3,62
Anchura (mm)	11,7	5,51	No hay datos	No hay datos
Peso (gr)	1,38	1,92	No hay datos	No hay datos

Gráfico 91: Número mínimo de torques y de alambres de la Edad del Bronce Final según el metal en el que están producidos

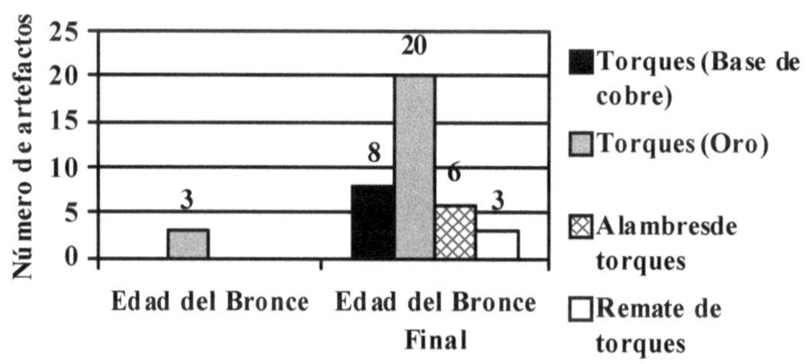

Gráfico 92: Distribución porcentual de los torques según su contexto de aparición y su cronología

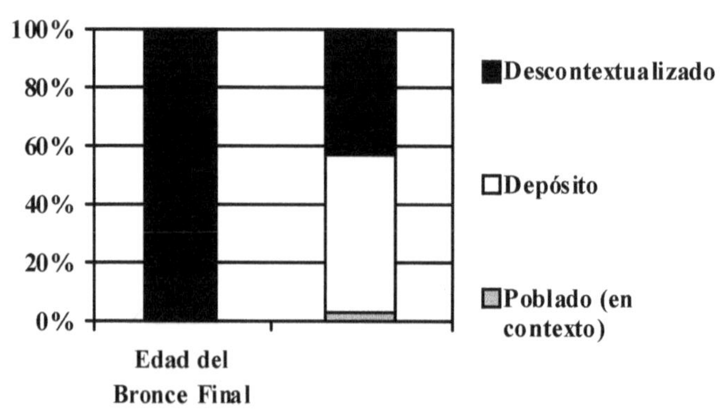

6.4.13 PENDIENTES

Un pendiente es un adorno de metal que atraviesa las orejas u otras partes del cuerpo. En la bibliografía arqueológica este tipo de adornos también son denominados con el término "arete" (Simón García, 1998). Este término se emplea para hacer referencia a un aro de metal de pequeño tamaño que atraviesa el lóbulo de la oreja y que se lleva como adorno. Debido a su pequeño tamaño estos no pueden ser empleados como anillos. Según algunos estudios morfométricos realizados estos artefactos se caracterizan por tener un diámetro interno inferior a unos 15 mm (Simón García, 1998: 290).

En el Suroeste de España sólo se han encontrado seis aros que han sido interpretados como pendientes, 5 datados en la Edad del Bronce y otro en el Bronce Final. Cuatro están producidos en oro y 2 en base de cobre.

Cuatro de la Edad del Bronce han sido encontrados en contextos en contextos funerarios que han sido documentados por medio de metodología arqueológica y otro está descontextualizado al igual que sucede con el de la Edad del Bronce Final

Sólo conocen las medidas de uno de estos artefactos, por lo que no se puede calcular la media y la desviación estándar de sus medidas.

Del total de pendientes documentados en el Suroeste se han analizado 4, aunque son fruto de diferentes series analíticas que no son comparables entre sí. Al igual que en los casos anteriores los de oro no fueron aleados intencionadamente con Cu y Ag, ya que tienen unas cantidades inferiores al 1% y al 20% respectivamente. El arete de cobre se caracteriza por tener una alta cantidad de As (un 3%).

6.4.14 TORQUES Y ALAMBRES

Un torques es un collar realizado en metal formado por un alambre abierto y dos extremos o remates que se emplea como adorno. El término alambre hace referencia a una serie de hilos metálicos de sección redonda que están realizados en metal. En el Suroeste se han encontrado alambres realizados en oro pero ninguno que esté realizado en plata. Se han encontrado cuatro artefactos similares realizados en base de cobre, aunque se desconoce si estos fueron empleados como adornos o no. En el caso de los alambres de oro, su función está mucho más definida ya que todos los artefactos realizados en este metal tienen una clara función de prestigio o de adorno. Por otra parte, hay que señalar que también se han hallado dos remates de torques en el depósito de Bodonal de la Sierra (Badajoz) (Almagro Gorbea, 1977).

El número mínimo de alambres de oro es de 7 y todos están datados en la Edad del Bronce Final. Se han encontrado 3 torques datados en la Edad del Bronce y 28 en la Edad del Bronce Final (Gráfico 91). Todos los alambres y los remates forman parte de torques incompletos realizados en oro.

Todos los alambres y remates de torques de oro han sido hallados en depósitos y proceden de los famosos depósitos de Sagrajas y de Bodonal de la Sierra (Badajoz), aunque dos de ellos están descontextualizados y fueron hallados en Baleizão (Beja). Respecto a los torques hay que señalar que muchos de ellos sufren algún tipo de descontextualización (Gráfico 92).

El depósito de Bodonal de la Sierra apareció dentro de un posible fondo de cabaña que tenía un nivel de incendio posterior, por lo que se considera que, aunque procede de un depósito, fue hallado en un poblado (Almagro Gorbea, 1977).

Se conocen las medidas de 5 alambres de oro, de dos remates de torques (cuyas medidas no se han incluido en la tabla por ser el número de artefactos muy escaso), de 6 torques de base de cobre y de 6 de oro. La longitud de los alambres es superior a la de los torques acabados (Tabla 76). Esto puede deberse a que estos artefactos no son fragmentos de torques sino piezas sin acabar que fueron incluidas dentro de los depósitos, ya que en ese caso lo lógico es que estas piezas fuesen más cortas que los propios torques. Por otra parte, hay que señalar que los realizados en base de cobre son de mayor tamaño que los realizados en oro, a pesar de que estos están casi todos deformados. La desviación estándar de las medidas de los torques de oro es mayor que la de los torques de base de cobre.

Ninguno de los alambres y de los remates de oro ha sido analizado. Se han analizado 10 torques de oro y 5 de base de cobre (Tabla 77). Ninguno de los primeros tiene cantidades de Ag superiores al 20%, aunque algunos de ellos tienen cantidades de Cu superiores al 2%, metal que habría sido añadido de manera intencionada con el objetivo de preparar una aleación con diferentes propiedades físicas. Uno de los torques de oro ha sido analizado en varias partes por medio de MEB. La composición media es de 5% de Ag y un 94% de Au, aunque la cantidad de Au es menor en la superficie del aro y la cantidad de Ag es menor en los surcos de las decoraciones por incisiones. El estudio por MEB también mostró que la pieza fue decorada por medio de un cincelado con un artefacto cortante (Perea Caveda, 1990). Respecto a las piezas de base de cobre, hay que señalar que tienen una cantidad media de Sn bastante alta, respecto de la que se documenta para otras piezas. Al igual que ocurre en otros artefactos del depósito de la Ría de Huelva, las cantidades de Pb detectadas son bastante bajas.

Sólo se ha realizado un análisis metalográfico sobre los torques de la Edad del Bronce Final. Este se aplicó a uno de base de cobre, cuya estructura interna era propia de un artefactos que había recibido un tratamiento término posterior a su extracción del molde y que no había sido forjado (Rovira Llorens, 1995).

Tabla 76: Media y desviación estándar de las medidas de los torques y alambres de torques de la Edad del Bronce Final hallados en el Suroeste						
	Media			Desviación estándar		
	Alambres	Torques de base de cobre	Torques de base de oro	Alambres	Torques de base de cobre	Torques de base de oro
Longitud (mm)	310	178,83	207,07	141,88	62,76	196,75
Anchura (mm)	No hay datos	9,67	No hay datos	No hay datos	2,66	No hay datos
Diámetro	No hay datos	No hay datos	143,68	No hay datos	No hay datos	6,23
Peso (gr)	70,11	35	470,4	40,69	12,25	718,06

Tabla 77: Media y desviación estándar de la composición de los torques de base de cobre del Suroeste		
	Media (%)	Desviación estándar
Cu	85,63	5,88
Sn	14,02	5,68
Pb	0,13	0,03

Tabla 78: Media y desviación estándar de la composición de los alambres de la Edad del Bronce del Suroeste de España		
	Media (%)	Desviación estándar
Cu	91	6,74
Sn	11,02	3,91

Gráfico 93: Distribución de los amorfos según su cronología y su zona geográfica de aparición

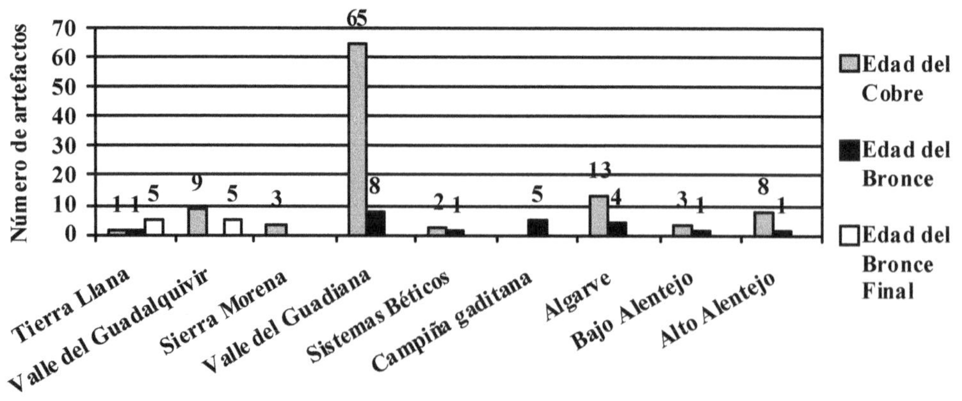

6.4.15 TUBOS

Un tubo es una pieza hueca abierta por los laterales con forma cilíndrica. Se ha empleado este término para hacer referencia a unos artefactos de plata con esta forma que han aparecido en el interior del Hipogeo I de la necrópolis de Las Cumbres (Puerto de Santa María, Cádiz) (Ruiz Mata, 1985). Se ha interpretado que fueron empleados como resortes (Ruiz Mata, 1985), aunque lo cierto es que se desconoce su función. Todos ellos están realizados en plata, por lo que debieron de tener un uso ornamental.

Se desconocen las medidas de todos ellos, aunque sí han sido analizados. Casi todos tienen una cantidad de Ag superior al 99% y las impurezas de Cu no sobrepasan el 1%, por lo que no este metal no parece que fuese añadido intencionalmente. Sólo una de estas piezas ha sido estudiada por metalografía y tiene una estructura de granos maclados que indica que fue sometida a un forjado en frío y a un recocido posterior (Hunt Ortiz, 2003: 189).

6.5 ARTEFACTOS DE FUNCIÓN DESCONOCIDA

6.5.1 ALAMBRES

Un alambre es un hilo de metal rígido o semirígido que tiene una sección circular o cuadrangular. En el Suroeste sólo se han hallado cuatro alambres, 3 datados en la Edad del Bronce y uno en la Edad del Cobre.

El calcolítico fue hallado en la superficie del poblado de Chibanes (Palmela, Setúbal). Uno apareció en el yacimiento de Llanete de los Moros (Montoro, Córdoba) (Martín de la Cruz, 1987) y los otros dos aparecieron en el hipogeo I de Las Cumbres (Puerto de Santa María, Cádiz) (Ruiz Mata, 1985).

Se desconocen las medidas de los 4 alambres, aunque si se conoce la composición de 4 de ellos. La cantidad de As es muy baja en dos alambres, aunque otro tiene una cantidad de 1,6% As. Por el contrario, la cantidad media de Sn es bastante alta para un período en el cual las aleaciones de base Cu-Sn rara vez llegan a un 11% de Sn (Tabla 78). La desviación de la cantidad de Cu es mayor que la de Sn, lo que indica que la cantidad de este metal es mucho más variable en los diferentes alambres, mientras que la de Sn es mucho más uniforme.

6.5.2 AMORFOS

Un amorfo es un artefacto de metal que carece de forma regular. Se ha empleado este término para hacer referencia a aquellos artefactos metálicos hallados en contextos arqueológicos que tienen esta característica.

El número mínimo de amorfos es de 134, de los cuales 103 están datados en la Edad del Cobre (77%), 21 en la Edad del Bronce (16%) y 10 en la Edad del Bronce Final (7%). La cantidad de amorfos documentados es mayor durante el primer período y se reduce con el tiempo. Además, hay que señalar que en el depósito de la Ría de Huelva aparecieron dos amorfos de hierro que tenían una fuerte corrosión y que no han sido estudiados de manera analítica. El resto de los amorfos de este período están realizados en base de cobre.

Casi todos los amorfos de la Edad del Cobre han aparecido en la zona del Valle del Guadiana. La mayoría han sido hallados en la superficie del yacimiento de La Pijotilla (Badajoz) (Hurtado Pérez, 1984). Se desconoce a causa que explique el por qué han aparecido tantos artefactos de este tipo en este yacimiento, aunque quizá se podría intentar responder a esta pregunta si se pudiera conocer su posible funcionalidad. En el resto de las zonas han aparecido una cantidad de amorfos de la Edad del Cobre, Edad del Bronce y de la Edad del Bronce Final mucho más uniforme (Gráfico 93).

La mayoría de los amorfos de la Edad del Cobre han aparecido en la superficie del yacimiento de La Pijotilla (Badajoz), aunque también hay algunos que han sido hallados en contextos de poblado documentados en excavaciones realizadas con metodología arqueológica (Gráfico 94). Respecto a los amorfos de la Edad del Bronce, hay que señalar que la mayor parte de ellos han aparecido o en contextos funerarios o en poblados que se han excavado con metodología arqueológica. No se han hallado amorfos en contextos funerarios de la Edad del Bronce Final, aunque si en depósitos fluviales.

Solo se conocen las medidas de 18 amorfos de la Edad del Cobre y de 4 de la Edad del Bronce Final, aunque sólo se conocen las medidas de uno de la Edad del Bronce. Los amorfos de la Edad del Bronce Final tienen unas mayores dimensiones que los calcolíticos (Tabla 79). Asimismo, la desviación estándar es mayor para su longitud, aunque se observa una tendencia similar para su anchura.

Diez de los amorfos de la Edad del Bronce y de 4 de la Edad del Bronce Final han sido analizados, aunque sólo se conoce la composición de 38 hallados en contextos calcolíticos. Los amorfos de la Edad del Cobre y de la Edad del Bronce se caracterizan por tener una cantidad de As alta (Tabla 80). La cantidad media de Sn de los amorfos de la Edad del Bronce es superior a la de los de la Edad del Bronce Final. La desviación estándar de la composición demuestra que los de la Edad del Cobre tienen una composición más homogénea que los de la Edad del Bronce Final, pero similar a los de la Edad del Bronce Final.

Sólo 7 de los amorfos de la Edad del Cobre y 1 de los 10 de la Edad del Bronce Final han sido analizados para conocer su estructura interna (Gráfica 95). La mayoría de los analizados fueron sometidos a un forjado en frío y a un recocido posterior, tratamiento térmico que habría recristalizado su estructura interna. La pieza datada en la Edad del Bronce Final tiene una estructura dendrítica, lo que demuestra que no se le aplicó ningún tratamiento (Rovira Llorens, 1995).

Gráfico 94: Distribución porcentual de los amorfos en cada período según su cronología y su contexto de aparición

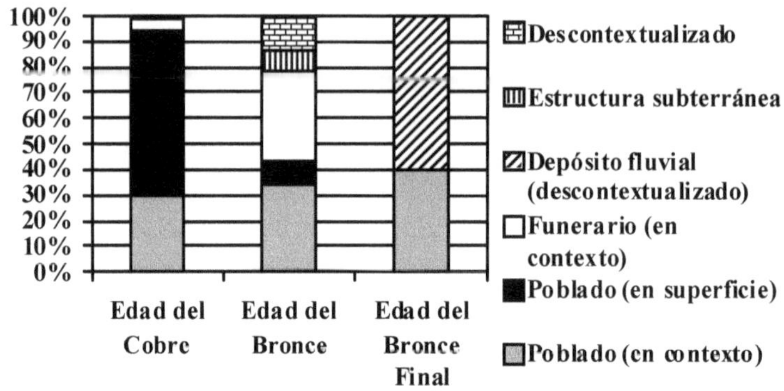

Tabla 79: Media y desviación estándar de las medidas de los amorfos de metal hallados en el Suroeste				
	Edad del Cobre		Edad del Bronce Final	
Medidas	Media	Desviación estándar	Media	Desviación estándar
Longitud (mm)	35,02	21,63	62,5	56,91
Anchura (mm)	18,89	14,57	22,5	13,29
Peso (gr)	27,82	61,02	No hay datos	No hay datos

Tabla 80: Media y desviación estándar de la composición de los amorfos de metal hallados en el Suroeste						
	Edad del Cobre		Edad del Bronce		Edad del Bronce Final	
	Media (%)	Desviación estándar	Media (%)	Desviación estándar	Media (%)	Desviación estándar
Cu	98,61	0,96	92,8	6,2	93,39	4,29
Sn	0,12	0,11	7,42	6,41	5,54	5,04
As	1,26	0,91	2,14	1,57	0,76	0,97

Gráfico 95: Distribución de los amorfos según su manufactura

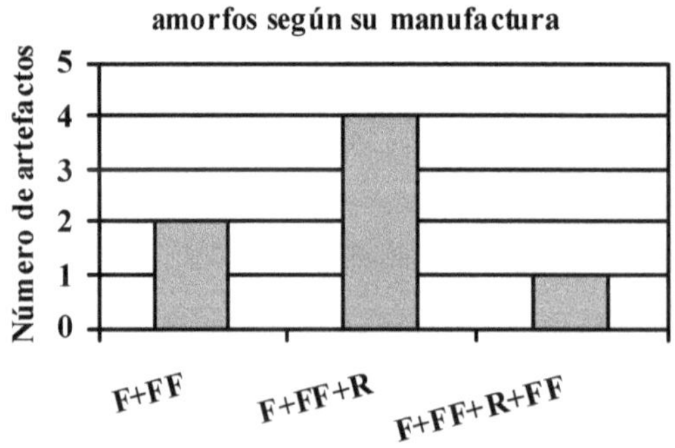

F (Fusión), FF (Forjado en frío), R (Recocido)

6.5.3 ASAS

En el yacimiento de El Trastejón (Zufre, Huelva), fue hallado artefacto de base de cobre que ha sido interpretado como un asa (Hunt Ortiz, 2003: 177). Se han encontrado otros dos artefactos similares en el depósito fluvial del remanso de Las Golondrinas (Puente Genil, Córdoba) (Armada Pita y López Palomo, 2003) y al pié del Castillo de Trindade (Beja) (Lópex y Vilaça, 1998). No se han encontrado artefactos similares en otras zonas.

Sólo uno de estos objetos ha sido analizado para conocer su composición y su estructura interna. Tiene un 8% de Sn en su composición y una estructura interna propia de una pieza que ha sido sometida a un tratamiento de forjado y a un recocido posterior (Hunt Ortiz, 2003: 177).

6.5.4 LÍNGOTES

En los yacimientos calcolíticos de La Junta (Puebla de Guzmán, Huelva), de Cabezo Juré (Alonso, Huelva), Outeiro de São Bernardo (Moura, Beja) y Santa Justa (Alcoutim, Faro), han aparecido varios artefactos realizados en base de cobre que han sido interpretados como lingotes (Da Veiga, 1970; Gonçalves, 1989; Rodríguez Bayona *et alii*, 2002; Nocete Calvo, 2004: 298). Recientemente, algunos investigadores han considerado que estos artefactos fueron empleados como lingotes en base a que todos estos artefactos tienen unas medidas similares y un peso bastante característico (Nocete Calvo, 2004: 302). Esto no ha podido ser contrastado, ya que sólo se han publicado las medidas de uno de ellos.

En el Suroeste se han hallado 7 artefactos de este tipo, 5 de ellos en poblados documentados con metodología arqueológica y 2 están descontextualizados.

Cuatro de estos supuestos lingotes han sido analizados y 2 de ellos han sido metalografiados. Tienen una composición media de 98,13% de cobre y de 0,76 de As. Las metalografías realizadas han mostrado que estos artefactos fueron sometidos a un tratamiento mecánico posterior a la fundición (Rodríguez Bayona, 2008). La aplicación de este tratamiento habría permitido corregir la forma de estos artefactos Rodríguez Bayona, 2008: 99), aunque a la vez habría mejorado la dureza de estos artefactos. La principal pregunta que uno se plantea es para qué se aplicó este tratamiento a productos cuya supuesta función era la de ser comercializados y no utilizados, caso en el cual no se hubiesen aplicado tratamientos de manufactura con el objetivo de mejorar sus propiedades mecánicas. No obstante, hay que señalar que no existen estudios metalográficos sobre lingotes, por lo que se desconoce si estos eran manufacturados después de ser extraídos del molde. En mi opinión y teniendo en cuenta la información que se ha recopilado, creo que estos artefactos no deberían ser considerados como tales.

La hipótesis que defiende que estos artefactos son lingotes se contradice con el estudio que se hizo sobre los lingotes prehistóricos aparecidos en la Península Ibérica y en el que se concluyó que los primeros lingotes de la Península Ibérica no aparecieron hasta la Edad del Bronce Final (Gómez Ramos, 1993: 90). Estos artefactos se caracterizan por ser tortas que se obtendrían tras el proceso de reducción del mineral en hornos (que no existen en la Edad del Cobre peninsular) y tienen una forma plano-convexa; mientras que el resto de piezas que han sido interpretadas como lingotes no suelen tener una forma claramente establecida ni una uniformidad de pesos y medidas (Gómez Ramos, 1993).

La mayoría de las tortas de metal, que pudieron tener un valor premonetal, han aparecido en depósitos fluviales asociadas a hachas. Estos se sitúan en zonas que no cuentan con recursos minerales metalíferos, por lo que se piensa que pudo existir durante la Edad del Bronce Final una circulación de tortas de metal (Gómez Ramos, 1993: 99).

6.5.5 PLACAS O LÁMINAS DE BASE DE COBRE

Una placa de metal es una plancha poco gruesa y rígida. Los términos placa y lámina se emplean en las publicaciones arqueológicas de una manera poco concreta para hacer referencia a aquellos artefactos de metal con forma laminar que aparecen en los yacimientos y de los cuales se desconoce su función. Se sabe que los artefactos de este tipo realizados en oro y plata tienen una función ornamental, aunque se desconoce si estos mismos artefactos realizados en base de cobre pudieron ser empleados de una manera similar. Algunos investigadores consideran que fueron empleados como complementos que irían cosidos a las prendas de vestir (Simón García, 1998: 311; Montero Ruiz, 1994: 79).

El número mínimo de láminas y placas en el Suroeste es del 56 de las cuales 47 (84%) están datadas en la Edad del Cobre, 6 en la Edad del Bronce (11%) y otras 3 en las Edad del Bronce Final (5%) (Gráfico 95).

Estos artefactos no son frecuentes en el registro arqueológico, a diferencia de otros artefactos como por ejemplo las puntas de flecha o los punzones. Esto puede deberse a que su morfología perdura a lo largo del tiempo, por lo que cuando estos son hallados de manera descontextualizada es muy difícil darle una cronología relativa precisa. La escasez de artefactos puede deberse más a un problema de tipo arqueográfico que a la escasez de objetos de este tipo en contextos prehistóricos.

La mayoría de las placas y láminas del Suroeste de la Edad del Cobre han aparecido en los valles del Guadalquivir, el Algarve y el Alentejo (Gráfico 96). Las de la Edad del Bronce se distribuyen de una manera más uniforme y las del Bronce Final sólo han sido halladas en la Tierra Llana de Huelva.

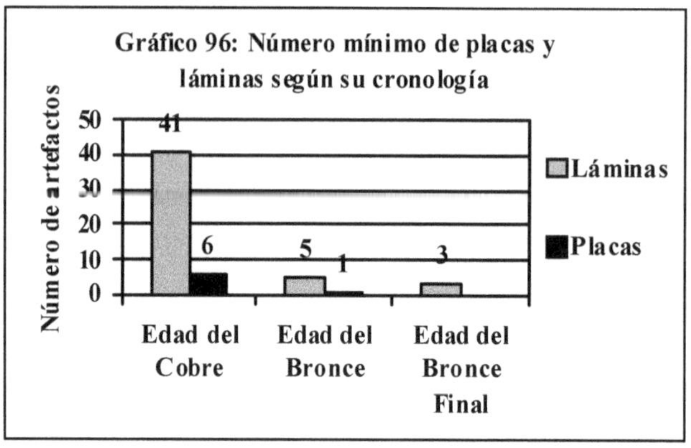

Gráfico 96: Número mínimo de placas y láminas según su cronología

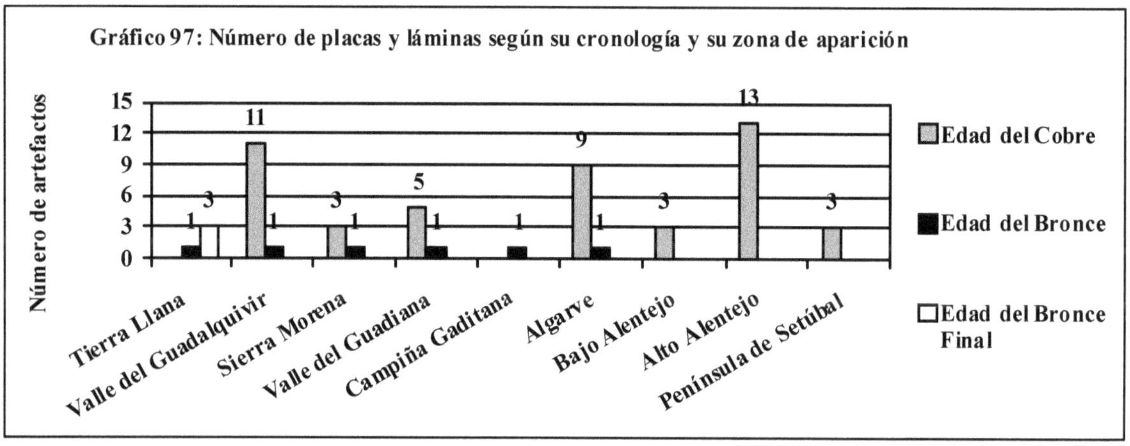

Gráfico 97: Número de placas y láminas según su cronología y su zona de aparición

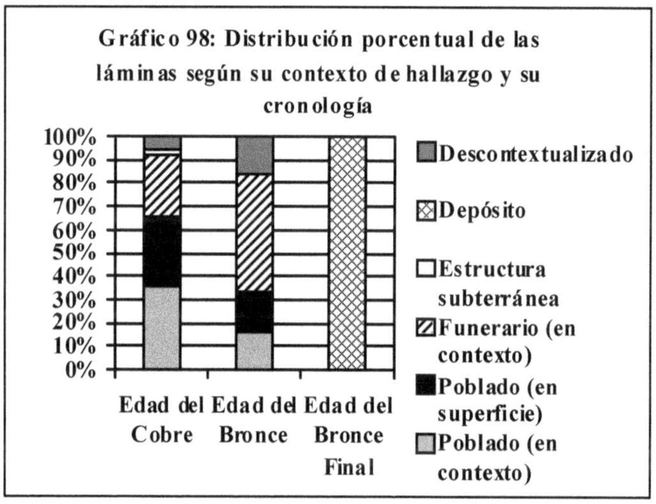

Gráfico 98: Distribución porcentual de las láminas según su contexto de hallazgo y su cronología

Tabla 81: Media y desviación estándar de las medidas de las láminas y placas de metal halladas en el Suroeste

Medidas	Media		Desviación estándar	
	Edad del Cobre	Edad del Bronce	Edad del Cobre	Edad del Bronce
Longitud (mm)	50,25	32,27	27,1	32,48
Anchura (mm)	15,8	No hay datos	3,03	No hay datos
Peso (gr)	9,56	No hay datos	8,29	No hay datos

Tabla 82: Media y desviación estándar de la composición de las lámina y placas de base de cobre del Suroeste según su cronología

	Media (%)		Desviación estándar	
	Edad del Cobre	Edad del Bronce	Edad del Cobre	Edad del Bronce
Cu	98,58	83,45	1,18	20,31
As	1,43	0,4	1,2	0,3
Sn	No hay datos	4,3	No hay datos	6,07

La mayoría de las placas o láminas de base de cobre calcolíticas han aparecido en poblados de la este período (Gráfico 97). Existe un alto porcentaje de algunas de la Edad del Bronce que han sido encontradas en contextos funerarios. Las únicas láminas del Suroeste de la Edad del Bronce Final han aparecido en el depósito de la Ría de Huelva.

Se conocen las medidas de 9 láminas calcolíticas, de 3 de la Edad del Bronce y de las 3 del Bronce Final, pero 2 están fragmentadas. Las de la Edad del Cobre tienen unas mayores dimensiones que las de la Edad del Bronce, pero una desviación estándar similar.

Del total de láminas de la Edad del Cobre se han analizado 11, de la Edad del Bronce 4 y de una de la Edad del Bronce Final. Las láminas o placas del primer período tienen una cantidad de As bastante alta, a diferencia de las del segundo que tienen una baja cantidad (Tabla 82). La única placa del Bronce Final tiene una alta proporción de Sn (un 11%). La desviación estándar de las placas de la Edad del Cobre es muy inferior a la de la composición de las láminas de la Edad del Bronce.

Tan sólo se han realizado cuatro análisis metalográficos sobre artefactos de este tipo. Todas están datadas en la Edad del Cobre y proceden de los yacimientos de La Pijotilla (Badajoz) (Hurtado Pérez, 1984), Cabezo Juré (Alonso, Huelva) (Nocete Calvo, 2004) y El Algarrobillo (Valencina de la Concepción, Sevilla) (Hunt Ortiz, 2003). Casi todas las láminas analizadas han recibido tratamientos de forjado y recocido posterior (Gráfico 102). Estos trabajos pudieron estar relacionados con el proceso de fabricación de estos artefactos y no con la mejora de las propiedades físicas que se obtiene tras la aplicación los mismos. La cantidad de análisis metalográficos es muy baja, por lo que sólo un mayor numero de análisis en el futuro podrá aportar una mayor información sobre el proceso de fabricación de estos artefactos.

6.5.6 PASADORES

En el depósito de la Ría de Huelva se han hallados dos tubos cilíndricos con un agujero central que han sido interpretados como pasadores (Ruiz-Gálvez Priego, 1995: 221). Otro artefacto similar ha sido hallado en el poblado de Corão do Frade (Évora) durante el transcurso de una excavación arqueológica (Morais Arnaud, 1979). Estas piezas no han sido analizadas por lo que se desconoce su composición y su proceso de manufactura.

6.5.7 PUNTAS

En la superficie del yacimiento de la Edad del Cobre de La Pijotilla (Solana de Barros, Badajoz) han aparecido dos fragmentos de metal con un extremo apuntado que han sido interpretados como puntas de refuerzo (Hurtado Pérez, 1984). Ninguna de estas piezas ha sido analizada y se desconocen sus medidas.

6.5.8 REMATES

En el Suroeste se han hallado 3 piezas que han sido interpretadas como remates aunque realmente se desconoce su función. En el depósito de la Ría de Huelva aparecieron dos artefactos con forma cónica que están huecos en su interior. Estos objetos han sido interpretados como remates de metal que servirían para ser puestos en el extremo de algún artefacto como por ejemplo un casco (Ruiz-Gálvez Priego, 1995: 218). En alguna parte de la provincia de Córdoba apareció un depósito metálico cuyos artefactos están almacenados en el Museo Británico. En este depósito de Huelva aparecieron tres artefactos con forma cónica que han sido interpretados como remates para los extremos de cuero (Harrison *et alii*, 1981). Se desconocen las circunstancias del hallazgo de este depósito y si aparecieron o no artefactos asociados a estos remates, por lo que se desconoce su cronología. A pesar de esta descontextualización, se sabe que proceden de un depósito fluvial, por lo que se piensa que tendrían una cronología de la Edad del Bronce Final.

Se conocen las medidas de 3 de las 5 piezas interpretadas como remates. Estas piezas se caracterizan por tener una mayor longitud que anchura y por tener un hueco en su interior por medio del cual se realizaría el enganche a la pieza (Tabla 83). La desviación estándar de la longitud de estas piezas es mayor que la del resto de medidas.

De todas las piezas halladas sólo dos han sido analizadas por medio de FRX. Estas están realizadas en bronce y tienen una cantidad de Sn de 11% en la primera pieza y de 17% en la segunda, cantidad de Sn bastante alta. Ninguna de las piezas ha sido metalografiada, por lo que se desconoce como es su estructura interna.

6.6 COMPLEMENTOS DE ARTEFACTOS

6.6.1 REMACHES

Un remache es un clavo realizado en metal que se remacha en unos de sus extremos con el objetivo de fijar una pieza a la hoja de metal. Estos artefactos no han sido incluidos en los recuentos del numero mínimo de artefactos metálicos realizados en los estudios arqueometalúrgicos regionales de la Península Ibérica, ya que no son considerados artefactos *per se*, sino complementos de artefactos. En el Suroeste se han encontrado varios remaches de plata y oro en artefactos del Suroeste como por ejemplo el puñal con remaches de plata de la Edad del Bronce de Fuente Morellana (Luque, Córdoba) (López Rey, 1994) o la espada de la Edad del Bronce Final hallada en Alange (Badajoz) (Gómez Ramos *et alii*, 1998). Estos remaches realizados en metales preciosos indican que muchos de los artefactos que llevaban estos remaches eran considerados artefactos de prestigio y que los remaches reforzaban ese significado. También se han encontrado remaches realizados en metales preciosos en otras partes de la Península Ibérica como por ejemplo el Sureste (Montero Ruiz, 1994: 257).

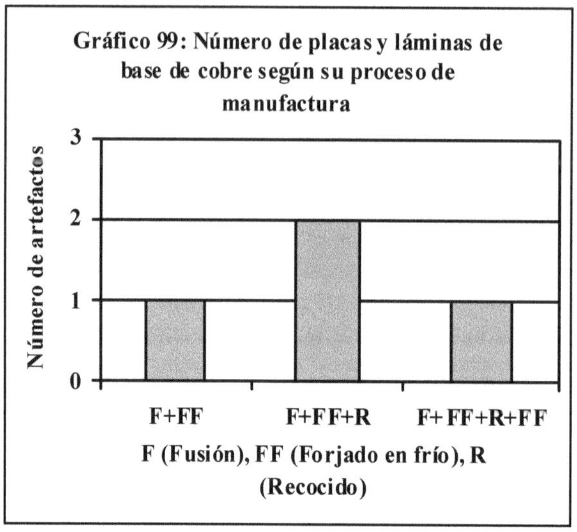

Tabla 83: Media y desviación estándar de las medidas de los remates de la Edad del Bronce Final		
Medidas	**Media**	**Desviación estándar**
Longitud (mm)	40,33	29,26
Anchura (mm)	6,16	0,76
Grosor (mm)	5,83	2,93

Tabla 84: Media y desviación estándar de las medidas de los remaches de la Edad del Bronce Final		
Medidas	**Media**	**Desviación estándar**
Longitud (mm)	17,87	1,92
Anchura (mm)	5,62	1,83
Grosor (mm)	5,69	1,86
Peso (gr)	9,6	1,718

Tabla 85: Media y desviación estándar de la composición media de los remaches de la Edad del Bronce Final		
	Media (%)	**Desviación estándar**
Cu	88,97	3,16
Sn	10,15	3,18
As	0,19	0,14

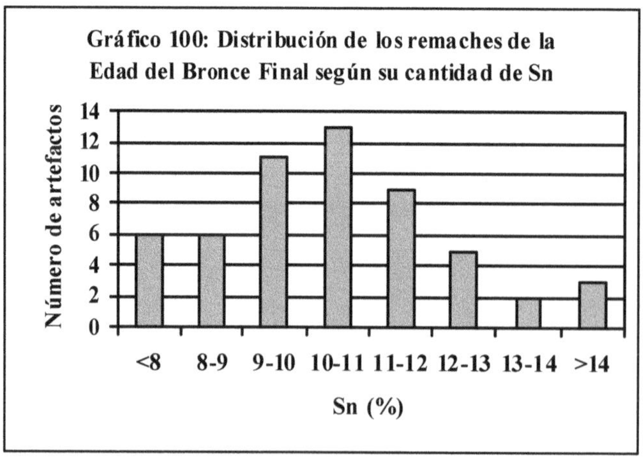

En el Suroeste se han hallado 83 remaches de los cuales 18 están datados en la Edad del Cobre (22%), 63 en la Edad del Bronce Final (76%) y 2 tienen una cronología imprecisa (2%). No se ha encontrado ningún remache suelto en la Edad del Bronce aunque si en piezas datadas en este período.

Todos los remaches de la Edad del Cobre han sido hallados en el poblado del Guta (Castro del Río, Córdoba) que está situado en el Valle del Guadalquivir, excepto dos. Uno fue hallado en el tholos de La Sierrezuela (Fuenteobejuna, Córdoba), dolmen que está ubicado en la zona de Sierra Morena, y otro en el poblado de La Junta (Puebla del Maestre, Huelva). Por el contrario, no se ha hallado ningún remache en poblados de la Edad del Bronce Final, ya que todos los remaches de este período proceden del depósito de la Ría de Huelva.

Se desconocen las medidas de los remaches de la Edad del Cobre, aunque se conocen las medidas de 55 de los 63 remaches de la Edad del Bronce Final (87%). Estos remaches se caracterizan por tener una longitud tres veces superior a su anchura (Tabla 84). La desviación estándar de sus medidas indica que estos artefactos tienen unas medidas muy homogéneas, ya que la desviación de todas sus medidas es muy similar.

Ninguno de los remaches de la Edad del Cobre ha sido analizado. Por el contrario, se conoce la composición de 55 de los 63 remaches de la Edad del Bronce Final (87%). La cantidad de As es muy baja y su desviación estándar también, lo que indica que su cantidad es similar en todos los artefactos (Tabla 85). La cantidad media de Sn es del 10%, cantidad muy similar a la del resto de artefactos del depósito de la Ría de Huelva. La mayoría de los remaches de este período tiene una cantidad de Sn entre el 9 y el 12 % (Gráfico 99). Los análisis realizados en los artefactos y en los remaches han demostrado que la composición de ambos es diferente, lo que indica que ambos tipos de artefactos se producirían por separado y en coladas diferentes (Montero Ruiz, 1994:257).

Sólo se han realizado análisis metalográficos de 4 remaches de la Edad del Bronce Final. Tres de ellos tienen una estructura de granos maclados propios de una pieza que fue sometida a un martilleo en frío y a un recocido posterior (Rovira Llorens, 1995) y otro, que fue hallado en el poblado de La Junta (La Puebla del Maestre, Huelva, recibió un martilleo en frío posterior (Rodríguez Bayona, 2008). La estructura interna documentada para estos 3 primeros remaches no es la propia de los remaches, ya que estos artefactos tienen una estructura que se caracteriza por tener aplicado un martilleo en frío posterior al recocido. Esto ha llevado a pensar que estos artefactos fueron empleados en caliente; sin embargo, no se han descubierto tenazas de metal y la empuñadura se quemaría por el calor de los remaches. Ante esta situación, se considera que pudieron ser empleados como pasadores para sujetar el mango pero no como remaches (Rovira Llorens, 1995: 51).

6.6.1 VIROLA

Una virola es una abrazadera de metal que se pone por remate o por adorno en la empuñadura de algunos instrumentos. Sólo se ha encontrado un artefacto de este tipo en todo el Suroeste de España. Esta realizado en plata y apareció en la superficie de la necrópolis de cistas de El Castañuelo (Aracena, Huelva) (Hunt Ortiz, 2003: 99). Se data en la Edad del Bronce, aunque su cronología es dudosa, pues pudo pertenecer al poblado de la Edad del Hierro II que está en las cercanías de la necrópolis (Hunt Ortiz, 2003). No se ha realizado ningún análisis sobre este artefacto por lo que se desconoce cual es su composición y su estructura interna.

6.7 OTROS ARTEFACTOS

6.7.1 DEPÓSITO DE FUNDIDOR

En el tesoro hallado en el pueblo cordobés de Bélmez fue hallada una pieza amorfa de oro que ha sido interpretada como un depósito de fundidor (Vaquerizo Gil *et alii*, 1994: 53). Esta pieza está formada por varios fragmentos de piezas de oro que se unen a un cuerpo con forma de pepita de oro, que posteriormente sería empleada para la refundición del oro. La pieza apareció asociada a un torques y a un brazalete de oro que se fechan en la Edad del Bronce Final, aunque se desconocen las circunstancias del hallazgo. No se conocen la composición de esta pieza, información que sería de un enorme interés.

6.7.2 PESO O PONDERALES

En el Suroeste han aparecido varios artefactos de metal macizos de forma esférica, 1 de las cuales se data en la Edad del Cobre y 7 en la Edad del Bronce Final. La primera apareció en el tholos de Monte Velho (Ourique, Beja) (Leisner y Leisner, 1959) y las otras en el depósito de Baleizão (Beja) (Vilaça y Lopes, 2005). Se desconoce cual pudo ser su función, aunque algunos investigadores han considerado que podrían ser empleados como ponderales (Vilaça y Lopes, 2005).

Se conoce el peso de los 7 de la Edad del Bronce Final. Tienen un peso medio de 10,18 gr y una desviación estándar muy baja (3,72), lo que indica que esta medida es muy homogénea.

No se ha analizado ninguno de estos artefactos, por lo que se desconoce su proceso de manufactura y su composición.

6.7.2 ÍDOLO PLACA

A pesar de que el yacimiento de Logrosán se ubica en la provincia de Cáceres en las cercanías de la de Badajoz, y por lo tanto fuera de los límites de este estudio, se quiere hacer referencia a un artefacto de enorme singularidad y poco conocido. Este consiste en un fragmento de ídolo placa oculado realizado en plata que debería ser datado en la Edad del Bronce (Gómez Ramos *et alii*, 1998: 101). Su interés es enorme en tanto que es un ejemplar único de representación de ídolos oculados cuando estos artefactos dejaron de ser producidos.

Esta pieza ha sido analizada y casi no tiene impurezas. El estudio microscópico ha permitido saber que este ídolo fue realizado a partir de una lámina de plata y que fue decorado con un punzón.

7 CONCLUSIONES

7.1 EL NÚMERO MÍNIMO DE ARTEFACTOS EN EL SUROESTE Y SU EVOLUCIÓN DIACRÓNICA

El conjunto de artefactos metálicos de la Prehistoria Reciente hallado en el Suroeste de España es, junto con el hallado en el Sureste, uno de los más importantes de la Península Ibérica.

El Suroeste es la zona de la Península Ibérica en donde más artefactos metálicos de la Edad del Cobre han sido encontrados (Gráfico 100). En la Edad del Bronce se produjo una reducción del número de artefactos en esta zona y un aumento en otras como por ejemplo el Sureste y el Levante. Resulta difícil encontrar una explicación sencilla para este cambio, que pudo estar relacionada con un retraimiento del sistema productivo o, que por el contrario, pueda deberse a la escasez de excavaciones realizadas en poblados de este período. Esta disminución de la cantidad de objetos no es exclusiva del Suroeste sino que también se ha documentado para los conjuntos metálicos de otras zonas de la Península Ibérica como por ejemplo el Valle del Ebro y la Submeseta Norte. En la Edad del Bronce Final el Suroeste vuelve a convertirse en la zona donde más artefactos metálicos de este período han sido encontrados. Este aumento se debe a la elevada cantidad de artefactos encontrados en el depósito de la Ría de Huelva, aunque se han encontrado algunos depósitos similares y con un número de artefactos bastante más reducido en los cursos fluviales de los ríos Guadalquivir y Guadiana y en algunos de sus principales afluentes. Por otra parte, hay que señalar que los estudios regionales sobre las producciones de la Edad del Bronce Final son escasos para la Península Ibérica y que los estudios que se realicen en el futuro pueden cambiar la información existente en la actualidad.

7.2 LA DISTRIBUCIÓN DE LOS ARTEFACTOS METÁLICOS EN LAS DIFERENTES ZONAS GEOGRÁFICAS DEL SUROESTE

La distribución de las producciones metálicas en el Suroeste no es uniforme y varía según la zona geográfica y el período cronológico estudiado. La mayoría de los artefactos de la Edad del Cobre han aparecido en los valles del Guadalquivir y del Guadiana, mientras que el número de artefactos hallados en otras zonas es inferior (Gráfico 101). Esto indica que hay una distribución bastante desigual entre las diferentes zonas, hecho que debe ser tomado con cautela en tanto que sin duda está claramente influido por la investigación que se ha llevado a cabo en cada área. Determinadas zonas como el Valle del Guadalquivir o el Algarve han sido estudiadas desde finales del siglo XIX e inicios del XX, hecho que ha repercutido en la cantidad de información existente. Otras como por ejemplo el Alentejo y la Tierra de Barros han sido investigadas intensamente desde hace unos 30 años. Por el contrario, zonas como Sierra Morena o los Sistemas Béticos han sido objeto de pocos proyectos de investigación sistemáticos.

Durante la Edad del Bronce y del Bronce Final se observa una distribución de las producciones metálicas mucho más homogénea que en el período anterior. No obstante, es importante señalar que estos períodos no han sido objeto de estudio de proyectos de investigación sistemáticos y que en el futuro esta situación podría cambiar.

La situación documentada en la distribución de los artefactos realizados en oro y plata es bastante diferente de la que se ha observado para el total de artefactos de cada zona (Gráfico 32). Desde el punto de vista de la distribución geográfica de los artefactos realizados en oro y plata existen dos pautas que se repiten en varias de las zonas estudiadas:

-En la Edad del Cobre las zonas con más artefactos metálicos son aquellas en las que también han sido hallados más artefactos de adorno realizados en oro. En el caso de la Provincia de Setúbal esta tiene una alta cantidad de artefactos de oro como consecuencia del conjunto metálico hallado en Casal do Pardo (Quinta do Anjo, Palmela, Setúbal).

-Por norma general en la Edad del Bronce y la Edad del Bronce Final las zonas con más artefactos metálicos de base de cobre, son las que tienen menos adornos realizados en metales preciosos. Sucede lo contrario en la zona costera de Cádiz en donde la mayor parte de los artefactos de estos períodos están realizados en oro y plata. El caso del Bajo Alentejo es sin duda particular, ya que tiene una cantidad de artefactos de base de cobre muy similar en los tres períodos y también es una de las zonas con una mayor cantidad de adornos en metales preciosos durante la Edad del Bronce y del Bronce Final.

La distribución de los artefactos de adorno en oro y plata no es fortuita sino que sin duda esta relacionada con la organización económica y social de las comunidades que vivieron en cada área geográfica. Las zonas en las que se han encontrado una mayor cantidad de artefactos de base de cobre de la Edad del Bronce, tienen una mayor cantidad de armas o armas-herramientas, mientras que las zonas en las que se han hallado más adornos de este período tienen menos armas o armas-herramientas (Gráfico 102).

Gráfico 101: Número mínimo de objetos metálicos según su cronología y zona de la Península Ibérica de hallazgo (incluidas las Islas Baleares)

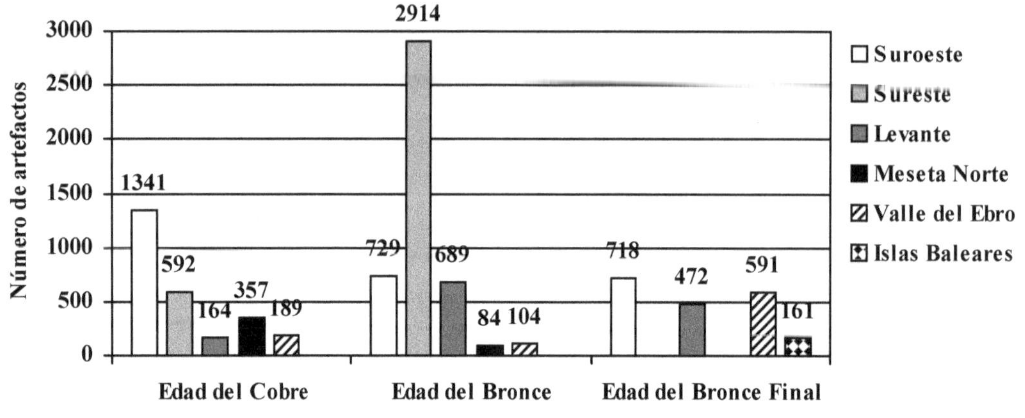

Gráfico 102: Número mínimo de objetos en el suroeste según su cronología y su zona geográfica de aparición

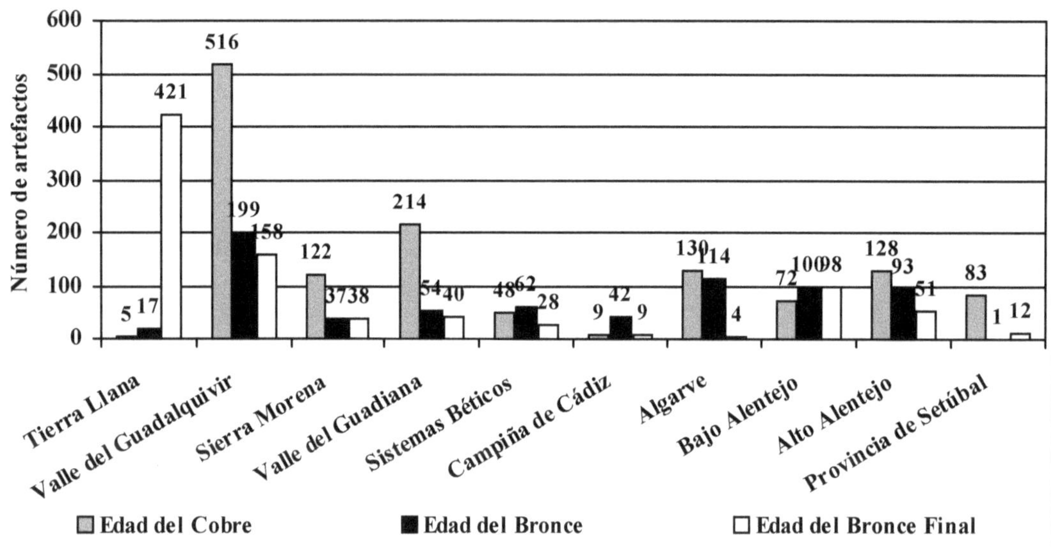

Gráfico 103: Número mínimo de objetos realizado en metales preciosos en el suroeste según su cronología y su zona geográfica de aparición

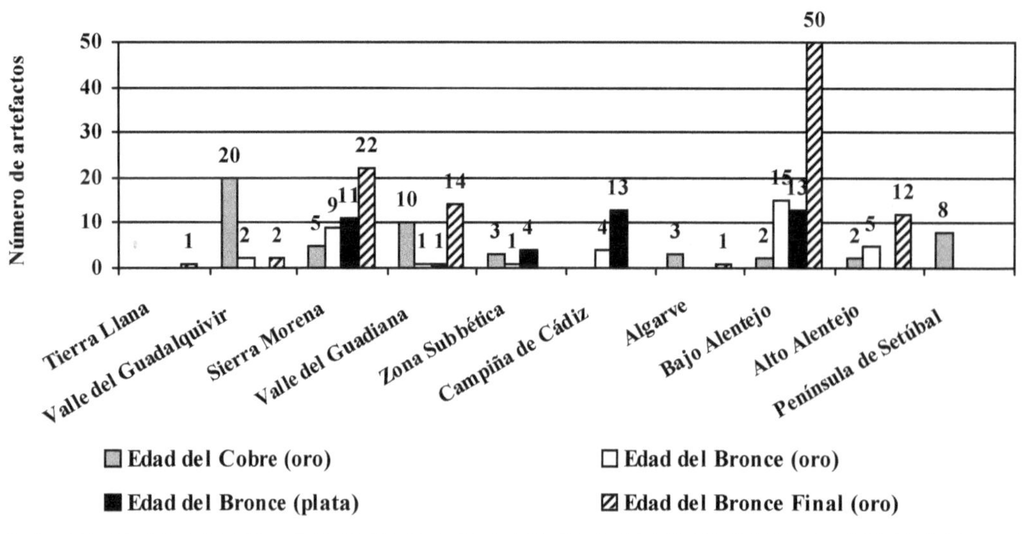

Gráfico 104: Distribución porcentual de los objetos metálicos del suroeste según su cronología y su contexto

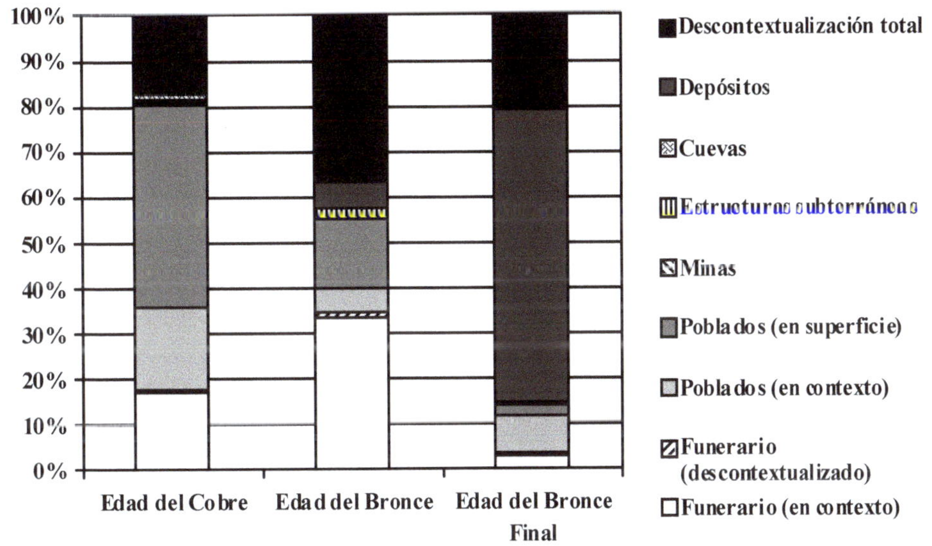

Si se considera que los artefactos de metal estuvieron relacionados con el estatus social del propietario y del portador y se incluyen los datos obtenidos de las producciones metálicas, parece que durante la Edad del Bronce pudieron existir dos modos de expresión del estatus social: una por medio de los artefactos de base de cobre (armas, herramientas o armas-herramientas); otras por medio de adornos de oro y plata y artefactos de base de cobre con una función simbólica más que práctica.

7.3 EL CONTEXTO DE LOS ARTEFACTOS METÁLICOS

Existe un alto porcentaje de artefactos de la Prehistoria Reciente en el Suroeste que sufren algún tipo de descontextualización, que además es superior a la documentada en otras zonas como por ejemplo el Sureste, el Valle del Ebro o la Submeseta Norte.

La mayor parte de los artefactos de la Edad del Cobre sufren una descontextualización parcial, aunque el porcentaje de artefactos de la Edad del Bronce descontextualizados se reduce. La descontextualización parcial afecta más a los artefactos que proceden de contextos de poblado que a los que han sido hallados en contextos funerarios (Gráfico 103). Por el contrario, todos los objetos hallados en estructuras subterráneas han sido documentados por metodología arqueológica. Se desconoce cual fue la posible función de estas estructuras, que tradicionalmente han sido consideradas como "silos". Este concepto ha sido empleado de una manera imprecisa para hacer referencia a estructuras de diferentes formas y medidas que están excavadas en el suelo y que debieron de tener una funcionalidad diversa. Tampoco existe un acuerdo entre los investigadores respecto al significado y las causas de la deposición de artefactos metálicos en estas estructuras. Recientemente, la excavación y la reinterpretación de muchos de estos contextos ha llevado a algunos investigadores a afirmar que estas estructuras pudieron tener una función votiva (Márquez Romero, 2001, 213), por lo que los artefactos metálicos asociados deberían tener una función también ritual o votiva.

Durante la Edad del Bronce, apareció un nuevo tipo de contexto, el de depósito. Por el momento, existen varios casos de depósitos en el Suroeste. El primero es el depósito de puntas de jabalina del dolmen de La Pastora (Valencina de la Concepción, Sevilla). El segundo es un conjunto de puntas de Palmela que apareció en Villanueva del Río y Minas (Sevilla) agrupadas con una lámina de oro alrededor. Por otra parte, muchas de las hachas de la Edad del Bronce halladas en el Alentejo han sido interpretadas como posibles depósitos (Monteagudo, 1977), a pesar de que no hay datos fiables con confirmen esta hipótesis. Exceptuando estos hallazgos, la totalidad de los depósitos del Suroeste, hallados en medios fluviales o marítimos, están datados en la Edad del Bronce Final. Estos depósitos son similares a los que se documentan en el noroeste de la Península Ibérica y en el norte de Europa y se caracterizan estar compuestos por artefactos de metal amortizados y fragmentados. La mayoría de los investigadores que han estudiado estos depósitos consideran que tuvieron una funcionalidad votiva o ritual y que se llevó a cabo una rotura intencionada de los artefactos destinada a inutilizarlos (Ruiz-Gálvez Priego, 1995: 135). Sin embargo, no existe unanimidad a la hora de explicar el por qué se realizaron estos rituales y existe una enorme variedad de hipótesis sobre las causas que llevaron a estas comunidades a amortizar estos artefactos. Recientemente se ha publicado un estudio sobre los depósitos metálicos prehistóricos hallados en Portugal que ha introducido varias innovaciones teóricas importantes. Estos depósitos votivos serían fruto de una deposición intencionada a lo largo del tiempo y no de un único momento, lo que indica que los lugares tendrían una significación simbólica que prevalece a lo largo del tiempo (Vilaça, 2006: 89). Además, existen una enorme variedad de situaciones y de lugares de deposición, lo que indica que, además de depósitos en medios acuáticos, existían otros lugares que tendrían un importante papel en la estructuración simbólica del espacio, como por ejemplo, lugares naturales, lugares de paso, accidentes topográficos, grutas, etc. (Vilaça, 2006: 91). Por otra parte, hay que señalar que la composición funcional de los conjuntos votivos no sería fruto de la casualidad, si no que estaría claramente intencionada y que tendría asociadas una significación simbólica de difícil reconstrucción (Vilaça, 2006:79).

El porcentaje de artefactos metálicos descontextualizados en el Suroeste de España es mayor que en otras zonas de la Península Ibérica y es consecuencia de una actividad de expolio intensiva que está menos extendida por otras zonas peninsulares. Este problema no sólo afecta a la información contextual de los artefactos sino también a su datación, que por lo general suele ser bastante imprecisa. La magnitud del expolio realizado en el Suroeste es la principal causa de esta pérdida de información irreparable que, además, ha producido daños patrimoniales irreversibles. En el caso de los artefactos metálicos el daño provocado ha sido mucho mayor, debido al empleo de detectores de metales que permiten una fácil localización en el subsuelo. La descontextualización de los artefactos metálicos documentada en este trabajo es una prueba más de la gravedad que adquiere esta actividad delictiva en el Suroeste. Esta información indica que es necesario un mayor control administrativo y policial sobre el expolio y una mayor dureza en las sanciones impuestas por el poder judicial a este tipo de prácticas.

7.4 ESTUDIO MORFOMÉTRICO

Los artefactos metálicos de la Edad del Bronce Final tienen una mayor longitud, peso y una menor anchura que los artefactos de la Edad del Cobre y del Bronce. Esta tendencia se da de manera generalizada en todos los artefactos de los cuales se tienen datos métricos, a excepción de las puntas de flecha, que redujeron su tamaño a lo largo de estos períodos (tabla 86).

El aumento del tamaño de estos artefactos se debió al empleo de la aleación intencionada de cobre y estaño durante la Edad del Bronce y del Bronce Final, aleación que permitió obtener artefactos con unas mejores propiedades físicas y mecánicas. Por otra parte, hay que señalar que este aumento también estuvo relacionado con una mejora en las características morfológicas de los artefactos. La incorporación de nervios centrales, de empuñaduras añadidas por soldadura a la hoja de los artefactos y del sistema de sujeción de esta empuñadura por medio de remaches permitió un aumento de la longitud de los artefactos sin que estos se fragmentasen por la sección. Sin embargo, el aumento de la longitud vino acompañado de una reducción de la anchura de los artefactos, ya que de no haber sido así se hubiesen producido artefactos demasiado pesados como para ser empleados de manera reiterada. El peso de los artefactos es una característica de gran importancia, ya que dependiendo del mismo un artefacto podrá ser empleado de manera más o menos reiterada. Esta tendencia se refleja en el caso de las armas que deben tener poco peso, ya que de no ser así el empleo de una lanza o una espada demasiado pesadas pueden resultar fatales. En la Edad del Bronce Final se produjo la aparición de armas mucho más eficaces que en los períodos anteriores, armas que tuvieron una mayor capacidad de alcance, al tener una mayor longitud, y una menor capacidad de corte.

La desviación estándar de las medidas de los artefactos de la Edad del Bronce Final es inferior a la desviación de las medidas de los artefactos de los períodos precedentes (Tabla 87). Esto indica que las producciones de la Edad del Bronce Final tienen unas medidas mucho más homogéneas y que por lo tanto los artefactos tienen una mayor similitud formal y métrica que los de la Edad del Cobre y del Bronce. Sin embargo, este proceso no es homogéneo y lineal, ya que algunos artefactos de la Edad del Bronce tienen una mayor desviación estándar que los de la Edad del Cobre y su variabilidad métrica es mayor. Esta pauta puede deberse a que la información de características métricas de los artefactos de este período es mucho más escasa que la existente para objetos de otros períodos. Esto explicaría el motivo por el cual la desviación estándar se vería mucho más afectada por los valores mayores y menores. Por otra parte, los adornos de la Edad del Bronce Final tienen unas medidas mucho más heterogéneas que las de los períodos anteriores. Durante este período se produjo un aumento sin precedentes de la diversidad morfológica en los adornos y cuando se introdujeron importantes mejoras en tecnología orfebre empleada. Los productos metálicos de oro son bienes de prestigio cuya producción es muy personalizada, hecho que resulta difícil de extrapolar al pasado, pero que sin duda podría explicar el por qué hay una mayor variedad métrica en artefactos de este tipo.

A pesar de que existe una enorme variabilidad en las medidas de los artefactos de cada período, se puede decir que los artefactos procedentes de los contextos funerarios de la Edad del Cobre y de la Edad del Bronce tienen una mayor longitud y anchura que los procedentes de los contextos de habitación. Esta tendencia no ha podido ser comprobada con los artefactos procedentes de contextos de la Edad del Bronce Final que son escasos y de los cuales se desconocen sus medidas.

		Longitud			**Anchura**			**Diámetro**			**Peso**		
	Tipología	**C.**	**B.**	**B. F.**	**C.**	**B.**	**B. F.**	**C.**	**B.**	**B. F.**	**C.**	**B.**	**B. F.**
HERRAMIENTAS	Agujas	--	--	--	--	--	--	--	--	--	--	--	--
	Cinceles	70,6	94,28	--	8,23	29,18	--	--	--	--	18,4	122	--
	Cuchillos	101,25	112,5	--	24,86	17,8	--	--	--	--	19,01	--	--
	Espátulas	--	--	--	--	--	--	--	--	--	8	--	--
	Ganchos o anzuelos	--	--	--	--	--	--	--	--	--	--	--	--
	Hoces	181,5	97,5	--	22,75	31,5	--	--	--	--	75	--	--
	Hojas curvas	--	--	--	--	--	--	--	--	--	--	--	--
	Punzones	84,39	65,62	--	6,39	3,44	--	--	--	--	5,91	3,4	--
	Sierra	122	--	--	23,95	--	--	--	--	--	23,72	--	--
	Varilla	174	--	--	14	--	--	--	--	--	--	--	--
ARMAS-HERRAMIENTAS	Hachas	137,79	133,49	187,72	50,18	59,95	51,97	--	--	--	318,5	250,1	--
	Puntas de flecha	83,25	73,4	49,36	22,7	19,25	11,75	--	--	--	16,86	10,86	3,53
	Puñales	125,07	129,79	221,26	30,33	28,77	25,65	--	--	--	51,16	57,24	104,2
ARMAS	Alabarda	--	201,53	--	--	60,87	--	--	--	--	--	274,7	--
	Cascos	--	--	--	--	--	--	--	--	--	--	--	--
	Espadas	--	327	611,84	--	55	46,81	--	--	--	--	208,2	520,2
	Punta de jabalina	--	249,51	--	--	18,1	--	--	--	--	--	49,46	--
	Punta de lanza	--	--	228,54	--	--	--	--	--	--	--	--	152,5
	Regatones	--	--	225,4	--	--	--	--	--	--	--	--	152,5
ADORNOS	Aros	--	--	22,29	--	--	22,26	--	--	21,59	--	--	29,26
	Botones	--	10,5	13,54	--	--	22,8	--	14,7	13	--	0,5	8,7
	Brazaletes	--	49	139,93	--	12	59,5	--	65,5	70,04	--	--	110,4
	Cadenas-espirales	--	--	204,9	--	--	39,5	--	--	--	--	--	136,3
	Cuentas	--	--	--	--	--	--	--	--	--	--	--	--
	Diademas	--	--	--	--	--	--	--	--	--	--	--	--
	Espirales	--	--	50,75	--	--	46,75	--	--	--	--	--	49,95
	Fíbulas	--	--	48,14	--	--	15	--	--	--	--	--	6,6
	Láminas oro/plata	92,4	--	10,1	11,7	--	--	--	--	--	1,4	--	--
	Pendiente	--	--	--	--	--	--	--	--	--	--	--	--
	Torques	--	--	201,7	--	--	--	--	--	143,7	--	--	470,4
	Alambres de oro	--	--	310	--	--	--	--	--	--	--	--	70,11
	Tubo	--	--	--	--		--	--	--	--	--	--	--
ARTEFACTOS DE FUNCIÓN DESCONOCIDA	Alambres	--	--	--	--	--	--	--	--	--	--	--	--
	Amorfos	35,02	--	62,5	18,9	--	22,5	--	--	--	27,8	--	--
	Asa	--	--	--	--	--	--	--	--	--	--	--	--
	¿Lingotes?	--	--	--	--	--	--	--	--	--	--	--	--
	Lámina	50,25	32,27	27,1	15,8	--	3,03	--	--	--	9,56	--	8,29
	Pasadores	--	--	--	--	--	--	--	--	--	--	--	--
	Puntas	--	--	--	--	--	--	--	--	--	--	--	--
	Remates	--	--	40,33	--	--	6,16	--	--	--	--	--	5,83

Tabla 86: Media de las medidas máximas de cada artefacto hallado en el Suroeste según su cronología y morfología. C. (Edad del Cobre), B. (Edad del Bronce), B.F. (Edad del Bronce Final). Las celdas marcadas con el símbolo – indican que no se han podido calcular estas medidas debido a la falta de datos

	Tipología	Longitud			Anchura			Diámetro			Peso		
		C.	B.	B. F.	C.	B.	B. F.	C.	B.	B. F.	C.	B.	B. F.
HERRAMIENTAS	Agujas	--	--	--	--	--	--	--	--	--	--	--	--
	Cinceles	25,06	50,13	--	3,7	24,18	--	--	--	--	13,8	107,4	--
	Cuchillos	34,84	50,02	--	2,53	5,1	--	--	--	--	10,69	--	--
	Espátulas	--	--	--	--	--	--	--	--	--	8,1	--	--
	Ganchos o anzuelos	--	--	--	--	--	--	--	--	--	--	--	--
	Hoces	125,13	3,53	--	1,25	2,12	--	--	--	--	70,71	--	--
	Hojas curvas	--	--	--	--	--	--	--	--	--	--	--	--
	Punzones	32,6	26,52	--	8,74	1,5	--	--	--	--	8,4	4,03	--
	Sierra	50,9	--	--	7,54	--	--	--	--	--	53,01	--	--
	Varilla	74,2	--	--	7,8	--	--	--	--	--	--	--	--
ARMAS-HERRAMIENTAS	Hachas	43,06	40,12	40,2	18,69	22,95	9,3	--	--	--	211,3	21,72	--
	Puntas de flecha	34,02	25,82	13,98	9,4	7	2,8	--	--	--	11,62	7	2,3
	Puñales	50,72	61,52	38,24	10,1	10,16	3,1	--	--	--	33,81	62,91	33
ARMAS	Alabarda	--	53,4	--	--	20,7	--	--	--	--	--	126,6	--
	Cascos	--	--	--	--	--	--	--	--	--	--	--	--
	Espadas	--	88,4	204,2	--	18,6	15,4	--	--	--	--	83,86	124,5
	Punta de jabalina	--	29,62	--	--	3,17	--	--	--	--	--	7,95	--
	Punta de lanza	--	--	63,37	--	--	6,2	--	--	--	--	--	68,6
	Regatones	--	--	65,7	--	--	--	--	--	--	--	--	54,1
ADORNOS	Aros	--	--	6,62	--	--	15,59	--	--	10,8	--	--	64,3
	Botones	--	2,4	6,35	--	--	8,1	--	--	--	--	0	2,3
	Brazaletes	--	19,8	114	--	13,9	27,7	--	3,53	7,7	--	--	67,1
	Cadenas-espirales	--	--	198,6	--	--	16	--	--	--	--	--	180,4
	Cuentas	--	--	--	--	--	--	--	--	--	--	--	--
	Diademas	--	--	--	--	--	--	--	--	--	--	--	--
	Espirales	--	--	15,86	--	--	--	--	--	4,9	--	--	19,9
	Fíbulas	--	--	22,61	--	--	17,7	--	--	--	--	--	5,7
	Láminas oro/plata	131	3,62	--	5,5	--	--	--	--	--	1,9	--	--
	Pendiente	--	--	--	--	--	--	--	--	--	--	--	--
	Torques	--	--	196,7	--	--	--	--	--	6,2	--	--	718,1
	Alambres de oro	--	--	141,8	--	--	--	--	--	--	--	--	40,69
	Tubo	--	--	--	--	--	--	--	--	--	--	--	--
ARTEFACTOSDE FUNCIÓN DESCONOCIDA	Alambres	--	--	--	--	--	--	--	--	--	--	--	--
	Amorfos	21,6	56,91	--	14,6	13,29	--	--	--	--	61	--	--
	Asa	--	--	--	--	--	--	--	--	--	--	--	--
	¿Lingotes?	--	--	--	--	--	--	--	--	--	--	--	--
	Lámina	27,01	32,34	--	3,03	--	--	--	--	--	8,29	--	--
	Pasadores	--	--	--	--	--	--	--	--	--	--	--	--
	Puntas	--	--	--	--	--	--	--	--	--	--	--	--
	Remates	--	--	29,26	--	--	0,76	--	--	--	--	--	2,93

Tabla 87: Desviación estándar de las medidas máximas de cada tipología artefacto hallado en el Suroeste según su cronología. C. (Edad del Cobre), B. (Edad del Bronce), B.F. (Edad del Bronce Final). Las celdas marcadas con el símbolo – indican que no se han podido calcular estas medidas debido a la falta de datos

Gráfico 105: Kilogramos de cobre manufacturados en cada zona geográfica de la península Ibérica y en cada período

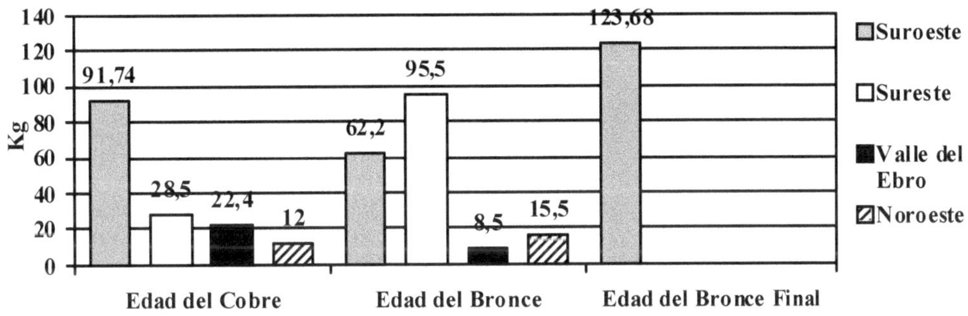

Tabla 88: Cantidad de árboles necesarios para obtener el metal de cada período

TOTAL	Edad del Cobre	Edad del Bronce	Edad del Bronce Final	TOTAL
Kg metal	91,74	62,2	123,68	277,62
Kg carbón	7339	4976	9894,4	22209,6
Kg madera	51373	34832	69260,8	155467,2
Número de pinos	458	311	618,4	1388,1
Consumo Pino/Año	0,45	0,31	1,56	0,57

Todo lo indicado anteriormente significa que los artefactos metálicos funerarios, amortizados y puestos fuera de circulación, tuvieron un mayor valor intrínseco (ya que era necesario emplear más materia prima en su elaboración) que los hallados en asentamientos. Asimismo, esto podría indicar que el estatus social por medio de la posesión y amortización de artefactos metálicos se expresaba más por el ajuar metálico del difunto, al fin y al cabo de mayor tamaño, que por medio de los artefactos metálicos empleados en vida.

La desviación estándar de las medidas de los artefactos es mayor en objetos de la Edad del Cobre hallados en poblados que en los encontrados en contextos funerarios. Para los artefactos de la Edad del Bronce se observa la situación contraria. Esto indica que se produjo un cambio entre ambos períodos y que los artefactos de la Edad del Bronce de los contextos funerarios tuvieron unas medidas más heterogéneas que los hallados en contextos domésticos.

A continuación se ha multiplicado el peso medio de los artefactos de cada período por el número de objetos hallados con el objetivo de calcular la cantidad de metal que fue empleada en cada período. En aquellos casos en los que no hay datos de este tipo, los artefactos han sido excluidos de esta estimación. En el gráfico 104 no se ha incluido la cantidad de metal estimada para la Edad del Bronce Final en el Noroeste, ya que en el caso de que se hubiesen incluidos los 563 Kg de metal (Comendador Rey, 1999: 536) el resto de las barras apenas serían visibles.

La cantidad total de metal empleada para producir todos los artefactos de la Prehistoria Reciente del Suroeste de España es de 277,62 Kg. El período con más artefactos de metal es la Edad del Cobre, a pesar de lo cual el peso de los mismos es bastante reducido (Gráfico 104). Durante la Edad del Bronce, se produjo una drástica reducción del número de artefactos y de la cantidad de metal empleada, aunque esta estimación se ve muy influida por la escasez de datos relativos al peso de las herramientas. Esto indica que la misma cantidad de metal se empleaba para producir un menor número de artefactos de gran peso como espadas y alabardas. Durante la Edad del Bronce Final se produjo una pauta similar al período anterior, ya que aunque hay menos artefactos que en la Edad del Cobre, el peso de los mismos es mayor. En este caso también la mayoría del metal se empleó para producir artefactos de prestigio que consumieron casi todo el metal en circulación.

Todo lo anterior, en mi opinión es claramente significativo de que hubo al menos desde la Edad del Bronce Final una producción metálica orientada a realzar el estatus social. A su vez, podría indicar que hubo desde este período un cierto control, si no del proceso productivo, de la materia prima, algo que no parece nada evidente para el Calcolítico como otros investigadores han defendido (Nocete Calvo, 2004: 295; Rodríguez Bayona, 2008: 257). Sin embargo, esta hipótesis no puede ser contrastada con la información contextual debido a la escasez de excavaciones en yacimientos de este período. A pesar de estas tendencias, la cantidad de metal empleada en artefactos de la Edad del Bronce Final en el Suroeste es inferior a la del Noroeste, en donde fueron empleados 563 Kg.

¿La producción de este metal consumió mucha madera? Para calcular el volumen de madera que fue necesario para extraer y producir los 277,62 Kg de metal se ha empleado el sistema de cálculo utilizado por Montero Ruiz en su estudio sobre el Sureste de la Península Ibérica (1994). Para extraer 0,2 Kg de metal a partir de minerales de carbonatos de cobre, harían falta 8 Kg de carbón y para fundir el metal y obtener el artefacto final otros 8 Kg, por lo que sería necesario emplear 16 Kg de carbón por 0,2 Kg de metal. Para obtener 16 Kg de carbón es necesario emplear 112 Kg de madera, que casi equivale a la madera que tienen un pino de 100 años en un terreno pobre (97,2 Kg madera) (Montero Ruiz, 1994: 303).

El resultado de todos los cálculos anteriores demuestra que la producción de metal de un año de la Edad del Cobre y de la Edad del Bronce se habría sostenido cortando menos de un pino cada año y la de la Edad del Bronce Final cortando algo menos de 2 pinos al año (Tabla 88). Sin embargo, no se han conservado todos los artefactos de metal, así que sólo nos han llegado una parte del total de artefactos metálicos del pasado. Además hay que señalar que parte de estos de los mismos pudieron estar producidos a partir de metal reciclado. A pesar de que los datos son parciales y de que estos resultados son sólo una estimación con sus consiguientes errores, hay que señalar que tampoco una producción metalúrgica 1000 veces superior hubiese supuesto ninguna deforestación de masiva, si acaso tan sólo del territorio inmediato más cercano a los poblados. Una situación similar ha sido documentada para el Sureste en donde se ha calculado que fue necesario 1 pino al año para sostener la producción metalúrgica argárica (Montero Ruiz, 1994: 304).

Estos datos rechazan aquellas hipótesis defensoras de una degradación del medio sin precedentes durante la Edad del Cobre (Nocete Calvo *et alii*, 2004). Esta deforestación quedaría demostrada por los resultados de varios análisis polínicos realizados en algunos yacimientos calcolíticos del Suroeste español como por ejemplo Cabezo Juré (Alosno, Huelva) y Valencina de la Concepción (Sevilla). En estos se observa una teórica reducción de la cantidad polen arbóreo que coincidiría con un aumento de la presión productiva que habría producido una degradación del entorno vegetal (Nocete Calvo *et alii*, 2004). Sin embargo, la interpretación de estos datos ha sido duramente criticada y se cuestiona que los resultados obtenidos a nivel local puedan ser extrapolados a nivel regional, cuando ni siquiera han sido contrastados con otras secuencias obtenidas dentro de los propios yacimientos (Montero Ruiz *et alii*, 2007: 37). Asimismo, la representatividad de datos están sobredimensionada y las hipótesis han sido llevadas más allá de lo que los propios datos sustentan (Montero Ruiz *et alii*, 2007: 37).

El principal problema de los estudios morfométricos es la falta de datos en las publicaciones en la que se describen los artefactos. Esta información es de enorme importancia sobre todo si se quiere que los datos obtenidos sirvan para futuras investigaciones. Sólo un mayor esfuerzo y un mayor rigor descriptivo en los datos de las futuras publicaciones podrán subsanar una falta de información que a día de hoy resulta un problema de enorme importancia cuando se quieren realizar estudios de este tipo.

7.5 ESTUDIOS ARQUEOMÉTRICOS

7.5.1 LOS ANÁLISIS ELEMENTALES

7.5.1.1 LAS PRODUCCIONES DE BASE DE COBRE

Las dos series analíticas de producciones metálicas del Suroeste con una mayor cantidad de datos son la del Proyecto de Arqueometalurgia de la Península Ibérica y la del Proyecto SAM. Los resultados de la primera han sido empleados en los cálculos de la media y de la desviación estándar de la composición de los artefactos, ya que los del proyecto SAM sobrevaloran el resto de los elementos como consecuencia de la metodología analítica empleada (Harrison *et alii*, 1981: 158; Montero Ruiz, 1994: 49). La mayoría de los de la Edad del Cobre no han sido analizados, ya que tan sólo se conoce la composición elemental de 400 de los 1431 objetos de este periodo (28%). Por el contrario, se conoce la composición de 418 de las 729 artefactos de la Edad del Bronce (57%) y de 455 de los 718 artefactos de la Edad del Bronce Final (63%). Esto significa que las producciones metálicas de la Edad del Bronce y Bronce Final tienen una buena caracterización arqueométrica, aunque a veces los resultados no sean comparables por proceder de series analíticas distintas. En el caso de las calcolíticas hay que señalar que en el futuro se deberá llevar a cabo un mayor esfuerzo en la realización de nuevos análisis.

Los resultados obtenidos por el Proyecto de Arqueometalurgia de la Península Ibérica han permitido crear una base de datos amplia y con resultados comparables de los artefactos metálicos prehistóricos españoles. Sin embargo, no se ha realizado un proyecto similar para artefactos portugueses y, a día de hoy, el Proyecto SAM sigue siendo la única serie analítica con varios cientos de análisis de estos objetos. Existen varias series analíticas de algunos poblados calcolíticos excavados. como por ejemplo el Cerro de Castelo de Santa Justa (Alcoutim, Faro) y el Cerro do Castelo de Corte João Marqués (Loulé, Faro (Gonçalves, 1989) o de Monte da Tumba (Braganza Gil y Guerra, 1987), pero la mayoría de los nuevos análisis se han realizado en artefactos aislados. En otras zonas de Portugal como por ejemplo la Beira Interior si se han llevado a cabo algunos estudios analíticos más sistemáticos sobre producciones metálicas del Bronce Final (Vilaça y Merideth, 1997). La necesidad de que se lleven a cabo proyectos de investigación arqueometalúrgica sistemáticos en Portugal ha sido ya expresada por algunos investigadores de este país (Vilaça y Merideth: 126).

Las diferentes series analíticas realizadas han empleados diferentes técnicas analíticas y patrones de cuantificación, por lo que los resultados obtenidos no son comparables. Para visualizar este hecho se han escogido los resultados de As de varios objetos que han sido fueron analizados por el Proyecto Arqueometalurgia de la Península Ibérica y por el Proyecto SAM (Gráfico 105). Existen otras series analíticas como por ejemplo los análisis del Museo Británico o los realizados en las tesis de Hunt Ortiz, (2003) y de Rodríguez Bayona (2008), aunque no fueron aplicados sobre artefactos analizados en los anteriores proyectos, motivo por el cual no han sido incluidos en el gráfico anterior. En este se observa que el Proyecto SAM sobrevaloró la cantidad de As de los artefactos, algo que ya ha sido señalado por otros investigadores (Montero Ruiz, 1994: 49), mientras que las cantidades de As calculadas para los mismos artefactos por los análisis del Proyecto de Arqueometalurgia de la Península Ibérica son totalmente diferentes, en tanto que la mayoría de los objetos tienen una cantidad de As inferior al 2%.

Los artefactos de la Edad del Cobre del Suroeste se caracterizan por tener una cantidad de As superior a la que se documenta en períodos posteriores, aunque la media de As de los artefactos de este período es inferior a la del Sureste (2,02 As%) (Montero Ruiz, 1994: 260) (Tabla 89). La media de As de los artefactos del Suroeste de la Edad del Bronce se reduce, a diferencia del Sureste en donde aumentan (2,41%) (Montero Ruiz, 1994). Desde la Edad del Bronce se produjo la aparición de aleaciones intencionadas con una media de 3% de Sn, cantidad media que aumentó durante la Edad del Bronce Final hasta el 11%. Las producciones metálicas de la Edad del Bronce Final del Suroeste de España y también del Mediterráneo se caracterizan por estar realizadas en bronces binarios, a diferencia de las del Noroeste, en donde predominan los bronces ternarios con altas cantidades de plomo. Por otra parte, hay que señalar que la mayoría de los artefactos de la Edad del Cobre y del Bronce tienen una cantidad de Cu superior al 98%, mientras que la mayor parte de los artefactos de la Edad del Bronce Final tienen una cantidad de Cu muy inferior y que se sitúa entre el 88 y el 92% (Gráfico 106).

La desviación estándar de los artefactos de la Edad del Cobre es muy similar para el Cu, el As y el Sn. Por el contrario, durante la Edad del Bronce se produjo un aumento de esta desviación estándar que indica que el empleo de la aleación Cu-Sn no estaba ni mucho menos generalizado y que la mayoría de los artefactos se produjeron en cobre. Durante la Edad del Bronce Final se produjo una generalización del empleo del estaño en las aleaciones, fenómeno que queda constatado por la reducción de la desviación estándar en la composición media de los artefactos de este período. Además, hay que señalar que los artefactos de la Edad del Bronce Final se caracterizan por tener una composición bastante homogénea.

La mayoría de las piezas de la Edad del Cobre y del Bronce tienen una cantidad de As inferior al 3%. En el gráfico 107 se observa que las piezas de la Edad del Cobre tienen una distribución más dispersa, mientras que las de la Edad del Bronce tienen una distribución mucho más concentrada. Respecto a los artefactos de la Edad del Bronce Final (que no han sido incluidos en el gráfico para que las barras de la Edad del Bronce y del Cobre pudiesen ser visibles) hay que señalar que 328 de ellos tienen menos del 1% y sólo 4 más del 1% de As.

La proporción de As en la composición de los artefactos del Suroeste es muy variable (tabla 90). En algunos casos, las sierras, cuchillos, puñales y puntas de flecha de la Edad del Cobre y las espadas y puñales de la Edad del Bronce tienen una cantidad de As superior al resto de los artefactos de este período, aunque el estudio que se ha realizado sobre las producciones metálicas de varios yacimientos calcolíticos del Suroeste ha demostrado que no existe una correlación positiva entre la forma del artefacto y la cantidad de As presente en su composición (Rodríguez Bayona, 2008: 231). Por otra parte, hay que señalar que aquellos artefactos hallados en contextos funerarios tienen una mayor cantidad de As que los documentados en contextos domésticos. Esto se debe a que las puntas de flecha y los puñales de estos contextos están realizadas con metal que fue refundido y reutilizado varias veces, mientras que el de los artefactos de los contextos funerarios fue amortizado y no se reutilizó (Rovira Llorens, 2004). El As es muy sensible a la refundición y suele reducirse a la mitad tras este proceso (Tylecote *et alii*, 1977). Sin embargo, la reducción del As no es homogénea sino que depende de la temperatura alcanzada y de su cantidad, que por lo general suele reducir su pérdida y mantenerse muy estable cuando se encuentra en bajas cantidades en el metal (Pernicka, 2004).

Grafico 106: Comparación entre las cantidades de As de artefactos del Suroeste analizados por el Proyecto SAM y el Proyecto de Arqueometalurgia

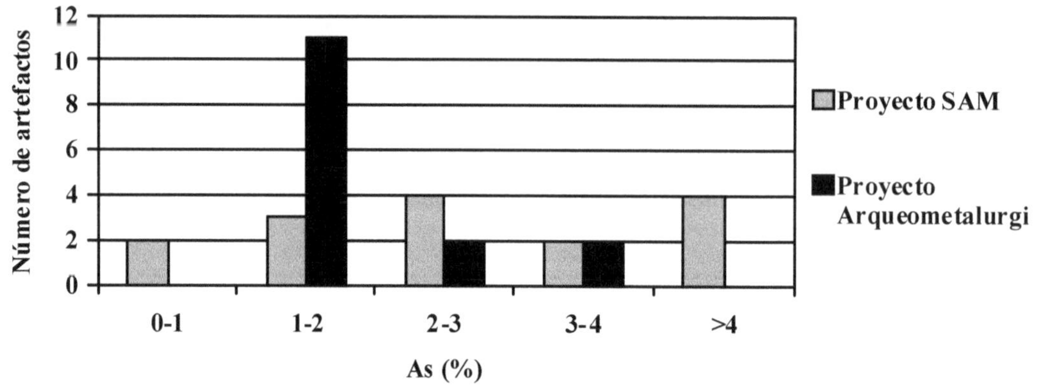

Tabla 89: Media y desviación estándar de la composición global de todos los artefactos analizados según su cronología						
	Edad del Cobre		Edad del Bronce		Edad del Bronce Final	
	Media (%)	Desviación estándar	Media (%)	Desviación estándar	Media (%)	Desviación estándar
Cu	97,52	2,42	96,58	5,9	88,36	3,35
As	1,92	1,66	1,11	1,13	0,23	0,35
Sn	0,5	2,01	3,28	6,44	11,04	3,16

Gráfico 107: Distribución de los artefactos metálicos realizados en base de cobre según su cantidad de Cu (%) y su cronología

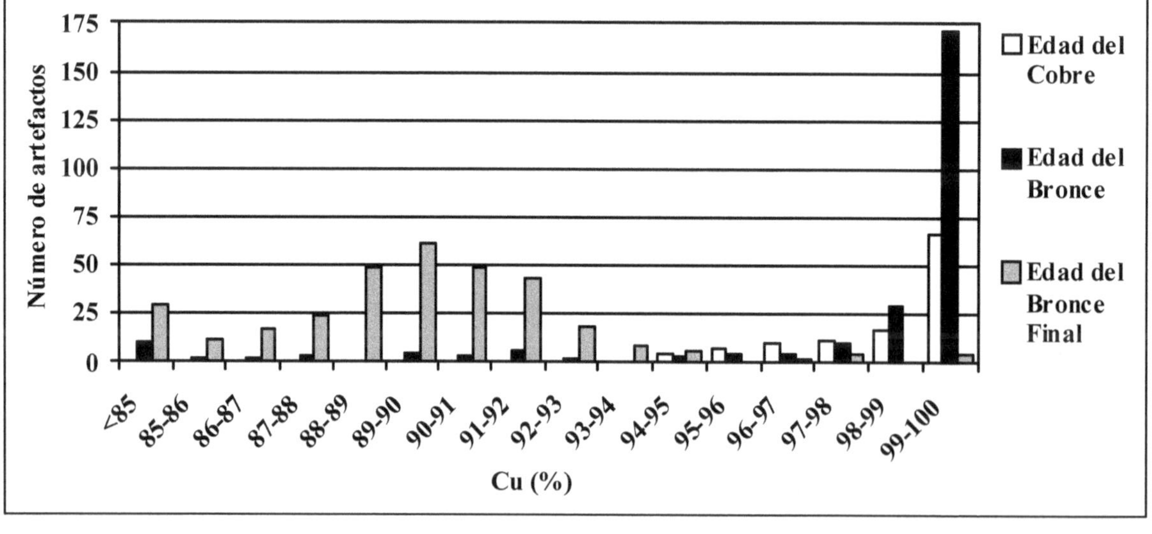

Gráfico 108: Distribución de los artefactos realizados en base de cobre según su cantidad de As (%) y su cronología

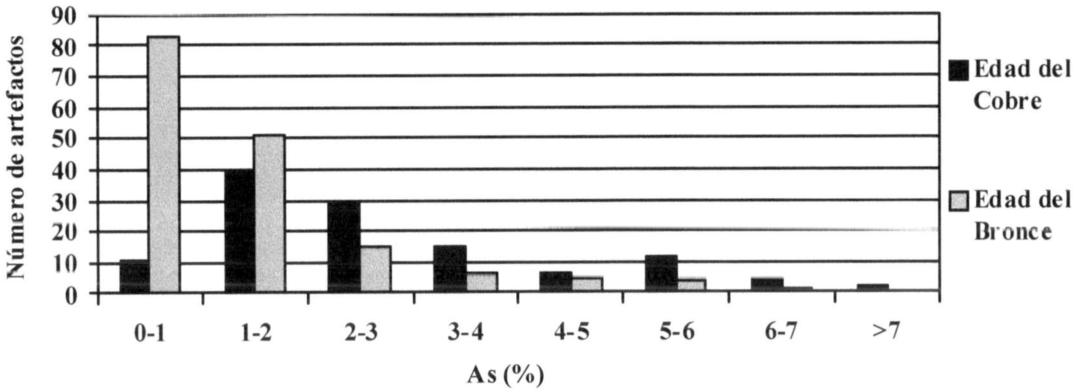

La existencia, intencionada o no, de aleaciones de base de cobre y arsénico es desde hace más de 50 años un tema de controversia entre los investigadores y hoy en día esta cuestión sigue sin estar resuelta. Las mejoras en las propiedades físicas de los cobres arsenicados aparecen cuando existe más de un 4% de arsénico en la composición de las aleaciones (Northover, 1989). Sin embargo, la mayoría de los artefactos de base de cobre del Suroeste tienen una cantidad de As inferior al 4%, por lo que la presencia de As no produciría ninguna mejora en las propiedades mecánicas y físicas de los artefactos producidos. Se piensa que el uso de minerales de cobre en los que existen altas proporciones de arsénico explicaría el por qué aparecen altas cantidades de arsénico en los artefactos del cobre del Suroeste (Hunt Ortiz, 2003: 380; Rodríguez Bayona, 2008: 234) y en otras partes de la Península Ibérica (Rovira Llorens y Delibes de Castro, 2005). Los minerales de cobre aparecen asociados a otros de arsénico (olivenita, clinoclasa, conicalcita, etc), que tienen las misma coloración y tonalidad y aun hoy en día es necesario realizar análisis para poder determinar si los minerales son de arsénico o de cobre (Rovira Llorens y Delibes de Castro, 2005). Por otra parte, hay que señalar que la aparición de artefactos con altas y bajas cantidades de As en el mismo yacimiento ha sido interpretada como otra prueba que indica que estas aleaciones no fueron intencionadas (Hunt Ortiz, 2003: 380; Rodríguez Bayona, 2008: 231). A pesar de estas hipótesis, otros investigadores consideran en el Suroeste había una producción intencionada de artefactos con esta aleación (Nocete Calvo *et alii*, 2005).

Se han encontrado algunos artefactos de la Edad del Cobre realizados en bronce en la provincia de Córdoba, aunque estos se deben a la presencia natural de estaño en los minerales de cobre, como por ejemplo ocurre con los minerales de la zona norte de Córdoba (Hunt Ortiz, 2003: 380) y no a una aleación intencionada (Rovira Llorens y Delibes de Castro, 2005). La mayoría de las piezas de la Edad del Bronce están realizadas en cobre, mientras que las aleaciones con Sn son bastante escasas en los artefactos de este período. Las pocas piezas que están realizadas en bronce se sitúan entre el 9 y el 13% de Sn, superando el 3% que se considera el límite entre la aleación natural y la aleación intencionada (Rovira Llorens, 1995). De los 648 artefactos de base de cobre documentadas en la Edad del Bronce, sólo 57 artefactos analizados están realizados en bronce (un 9% del total). La mayoría de estos artefactos de bronce son puñales, hachas y puntas de flecha, a diferencia del Sureste en donde todos los artefactos realizados en bronce son adornos que fueron empleados como adornos de prestigio (Montero Ruiz, 1994: 259). Los bronces del Sureste no superan el 5% de Sn, cantidad que es inferior a la que hace falta para que el bronce se vuelva dorado. Por este motivo, se desconoce el por qué se añadía Sn a unos artefactos que no se volvían dorados y en los que tampoco se producía, dada la pequeña cantidad de Sn añadido, una mejora de sus propiedades físicas (Montero Ruiz, 1994). A diferencia del Sureste, todos los bronces de este período del Suroeste son herramientas o armas-herramienta, por lo que podría pensarse que sí se buscó una mejora de las propiedades físicas de los artefactos.

Durante la Edad del Bronce Final casi todas las piezas fueron realizadas en bronce binario y tienen entre el 9-15% de Sn, siendo el número de bronce ricos (con más del 15% Sn) bastante escaso (Rovira Llorens, 1995) (Gráfico 108).

		Media									Desviación estándar								
		Cu (%)			As (%)			Sn (%)			Cu			As			Sn		
	Tipología	C.	B.	B. F.	C.	B.	B.F.	C.	B.	B. F.	C.	B.	B.F.	C.	B.	B.F.	C.	B.	B.F.
HERRAMIENTAS	Agujas	--	--	--	--	--	-	--	--	--	--	--	--	--	--	--	--	--	--
	Cinceles	98	97,8	92,6	2,2	0,6	1,2	0,2	2,4	7,1	1	3,2	4,4	2,5	0,4	0,2	0	3,8	2
	Cuchillos	96,6	93,6	--	3,5	0,7	--	0	7,4	--	4,1	6,8	--	3,9	0,09	--	0	7,2	--
	Espátulas	--	--	--	--	--	--	--	--	--	--	--	--	--	--	--	--	--	--
	Ganchos o anzuelos	--	--	--	--	--	--	--	--	--	--	--	--	--	--	--	--	--	--
	Hojas curvas	--	--	--	--	--	--	--	--	--	--	--	--	--	--	--	--	--	--
	Punzones	98	97,6	--	1,6	1,3	--	0,1	0,3	--	1,7	2,4	--	1,2	1,1	--	0,04	0,5	--
	Sierra	--	--	--	--	--	--	--	--	--	--	--	--	--	--	--	--	--	--
	Varilla	--	--	--	--	--	--	--	--	--	--	--	--	--	--	--	--	--	--
ARMAS-HERRAMIENTAS	Hachas	98,3	98,3	--	1,8	0,9	--	0,02	1,3	--	1,2	2,2	--	1,5	1	--	0	3,5	--
	Puntas de flecha	97	96,8	90	2,6	0,7	0,37	0,02	3,7	9,79	0,02	6,3	4,2	2,1	0,7	0,4	3,5	8	3,78
	Puñales	97,3	96,7	88,7	2,1	1,8	0,17	0,02	2,3	10,5	1,03	3,6	2,2	1,2	1,6	0,1	0,01	4,7	1,48
ARMAS	Alabarda	--	98,7	--	--	1,1	--	--	0	--	--	0,4	--	--	0,5	--	--	0	--
	Cascos	--	--	87,2	--	--	0	--	--	11,4	--	--	3	--	--	--	--	--	1,3
	Espadas	--	97,6	87,03	--	2,6	0,17	--	--	11,6	--	1,2	9,3	--	1,4	0,3	--	--	3,3
	Punta de jabalina	--	98,8	--	--	1,1	--	--	0	--	--	0,59	--	--	0,54	--	--	0	--
	Punta de lanza	--	--	87,8	--	--	0,12	--	--	11,5	--	--	2,98	--	--	2,97	--	--	0,19
	Regatones	--	--	87,7	--	--	--	--	--	11,7	--	--	3,2	--	--	--	--	--	3,3
ADORNOS	Botones	--	--	88,21	--	--	--	--	--	11,4	--	--	1,42	--	--	--	--	--	1,5
	Brazaletes	--	--	--	--	--	--	--	--	--	--	--	--	--	--	--	--	--	--
	Cuenta	--	91,6	--	--	--	--	--	7	--	--	8,6	--	--	9,8	--	--	--	--
	Espirales	--	--	--	--	--	--	--	--	--	--	--	--	--	--	--	--	--	--
	Fíbulas	--	--	88	--	--	--	--	--	12,3	--	--	1,8	--	--	--	--	--	2,07
	Pendiente	--	--	--	--	--	--	--	--	--	--	--	--	--	--	--	--	--	--
	Torques	--	--	85,6	--	--	--	--	--	14	--	--	5,9	--	--	--	--	--	5,7
ARTEFACTOSDE FUNCIÓN DESCONOCIDA	Alambres	--	91	--	--	--	--	--	11,2	--	--	6,7	--	--	--	--	--	3,9	--
	Amorfos	98,6	92,8	93,39	1,26	2,1	0,76	0,12	7,4	5,5	0,96	6,2	4,29	0,91	1,57	0,97	0,11	6,4	5,04
	Anillas	--	--	89,8	--	--	--	--	--	10,2	--	--	3,2	--	--	--	--	--	3,8
	Asa	--	--	--	--	--	--	--	--	--	--	--	--	--	--	--	--	--	--
	¿Lingotes ?	98,1	--	--	--	--	--	--	--	--	1,69	--	--	--	--	--	--	--	--
	Lámina	98,5	83,4	--	1,4	0,4	--	--	--	4,3	1,18	20,3	--	1,2	0,3	--	--	6	--
	Pasadores	--	--	--	--	--	--	--	--	--	--	--	--	--	--	--	--	--	--
	Puntas	--	--	--	--	--	--	--	--	--	--	--	--	--	--	--	--	--	--
	Remates	--	--	--	--	--	--	--	--	--	--	--	--	--	--	--	--	--	--

Tabla 90: Media y desviación estándar de la cantidad de Cu, As y Sn en cada artefacto de base de cobre según su cronología y su morfología. C. (Edad del Cobre), B. (Edad del Bronce), B.F. (Edad del Bronce Final). Las celdas marcadas con el símbolo – indican que no hay datos

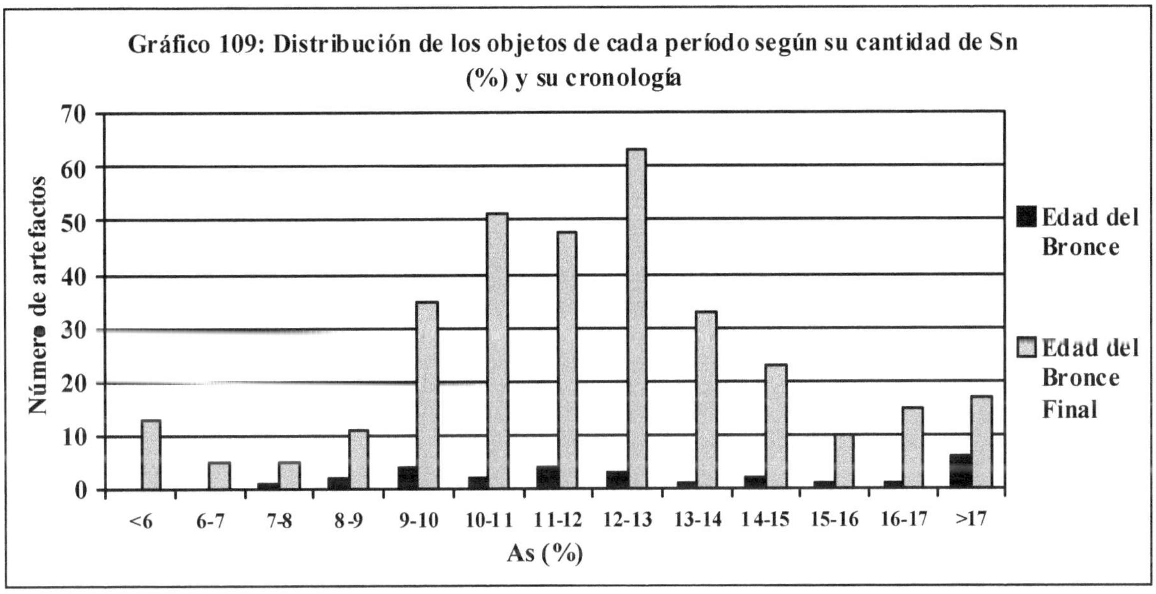

Recientemente, se han publicado los resultados de los análisis de los productos metálicos hallados en el Castro da Senhora da Guia de Baiões (São Pedro do Sul, Viseu). El estudio arqueométrico ha detectado una producción de bronces binarios totalmente diferente de las aleaciones ternarias que predominan en la zona del río Miño y de Trás-os-Montes (Valerio *et alii*, 2006. 314). El análisis de las producciones metálicas de la Cultura de Cogotas ha demostrado que en los poblados se llevó a cabo una producción de bronces binarios y que la generalización de la adicción de Pb en las producciones metálicas coincidió con el inicio de la Edad del Hierro (Fernández Posse de Arnáiz y Montero Ruiz, 1998: 200). Según estos resultados, el noroeste de Península Ibérica sería una zona con características propias, ya que se han hallado conjuntos metálicos de hachas de talón y dos anillas que estarían realizadas en bronces ternarios con altas cantidad de Pb (Vilaça y Merideth, 1997: 141). Esta diferencia tecnológica se ha relacionado con las diferentes posibilidades de abastecimiento de estaño que ofrece cada zona del Noroeste (Valerio *et alii*, 2006. 314).

No se sabe como se produjeron las aleaciones intencionadas de Cu y Sn durante la Edad del Bronce y el Bronce Final. La escasez de información al respecto no ha permitido conocer el proceso de producción de esta aleación. Se considera que pudo realizarse añadiendo el mineral de estaño al cobre o bien añadiendo fragmentos metálicos de estaño al cobre durante el proceso de fusión (Merideth, 1998). La falta de datos no afecta tan sólo al ámbito productivo, sino también a los artefactos de estaño, ya que no se ha encontrado ninguno en toda Europa. Esto puede deberse a que se este metal se corroe fácilmente, lo que provoca que los artefactos realizados en estaño no puedan ser detectados después en la excavación (Merideth, 1998).

Al igual que ocurre con el As, el Sn tampoco es uniforme en todas los artefactos de la Edad del Bronce ni de la Edad del Bronce Final, aunque no hay información contextual suficiente para saber si existen diferencias entre los bronces de los contextos funerarios y los hallados en poblados. Los artefactos de la Edad del Bronce que tienen una mayor cantidad de Sn son los amorfos y los cuchillos, aunque la mayoría de los artefactos realizados en bronce son puñales, hachas y puntas de flecha. Durante la Edad del Bronce Final, período durante el cual se produjo un proceso de homogeneización de la composición de los bronces, los artefactos con más estaño son las fíbulas y brazaletes, aunque la cantidad de Sn presente en el resto de artefactos es ligeramente inferior. Esta mayor cantidad de estaño se añadió de manera intencionada para obtener coladas más líquidas y que pudiesen ser vertidas en moldes de formas mucho más complejas y crear artefactos menos compactos que las hachas o las espadas.

Durante, la Edad del Bronce Final se produjo en el Suroeste de España la introducción de la soldadura por fusión o de sobrefundido. Esta técnica, frecuente en los artefactos del depósito de la Ría de Huelva, se caracterizaba por emplear coladas de bronce con una mayor cantidad de Sn, que se vertía posteriormente en el molde puesto sobre el artefacto. Al tener una mayor cantidad de Sn, la colada de la parte añadida no alcanzaría el punto de fusión del artefacto y la parte añadida al artefacto original quedaría soldada (Rovira Llorens, 1995). La complejidad de esta técnica, así como los conocimientos necesarios sobre aleaciones que hacían falta demuestran que el conocimiento metalúrgico de la Edad del Bronce Final estaba mucho más avanzado que el de los períodos precedentes. Esta técnica también ha sido documentada en otros depósitos peninsulares como por ejemplo el de Puertollano (Montero Ruiz *et alii*, 2002). La refundición era el último recursos ya que antes de efectuarla se agotaban todas las posibilidades de reparación o de reutilización (Montero Ruiz et alii, 2002: 25).

Gráfico 110: Distribución de los artefactos de plata de la Edad del Bronce según la cantidad de cobre en su composición

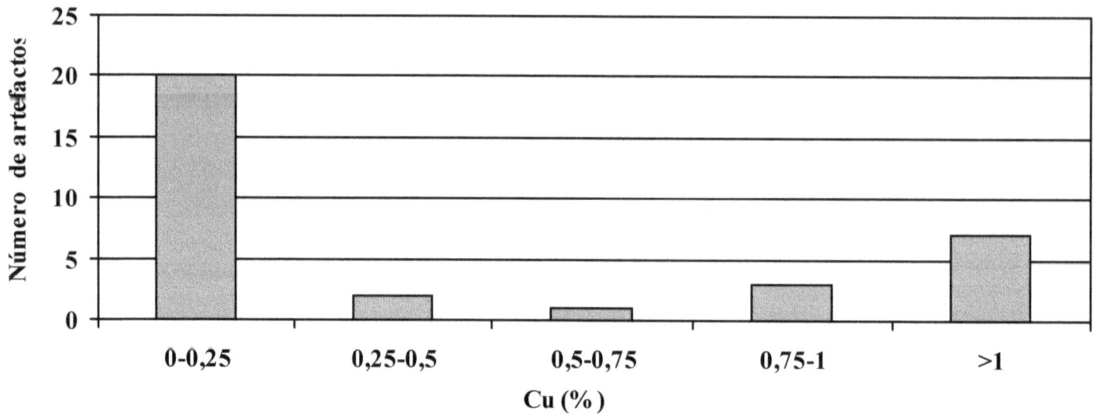

7.5.1.2 LAS PRODUCCIONES DE PLATA

La plata es considerada como un metal que sirve de delimitador cronológico claro, ya que sólo se han encontrado en la Península Ibérica artefactos realizados en este metal a partir de la Edad del Bronce. En el Suroeste se han documentado algunos artefactos de plata de este período en las campiñas de Cádiz, en el Bajo Alentejo y en Huelva, aunque son muy escasos en el resto de las zonas. Respecto a la Edad del Bronce Final hay que señalar que sólo se ha encontrado un artefacto realizado en plata de este período, el del yacimiento de Tres Águilas (Campillo, Huelva) aparecido en un contexto problemático en tanto que este yacimiento siguió estando ocupado durante la primera Edad del Hierro. A pesar de estos hallazgos, el número de artefactos de plata del Suroeste (46) es inferior al del Sureste, en donde se han hallado 466 artefactos de plata (Montero Ruiz, 1994: 264). La cantidad total de plata empleada para producir los artefactos del Suroeste realizados en este metal es de 720 gr, frente a los 392 gr del Noroeste (Comendador Rey, 1998: 179) y los 2,541 Kg en el Sureste (Montero Ruiz, 1994: 209).

Las evidencias arqueológicas prehistóricas relacionadas con el proceso de producción de plata son escasas y se desconoce cómo las comunidades prehistóricas pudieron beneficiar este metal. Los estudios analíticos realizados sobre artefactos prehistóricos de plata del Suroeste y de otras partes de la Península Ibérica han demostrado que estas producciones se caracterizan por tener una alta pureza. La impureza más frecuente en las producciones de plata prehistóricas es el cobre, que rara vez supera el 1% (Gráfico 109). Aún así, la cantidad de cobre detectada en los artefactos del Suroeste es baja en comparación con la cantidad de cobre hallada en los artefactos del Sureste. En esta zona se han hallado algunos artefactos con más de un 25% de cobre, cantidad que sólo puede deberse a una aleación intencionada (Montero Ruiz, 1992: 481).

No se ha detectado plomo en la composición de los artefactos de plata del Suroeste. Este ha sido relacionado tradicionalmente con el proceso de extracción por copelación y se considera que la ausencia de este metal, indicaría que no se empleó la copelación para extraer la plata (Montero Ruiz, 1994: 265). Otro proceso por el cual se podría obtener artefactos realizados en este metal sería por medio del trabajo de plata nativa, mineral que es bastante escaso y que se ha encontrado en algunas minas como por ejemplo la de Herrerías (Cuevas de Almanzora, Almería) (Montero Ruiz, 1994). Sin embargo, se ha encontrado plata nativa con altas cantidades de plomo, por lo que en este caso resulta imposible distinguir la plata procedente de mineral nativo de la obtenida por copelación. Puede que en el futuro la realización de nuevos análisis permita aclarar la falta de información que existe a nivel peninsular respecto a este tema.

7.5.1.3 LAS PRODUCCIONES DE ORO

La cantidad de artefactos de oro hallados en el Suroeste es bastante alta en comparación con la cantidad de artefactos de este tipo encontrados otras zonas como por ejemplo el Valle del Ebro, en donde no ha sido hallado ningún artefacto de oro de la Edad del Bronce (Rodríguez de la Esperanza, 2005: 132) (Gráficos 110). Por el contrario, sí han sido encontrados una gran cantidad de artefactos de oro en el Noroeste, aunque de los 17 Kg de oro encontrados no se sabe cuáles proceden de contextos de la Edad del Cobre y del Bronce (Comendador Rey, 1999: 169).

Las producciones prehistóricas de orfebrería de la Península Ibérica se caracterizan por tener una enorme diversidad morfológica, por lo que no se han encontrado pautas que se repitan para los artefactos de cada período. A pesar de esta variedad morfológica existente, hay que señalar que los artefactos realizados en oro son escasos en el registro arqueológico, lo que significa que su producción estaba aún menos homogeneizada que la de los artefactos de base de cobre.

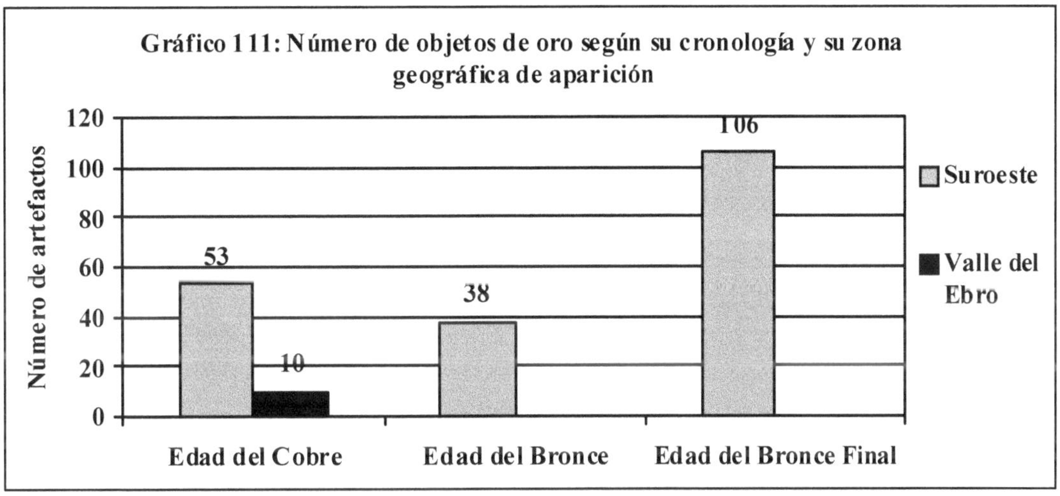
Gráfico 111: Número de objetos de oro según su cronología y su zona geográfica de aparición
Número de artefactos
120
100
80
60
40
20
0
53
10
38
106
Suroeste
Valle del Ebro
Edad del Cobre
Edad del Bronce
Edad del Bronce Final

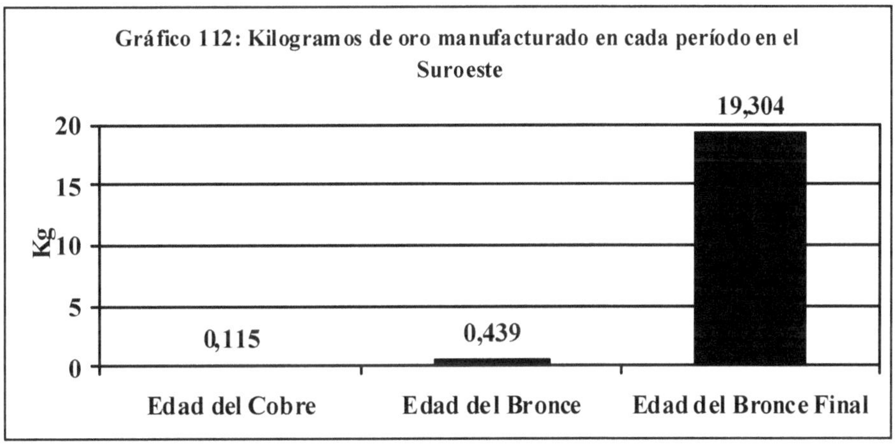
Gráfico 112: Kilogramos de oro manufacturado en cada período en el Suroeste
Kg
20
15
10
5
0
0,115
0,439
19,304
Edad del Cobre
Edad del Bronce
Edad del Bronce Final

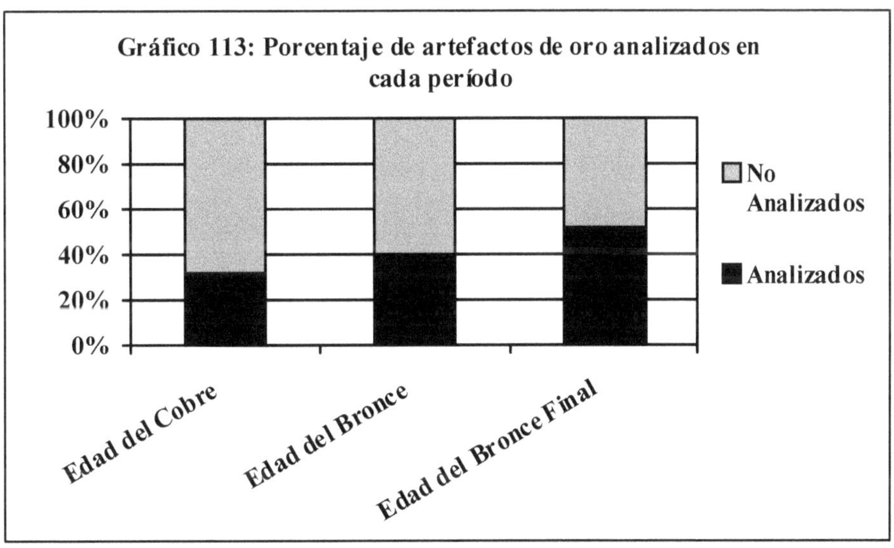
Gráfico 113: Porcentaje de artefactos de oro analizados en cada período
100%
80%
60%
40%
20%
0%
No Analizados
Analizados
Edad del Cobre
Edad del Bronce
Edad del Bronce Final

Gráfico 114: Gráfico de distribución de los objetos de oro del Suroeste según la cantidad de Ag en su composición

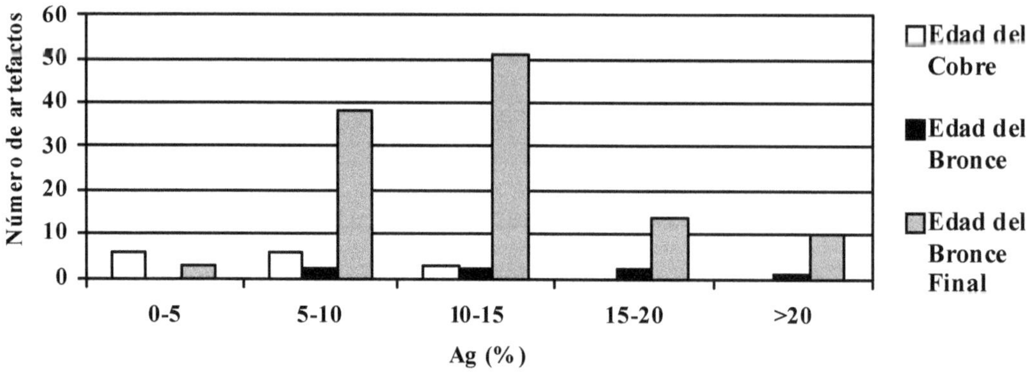

En las publicaciones los datos referentes a las medidas de los artefactos rara vez vienen incluidos, lo que hace que sea imposible determinar si hubo algún cambio generalizado de la morfología de los artefactos de cada período. Sin embargo, sí se puede afirmar con rotundidad que la desviación estándar de las medidas de los artefactos realizados en oro es mayor que la de los mismos tipos de artefactos realizados en base de cobre o en plata como por ejemplo ocurre en los brazaletes y en los torques. Esto indica que los artefactos de oro son bastante heterogéneos y que eran producidos de manera diferente a los de base de cobre, quizá porque eran producidos de una manera personalizada. Aunque esto resulta difícil de defender para la Edad del Cobre y del Bronce, períodos en los cuales la metalurgia del oro se realiza con una tecnología sencilla, si parece mucho más evidente para la Edad del Bronce Final.

A continuación se ha calculado el peso total de los artefactos de oro de cada período (Gráfico 111). Para ello, se ha calculado el peso medio de cada tipo de artefacto y se ha multiplicado por el número de artefactos de ese tipo, a excepción de aquellos tipos de artefactos de los cuales se desconoce el peso. Se observa que en la Edad del Bronce Final se produjo un aumento tanto del número de artefactos, como del peso de los mismos, hecho que algunos investigadores lo han atribuido a una mayor disponibilidad de materia prima y a un interés por su acumulación, ocultamiento y exaltación (Pérea Caveda, 1995: 72).

El estudio analítico de artefactos de oro de Portugal y en España que cuenta con una mayor cantidad de análisis es el de Hartmann (1982). En los últimos años, se han vuelto a analizar otros artefactos de orfebrería (Perea Caveda, 1990; Montero Ruiz y Rovira Llorens, 1991; Rovira Llorens y Montero Ruiz, 1997, Monge Soares *et alii*, 1994), pero no se han creado series analíticas similares. Por este motivo, se han empleado los resultados de los análisis de Hartmann para caracterizar arqueométricamente las producciones de orfebrería del Suroeste. Sería interesante poder comparar en un histograma la cuantificación de las impurezas del oro en los artefactos en cada serie analítica. No obstante, esto no es posible ya que apenas hay artefactos que hayan sido analizados en más de una ocasión en otro estudio arqueométrico. Si vemos los resultados del gráfico 112, se observa que apenas un pequeño porcentaje de artefactos calcolíticos y de la Edad del Bronce han sido analizados por medio de técnicas arqueométricas, mientras que por el contrario la mitad de los artefactos de oro del Bronce Final han sido analizados. La necesidad de que se lleve a cabo en el futuro un mayor esfuerzo analítico ya ha sido mencionada por algunos investigadores (Monte Soares *et alii*, 1994, 135).

La mayoría de los artefactos de oro calcolíticos y de la Edad del Bronce del Suroeste se caracterizan por tener pocas impurezas y una cantidad de Ag inferior al 20 %, límite a partir del cual se considera que los artefactos están realizados por medio de una aleación intencionada (Montero Ruiz y Rovira Llorens, 1991: 11) (Gráfico 113). Esto quiere decir que casi todos los objetos de oro del Suroeste fueron producidos solo por medio de pepitas. En otras zonas de la Península Ibérica, como por ejemplo el Sureste, si se han hallado artefactos de oro y plata aleados de manera intencionada desde la Edad del Bronce y que coexistirían con artefactos realizados únicamente en oro (Montero Ruiz y Rovira Llorens, 1991). En el Sureste se han documentado tan sólo un artefacto de este período que tiene una cantidad de Ag superior al 20%, una diadema hallada en Évora (Hartmann, 1982: 88). Por otra parte, hay que señalar que durante la Edad del Bronce y la Edad del Bronce Final se produjo un aumento de las impurezas de plata en los artefactos del Suroeste. No existe una explicación al por qué de este fenómeno, que también ha sido documentado en otras zonas peninsulares y que podría deberse a una refundición de joyas amortizadas junto con oro limpio, que produciría un aumento de las impurezas de plata (Montero Ruiz y Rovira Llorens, 1991: 12).

Gráfico 115: Gráfico de distribución de los objetos de oro del Suroeste según la cantidad de Cu en su composición

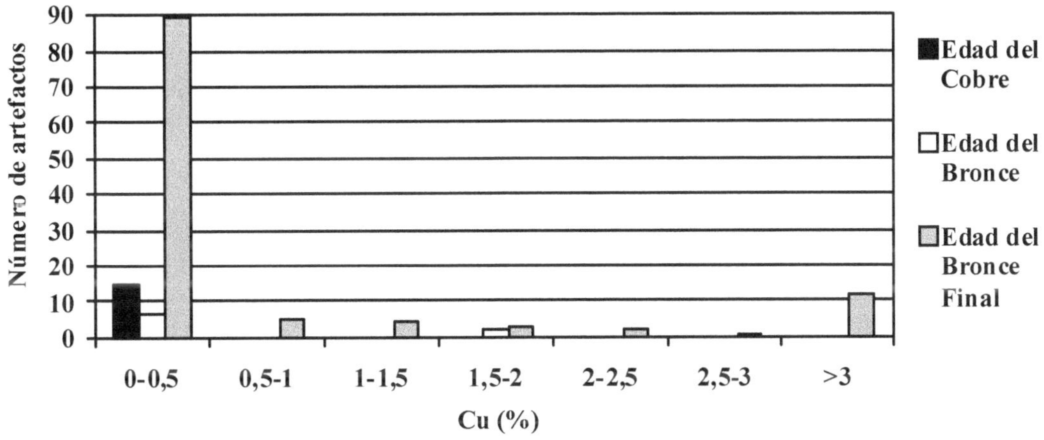

Tabla 91: Media y desviación estándar de la composición de los artefactos de oro hallados en el Suroeste						
	Edad del Cobre		Edad del Bronce		Edad del Bronce Final	
	Media (%)	Desviación estándar	Media (%)	Desviación estándar	Media (%)	Desviación estándar
Ag	6,93	2,67	14,42	3,79	13,08	4,23
Cu	0,05	0,03	0,11	0,06	0,8	1,79

Tipología	Media						Desviación estándar					
	Ag (%)			Cu (%)			Ag			Cu		
	C.	B.	B.F.	C.	B.	B.F.	C.	B.	B.F.	C.	B.	B.F.
Cadena-espiral	--	--	11,35	--	--	0,36	--	--	3,9	--	--	1,6
Collares	--	--	18,8	--	--	2,74	--	--	4,5	--	--	1,7
Cuentas	10,7	--	--	0,03	--	--	2,6	--	--	0	--	--
Brazaletes	--	--	18,36	--	--	2,28	--	--	7,4	--	--	1,62
Espiral	--	--	14,3	--	--	0,11	--	--	2,9	--	0	--
Láminas	6,7	--	--	0,1	--	--	4,6	--	--	0,1	--	--
Torques	--	18	14,8	--	0,1	1,59	--	0	3,8	--	0	0,78

Tabla 92: Media y desviación estándar de la cantidad de Cu y Ag en cada tipo de artefacto de oro según su cronología y su morfología. C. (Edad del Cobre), B. (Edad del Bronce), B.F. (Edad del Bronce Final).
Las celdas marcadas con el símbolo – indican que no hay datos

La cantidad de cobre en la composición de los artefactos de oro del Suroeste es baja, ya que la mayoría de ellos tienen una cantidad de cobre inferior al 0,5 % (Gráfico 114). No obstante, algunas de las piezas de la Edad del Bronce Final tienen una cantidad de Cu superior al 1%, cantidad que sólo podría haber sido añadida de manera intencionada al oro (Montero Ruiz y Rovira Llorens, 1991: 11). Durante la Edad del Bronce Final se generalizó la producción de aleaciones intencionadas de oro con Cu y Ag. Esta adicción de Cu sin duda estuvo relacionada con la aparición de la técnica de la soldadura, que permitía rebajar el punto fusión de la aleación y por lo tanto añadir por elementos ornamentales complejos.

Los resultados arqueométricos demuestran que durante la Edad del Bronce Final las producciones de orfebrería del Suroeste guardan bastante similitud con las mediterráneas. Estas se caracterizan por tener una cantidad de plata en la mayoría de las ocasiones inferior al 20% (Montero Ruiz y Rovira Llorens, 1991) y son totalmente diferentes de las producciones orfebres del noroeste península, en donde predominan aleaciones de oro con una cantidad de Ag superior al 20% (Monge Soares y otros, 1994: 136). Esto indica que el Suroeste tuvo una mayor relación con el área cultura del Mediterráneo, que con el Noroeste durante la Edad del Bronce Final, al menos en lo relativo a las producciones orfebres.

La desviación estándar de la composición de los artefactos de la Edad del Bronce Final es superior a la de los períodos anteriores, lo que significa que estos tienen una composición más heterogénea que la de las producciones de la Edad del Cobre y del Bronce (tabla 90). Si se compara la composición por artefactos se observa que existe una gran heterogeneidad de situaciones (tabla 91). No obstante, es cierto que brazaletes y collares de la Edad del Bronce Final tienen una alta cantidad de Cu que sin duda tubo que ser añadido intencionadamente y de Ag. Otros artefactos como las cadenas-espirales o las espirales tienen una menor cantidad de Cu. La desviación estándar de la cantidad de Ag es muy alta para todos los períodos, debido a la alta cantidad de impurezas en el oro, aunque se observan un aumento de la desviación estándar de Cu durante la Edad del Bronce Final como consecuencia de estas aleaciones intencionadas.

Los artefactos de oro de la Edad del Cobre se produjeron a partir de láminas obtenidas por el batido pepitas (Perea Caveda, 1995: 70). No se han encontrado labores de minería prehistóricas relacionadas con la extracción de oro, por lo que se supone que este metal se obtendría a partir de pepitas extraídas por bateo de las arenas auríferas de algunos ríos (Sanchez Palencia y Pérez, 1989). Las láminas eran sometidas posteriormente a un recocido para que la estructura interna recristalizase, de tal manera que se eliminaban las tensiones de la misma producidas por el batido y la lámina se volvía maleable otra vez. Los adornos de la Edad del Cobre no suelen tener decoraciones, aunque en aquellos casos en los que se ha documentado parece que estas se realizaron por medio de un repujado con el que se hicieron motivos geométricos y lineales.

Durante la Edad del Bronce, las cantidades de Ag y de Cu en los artefactos de oro de este período aumentaron, a pesar de lo cual, casi todos los artefactos fueron realizados sin aleaciones intencionadas. Respecto a la forma de los mismos, hay que señalar que no difieren de los artefactos de la Edad del Cobre y muchos de ellos fueron realizados por medio de alambres y láminas batidas. Sin embargo, durante este período empezó a llevarse a cabo la fusión de oro y su vaciado en moldes univalvos (Perea Caveda, 1995: 70).

Las producciones de oro de la Edad del Bronce Final tienen unas características diferentes de las producciones de los períodos anteriores. Los artefactos de este período tienen un mayor peso y están realizados en piezas macizas con pocos huecos. Los motivos decorativos de las mismas están realizados con cincel y están formados por motivos geométricos y lineales. Durante la Edad del Bronce Final se produjo la aparición de soldaduras por fusión de oro, para las cuales era necesario un mayor conocimiento técnico de las aleaciones y de sus propiedades físicas (Perea Caveda, 1995: 73). Esta innovación no es exclusiva de las producciones de orfebrería sino que también se da en las producciones de base de cobre del Suroeste de este período, como ha quedado demostrado en varias publicaciones.

7.5.2 LOS ESTUDIOS METALOGRÁFICOS

La cantidad de análisis metalográficos realizados sobre artefactos del Suroeste de cada período es bastante baja. De los 1431 artefactos de la Edad del Cobre, se han metalografiado 90 (6%), de los 729 artefactos de la Edad del Bronce se conoce la estructura interna de 28 (4%) y de los 718 artefactos de la Edad del Bronce Final han sido analizados 34 (5%). En este contexto, hay que señalar que la representatividad estadística de los análisis metalográficos realizados es bastante baja y que las conclusiones obtenidas con la información que existe en el presente pueden cambiar en el futuro cuando se realicen nuevos análisis. Casi todos los análisis realizados se han aplicado sobre artefactos de base de cobre y sólo existe un estudio metalográfico sobre un objeto realizado en oro. La ausencia de análisis de este tipo en artefactos de plata hace que se desconozca cómo era el proceso de elaboración de los mismos y su estructura interna. Esta falta de análisis metalográficos de producciones de oro y plata se debe a que estos análisis son destructivos y a que sólo suelen ser aplicados a aquellas piezas que presentan roturas o aquellas que tienen un mal estado de conservación.

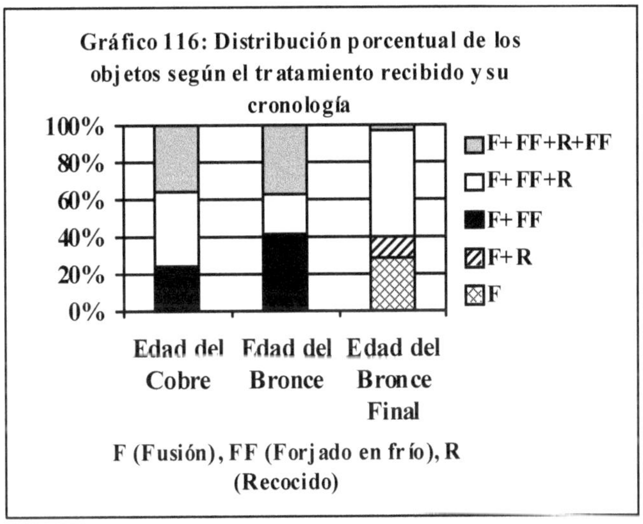

La mayoría de los artefactos metálicos de la Edad del Cobre del Suroeste recibieron un martillero en frío seguido de un recocido o recibieron un tratamiento mecánico posterior al forjado (Gráfico 115). Casi todos estos tratamientos de martilleado en frío fueron más intensos en el filo y se aplicaron para dar una mayor dureza al mismo. Durante la Edad del Bronce la cantidad de artefactos que recibieron un único tratamiento mecánico aumentó. Esto indica que el tiempo aplicado en la fabricación de estos artefactos fue menor y que estos tendrían una mayor dureza pero también una mayor fragilidad. Casi todos los artefactos de la Edad del Bronce Final fueron sometidos a un martilleo en frío y un recocido posterior y se redujo el número de artefactos que recibieron tratamientos de forjado. Durante este período también se produjo la aparición de un nuevo tratamiento, el del recocido posterior a la extracción del molde. Este produciría una homogeneización de las aleaciones y haría que las propiedades físicas de las piezas fuesen iguales en todas sus partes.

A pesar de la escasez de datos, se puede decir que en la Edad del Bronce Final hubo un cambio respecto de los períodos anteriores. Durante la Edad del Cobre y del Bronce hubo un interés por fabricar artefactos cortantes y con una mayor dureza en sus filos, mientras que en la Edad del Bronce Final se buscaron artefactos con una menor dureza y con una menor fragilidad, propiedad que era imprescindible para evitar la rotura de las armas. Esta información es complementaria a la que se ha obtenido en el estudio morfométrico, que indica que se produjo un aumento de la capacidad de ataque a distancia de los artefactos de la Edad del Bronce Final respecto a los artefactos de períodos anteriores, que tenían una mayor anchura y una mayor capacidad de corte.

El proceso de producción de artefactos metálicos del III y II Milenio ANE tiene enormes contradicciones, ya que la aplicación de un recocido acababa con la dureza conseguida tras el martilleo en frío y el posterior forjado en frío vuelve a hacer la pieza más dura pero mucho más frágil. Este recocido hacía que se perdiese casi la mitad del arsénico y parte del estaño de los artefactos, ya que ambos elementos son muy volátiles en condiciones oxidantes (Tylecote *et alii*, 1977). Tras un segundo martilleo en frío no se volvería a conseguir la misma dureza que la que se tendría en el primer martilleo en frío, ya que parte del arsénico presente en la pieza se habría volatilizado (Rovira Llorens y Gómez Ramos, 1998). En algunos este tratamiento fue tan intenso que se produjeron fisuras en los artefactos como consecuencia de las tensiones estructurales internas. La aparición de grietas suele venir acompañada de corrosiones muy grandes que afectan a la superficie (Tylecote, 1979). Se desconoce porque se aplicaban tratamientos que no mejoraban las propiedades físicas de los artefactos y esta alternancia de martillero y recocido ha sido interpretada como una herencia del laminado de oro y del cobre en Neolítico/Calcolítico a partir de metales nativos (Rovira Llorens y Gómez Ramos, 1998).

El estudio realizado sobre las producciones metálicas de varios yacimientos calcolíticos del Suroeste no ha encontrado una correlación positiva entre la morfología de los artefactos y proceso de manufactura (Rodríguez Bayona, 2008: 242). El número de análisis metalográficos de artefactos del Suroeste es bajo, por lo que las conclusiones obtenidas pueden variar en el futuro si se llevan a cabo proyectos sistemáticos de investigación que realicen una labor sistemática de análisis, a pesar del enorme esfuerzo realizado en la última tesis doctoral que se ha publicado para aumentar la cantidad de análisis de este tipo (Rodríguez Bayona, 2008).

La escasez de análisis metalográficos no es sólo exclusiva del Suroeste sino también de la Península Ibérica en donde el número de estudios metalográficos es bastante bajo. Hasta el momento, los únicos estudios realizados con un número alto de análisis son el estudio de las puntas de Palmela (Rovira Llorens *et alii*, 1989) y la tesis de Rodríguez Bayona (2008).

Gráfico 117: Número de objetos de la Edad del Cobre en cada zona según su funcionalidad

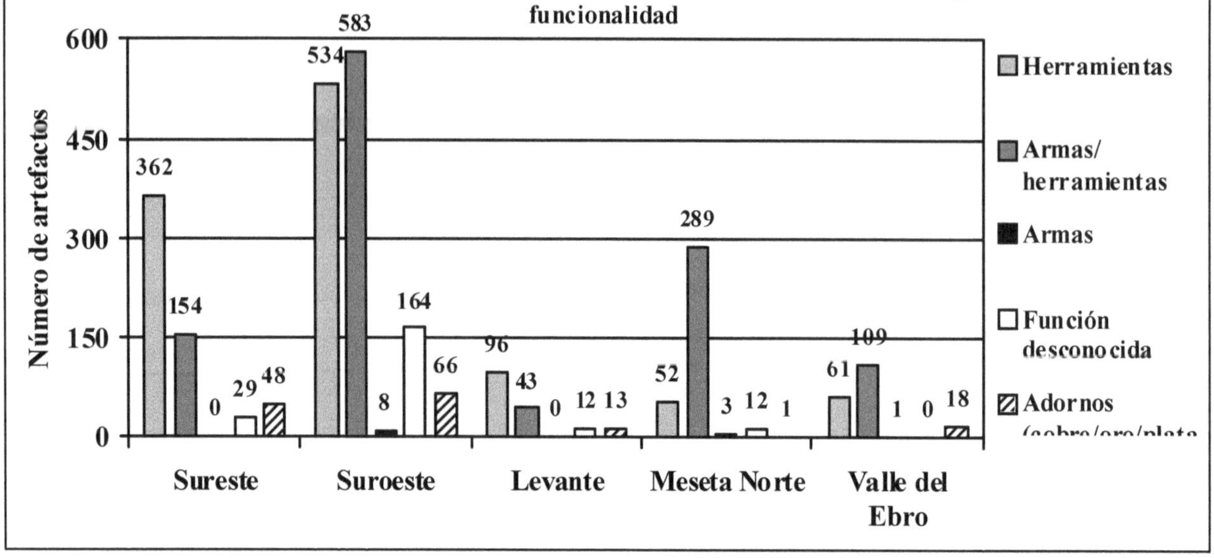

Gráfico 118: Número de objetos de la Edad del Bronce en cada zona según su funcionalidad

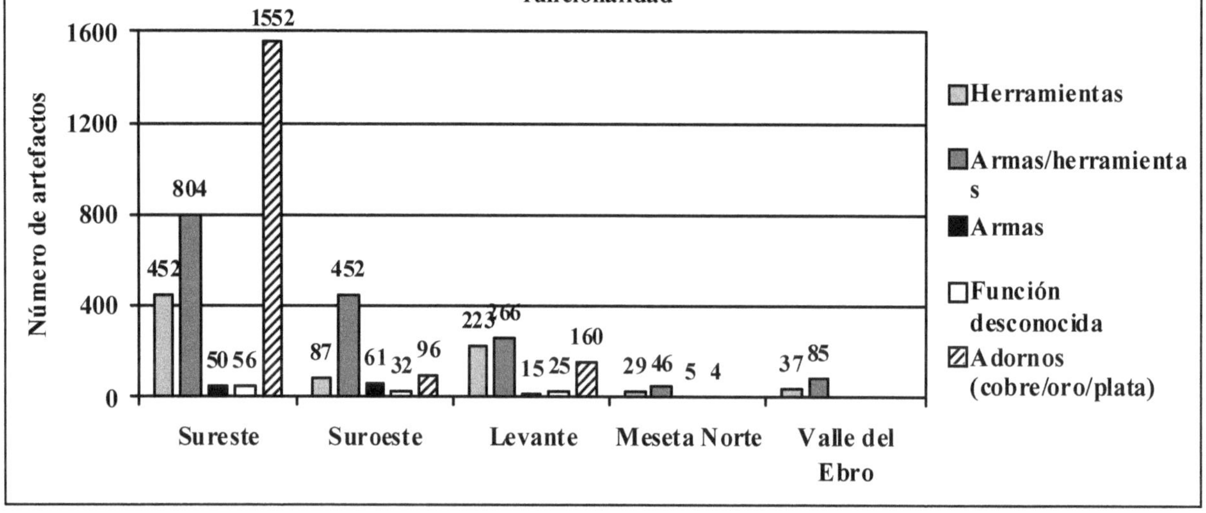

Gráfico 119: Número de objetos de la Edad del Cobre en cada zona geográfica según su funcionalidad

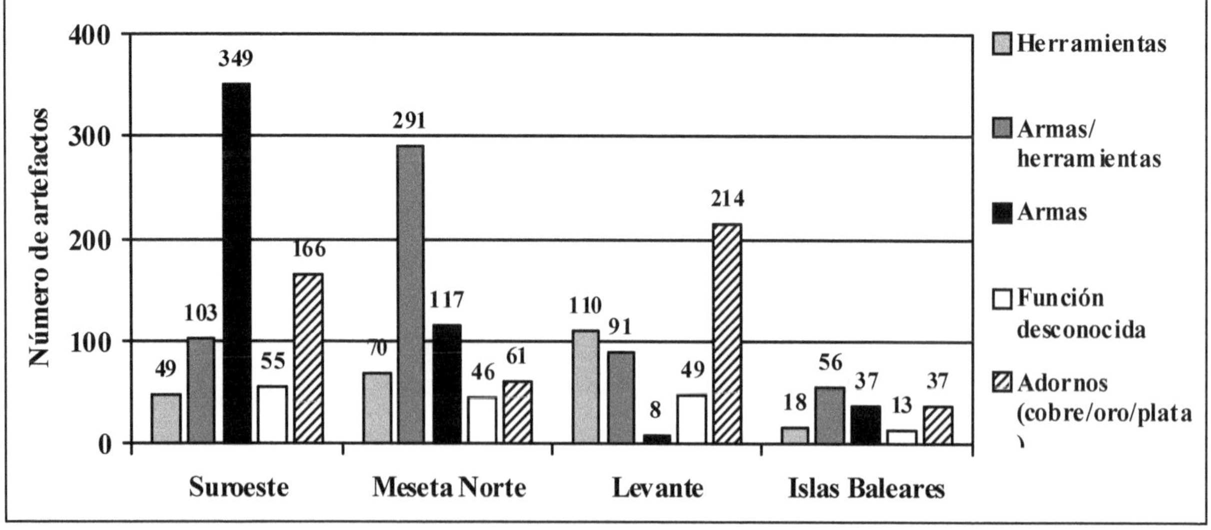

La principal conclusión que se ha obtenido en el trabajo de investigación anteriormente citado es que no existe una homogeneidad a la hora de aplicar tratamientos a estas puntas y que en la Edad del Bronce se produjo una extensión de los tratamientos térmicos y una reducción de la cantidad de As, esto pudo deberse una mejora en el proceso de refinado y de fundición y a la aplicación de un recocido a los artefactos metálicos (Rovira Llorens *et alii*, 1989). Sin embargo, estas conclusiones válidas a escala peninsular no son útiles para determinados estudios realizados a una escala espacial menor. En el caso de algunos yacimientos del Suroeste, se ha documentado que en esta zona existieron otras pautas en el proceso de manufactura diferentes de las documentadas a escala peninsular (Rodríguez Bayona, 2008)

7.6 EVOLUCIÓN FUNCIONAL DIACRÓNICA DE LAS PRODUCCIONES METÁLICAS DEL SUROESTE

Los primeros artefactos metálicos de la Península Ibérica copiaron las formas de los artefactos realizados en piedra y en hueso. Por este motivo, las primeras producciones metálicas que aparecieron fueron punzones, puntas de flechas o hachas, artefactos que existían realizados en otras materias primas (Rovira Llorens y Gómez Ramos, 1994).

La mayor parte de los artefactos metálicos de la Edad del Cobre que se han hallado en el Suroeste son armas-herramienta y herramientas (Gráfico 116). Esto contrasta con el Sureste y Levante, en donde la mayor parte de los artefactos calcolíticos encontrados son herramientas, y con la Submeseta Norte y el Valle del Ebro, en donde los artefactos más numerosos son las armas-herramienta. Por otra parte, hay que señalar que el Suroeste es la zona en donde más artefactos de función desconocida se han encontrado, hecho que se debe a la alta cantidad de artefactos de este tipo hallados en el yacimiento de La Pijotilla (Badajoz).

Si se tiene en cuenta la información del gráfico 116 se observa que existen varias regiones que se caracterizan por tener grupos funcionales de artefactos metálicos diferentes. Estos pudieron estar relacionados con las condiciones socieconómicas de las comunidades de la Edad del Cobre de cada zona.

La alta cantidad de armas-herramienta documentada en el Suroeste se debe a la abundancia de puntas de flecha de cobre. Estos artefactos fueron empleados para la caza y en algunas ocasiones tuvieron un uso bélico, por lo que no se sabe si la conflictividad en esta zona fue mayor que en otras o si las comunidades del Suroeste fueron más dependientes de la caza que en otras zonas de la Península Ibérica. Por otra parte, hay que señalar que la cantidad de puntas de flecha se redujo durante la Edad del Bronce, hecho que pudo estar relacionado con un mayor desarrollo de la agricultura y de la ganadería en detrimento de la caza. Esta hipótesis coincide con los resultados de los estudios zooarqueológicos realizados. En estos trabajos de investigación se ha documentado una reducción de la cantidad de restos óseos asociados a ungulados salvajes en los contextos de la Edad del Bronce, hecho que pudo estar relacionado con una menor dependencia de la caza como medio de aprovisionamiento de carne (Castaños Ugarte, 1998: 71).

Los conjuntos metálicos de la Edad del Bronce son diferentes de los del período anterior (Gráfico 117). Durante este período se produjo un aumento en el área argárica (Sureste y Levante) del número de adornos y armas-herramienta. Estos cambios no se observan en otras áreas como por ejemplo el Valle del Ebro, en donde las armas-herramienta son numerosas y el número de adornos es bastante bajo. Otro cambio que se produjo en la Edad del Bronce fue la aparición de las armas que eran artefactos creados *ex profeso* para el uso bélico. Durante este período se produjo un aumento del número de armas en el Suroeste y en el Sureste, aunque estos artefactos están ausentes de los contextos de la Edad del Bronce de otros lugares.

La aparición de armas durante este período no es fruto de la casualidad sino que estuvo en relación con los cambios sociales que se desarrollaron durante este período. Durante la Edad del Bronce se produjo la extensión de los enterramientos individuales y la emergencia de una elite, cambios que han sido relacionados con un desarrollo del individualismo que sería consecuencia de un proceso de jerarquización social en el cual se disgregaron las relaciones de parentesco (García Sanjuán, 1999). Este proceso se observa de manera evidente a través del registro funerario. En el Suroeste durante la Edad del Cobre más del 90% de los artefactos de los ajuares formaban parte de artefactos de producción y de consumo. Por el contrario, en la Edad del Bronce se produjo un aumento del número armas y de adornos depositados en tumbas (García Sanjuán 2003: 162). La falta de enterramientos infantiles con ajuares formados por bienes de prestigio ha demostrado que el estatus social no estaba adscrito por nacimiento, sino que sería conseguido durante el período de vida de los individuos (García Sanjuán, 1999). Por otra parte, hay que señalar que en algunas necrópolis de la Edad del Bronce se realizó un mayor esfuerzo en la construcción de las tumbas de los individuos con un mayor estatus social (García Sanjuán 2003). No obstante, estas tumbas son escasas y sólo se han hallado en aquellas necrópolis en las que existe una mayor jerarquización social, por lo que se descarta la existencia de una clase de guerreros y se cree que tan sólo existió una única persona diferenciada del resto de la comunidad (García Sanjuán, 1999). Esta interpretación contrasta con la defendida por los investigadores defensores de postulados de la Arqueología Social, que consideran que desde la Edad del Cobre se produjo una mayor jerarquización social y que existiría una organización política supra-parental que se ubicaría en grandes centros de poder desde los cuales se controlarían los excedentes de los territorios circundantes y la fuerza de trabajo (Arteaga Matute, 2002). Esta organización política habría surgido para solucionar el problema de la precariedad productiva que sufrían las comunidades del III Milenio Cal ane y produjo la aparición de una distribución asimétrica y desigual de cargas y recompensas en el sistema productivo (Arteaga Matute, 2002: 259).

Durante la Edad del Bronce Final se produjo en el Suroeste un aumento del número de armas y de adornos sin precedentes (Gráfico 118). La mayoría de estas armas han sido halladas en el depósito de la Ría de Huelva, aunque como ha quedado demostrado no es el único depósito de este tipo en esta zona. Los conjuntos metálicos de este período de otras zonas de la Península Ibérica no tienen tantas armas y suelen tener un mayor número de armas-herramientas y de herramientas. Por poner un ejemplo, el conjunto de artefactos de Levante de la Edad del Bronce Final se caracteriza por tener un elevado número de adornos que hace que sea muy similar al conjunto metálico de la Edad del Bronce de esta zona.

El aumento del número de armas que se documentan en el Suroeste debe verse en relación con los cambios sociales que se sucedieron en la Edad del Bronce Final. Las excavaciones en poblados de este período son escasas y la mayor parte de la información para reconstruir el sistema socioeconómico de la Edad del Bronce Final se ha obtenido a partir de las estelas de guerrero. En ellas parece que se representa a individuos armados y con multitud de artefactos de prestigio y que tendrían un alto estatus social relacionado con la guerra (Celestino Pérez, 2001: 304). A pesar de que ésta es la interpretación más aceptada por los investigadores, existen multitud de interpretaciones sobre las representaciones de estas estelas y es un tema que por su complejidad necesita de un estudio concreto y en el que se realice un análisis más riguroso, por lo que será tratado en un capítulo aparte.

Las armas de este período se caracterizan por tener una serie de mejoras técnicas respecto de las armas de los períodos anteriores como el nervio central, la empuñadura con remaches y la fabricación en bronce. Se ha observado que existen multitud de problemas de desgaseo en las estructura interna de los artefactos de este periodo, problema que también se ha documentado en otros conjuntos metálicos coetáneos peninsulares como el del depósito de armas de Puertollano (Ciudad Real) (Montero Ruiz *et alii*, 2002: 22), lo cierto es que las innovaciones introducidas produjeron una mejora sustancial de las propiedades mecánicas de las armas de este período.

8 SÍNTESIS

8.1 EDAD DEL COBRE

En el Suroeste no se han encontrado artefactos metálicos y ni evidencias de producción datadas en el Neolítico como las que han sido halladas en el Sureste en el poblado de Cerro Virtud (Cuevas de Almanzora, Almería) y que están datadas en el V Milenio a.n.e. (Montero Ruiz y Ruiz Taboada, 1996a). Esto lleva a pensar que los primeros artefactos de metal fueron producidos en los inicios de la Edad del Cobre, aunque las evidencias productivas datadas en estos primeros momentos del Calcolítico son bastante escasas.

Sólo una pequeña cantidad de objetos metálicos de esta zona se pueden datar por asociación contextual clara en la Edad del Cobre Precampaniforme y Campaniforme. Este hecho está relacionado con la escasez de artefactos metálicos hallados en contextos arqueológicos documentados por metodología arqueológica. La mayoría de los datados en la Edad del Cobre han aparecido en superficie y su cronología es bastante imprecisa.

Respecto a su distribución espacial hay que señalar que una gran cantidad de objetos han sido encontrados en los valles del Guadalquivir y del Guadiana y en Sierra Morena.

Las producciones metálicas de la Edad del Cobre en el Suroeste son bastante similares a los que se han encontrado en otras zonas de la península Ibérica. La mayoría de los artefactos metálicos de este período consisten en herramientas y armas-herramientas, que copiaban la forma de los artefactos realizados en materia lítica u ósea. En el Suroeste se ha documentado una mayor diversidad morfológica de objetos metálicos que en otras peninsulares. En esta zona se han encontrado artefactos, como por ejemplo anzuelos, hoces o cuchillos, que no han sido hallados en otras zonas de la península Ibérica.

Respecto a su composición hay que señalar que la mayoría de los artefactos de base de cobre de este período se caracterizan por tener una cantidad de As inferior al 3%, aunque menos de la mitad de los artefactos existentes han sido analizados. El porcentaje de As se sitúa normalmente por debajo del 4%, cantidad que es considerada por los investigadores como el límite entre las aleaciones naturales e intencionadas (Northover, 1989). Por otra parte, hay que señalar que el porcentaje de As en los objetos de esta zona es inferior al de los hallados en otras áreas de la península Ibérica, como por ejemplo el Sureste (Montero Ruiz, 1992). A pesar de ello, se han encontrado algunos artefactos aislados que tienen una alta cantidad de este elemento, hecho que podría estar relacionado con una reducción de minerales de cobre con altas cantidades de As (Hunt Ortiz, 2003). Otros investigadores consideran que esta producción sería intencionada y que la aleación de cobre y arsénico produciría mejoras en las propiedades físicas de los artefactos (Nocete Calvo *et alii*, 2004). Asimismo, se han encontrado algunos artefactos de la Edad del Cobre en la provincia de Córdoba realizados en bronce. Por los datos existentes, parece que estos se produjeron de manera no intencionado por el empleo de minerales de cobre con altas cantidades de estaño que existen en la zona norte de esta provincia (Hunt Ortiz, 2003).

Otro metal que fue trabajado durante el Calcolítico es el oro. Estos objetos casi siempre aparecen en contextos funerarios y consisten en láminas y alambres que, sin duda, tuvieron una clara significación simbólica. Los adornos realizados en este metal sólo eran accesibles a una pequeña parte de los difuntos, lo que parece indicar que existe una clara relación entre la posesión de adornos de oro y del estatus social del individuo enterrado.

La escasez de impurezas aparecidas en los artefactos de oro analizados indica que la producción de estos se produjo a partir del batido de pepitas de oro y que no existió una fundición de este metal durante la Edad del Cobre.

En resumen, se puede decir que el número de artefactos metálicos de la Edad del Cobre del Suroeste es mayor al de otras zonas peninsulares y que las producciones del Suroeste de este período tienen unas características similares a las producciones metálicas de otras zonas de la Península Ibérica.

8.2 EDAD DEL BRONCE

Al igual que ocurre con la cronología de los artefactos de la Edad del Cobre, existe una auténtica imprecisión cronológica que también afecta a los objetos de la Edad del Bronce. La descontextualización de los artefactos de este período es menor, debido a las labores arqueológicas desarrolladas en las necrópolis de este período. El número de excavaciones llevadas a cabo en poblados de este período es exiguo.

La cantidad de artefactos metálicos de este período es inferior respecto del período anterior. Esta situación contrasta con la documentada en otras zonas, como por ejemplo el Sureste y Levante, en donde se han encontrado un mayor número de artefactos de este período.

En la Edad del Bronce se produjo en el Suroeste un cambio en el conjunto funcional de objetos metálicos respecto del período anterior. La mayoría de los hallados en el Suroeste son adornos y armas-herramientas, hecho que contrasta con el conjunto funcional de la Edad del Cobre que esta compuesto en su mayoría por herramientas y armas-herramientas.

La mayor parte de los objetos metálicos de este período han aparecido en el Valle del Guadalquivir, el

Algarve y el Alentejo. Se observa una dicotomía entre las zonas del interior y las costeras. En las primeras hay una mayor cantidad de artefactos realizados en cobre que en metales preciosos y en las segundas se ha documentado una situación inversa.

Las producciones de la Edad del Bronce se caracterizan por estar realizadas en cobre con altas cantidades de arsénico y los artefactos producidos en bronce son escasos. La cantidad media de As en los artefactos de cobre de este período es inferior a la de los artefactos calcolíticos, a diferencia de lo que sucedió en otras zonas como por ejemplo el Sureste peninsular (Montero Ruiz, 1992). Todos los realizados en bronce en el Suroeste son armas-herramientas y no adornos, como sucede en el Sureste (Montero Ruiz, 1992). La cantidad media de Sn es del 3%, cantidad que es considerada como límite entre las aleaciones naturales e intencionadas (Rovira Llorens, 1995). El estudio de la distribución de los objetos según su cantidad de Sn en el Suroeste ha demostrado que estos tienen una cantidad de estaño entre el 7 y el 13%, cantidad que es superior a la de otras zonas como el Sureste donde los artefactos rara vez tienen más de un 5% de estaño (Montero Ruiz, 1992).

En este período empezaron a producirse artefactos de oro por medio de la fundición. También se produjo la aparición de aleaciones intencionadas con cobre, aunque no con plata que, por lo general, suele aparecer en cantidades inferiores al 20%. Otro hecho de enorme importancia es que durante este período empezó a trabajarse la plata. Los análisis realizados sobre este metal han demostrado que tienen muy pocas impurezas de plomo, por lo que no se sabe si esta fue trabajada a partir de minerales nativos o a partir de galenas argentíferas copeladas (Hunt Ortiz, 2003).

Durante la Edad del Bronce se produjo la aparición de dos zonas en la península Ibérica desde el punto de vista de las producciones metálicas: una en el noroeste y otra en el sur y el este. Las producciones de la primera zona se caracterizan por ser morfológicamente muy similares a las que se documentan en la Europa atlántica; mientras que las de la segunda quedan caracterizadas por las producciones del área argárica. Esta similitud entre el Sureste y el Suroeste se observa tanto en la composición de los artefactos, como en las formas. Aunque se ha interpretado que el Suroeste sería un espacio periférico de la zona argárica (Galán Domínguez, 2004), lo cierto es que los artefactos metálicos hallados en el mismo tienen unas características propias. El conjunto funcional metálico de la zona de estudio de este trabajo de investigación es diferente del hallado en el Sureste, a pesar que existen similitudes formales entre las producciones de uno y otro lado del sur peninsular. Las características arqueométricas de las producciones de base de cobre de uno y otro lado no son iguales, ya que los artefactos de bronce del Suroeste tienen una mayor cantidad de estaño que los del Sureste y el bronce no fue empleado en la manufactura de adornos. Por el contrario, si existen enormes similitudes formales y arqueométricas en las producciones de plata de ambas zonas.

8.3 EDAD DEL BRONCE FINAL

La cantidad de artefactos de la Edad del Bronce Final es superior a la documentada para el período anterior. Este aumento se debe a la enorme cantidad de objetos de metal hallados en el depósito de la Ría de Huelva, aunque existen otros depósitos fluviales en los ríos Guadalquivir y Guadiana. En este segundo río aparecen además de depósitos de espadas y lanzas que son propios del Suroeste, depósitos con hachas. Estos aparecen de manera frecuente en el Noroeste y en la Submeseta Norte pero no en el valle del Guadalquivir en donde no se ha encontrado ninguno hasta el momento. Por el contrario, los artefactos hallados en contextos funerarios y de poblado de la Edad del Bronce Final son escasos, aunque no inexistentes. No obstante, la cantidad de datos existentes se ve fuertemente influenciada por el número de intervenciones llevadas a cabo en poblados de este período.

La mayoría de los objetos de este período son armas y adornos, a diferencia de los períodos anteriores en los que eran más frecuentes las armas-herramienta y las herramientas. Casi todo el metal fue empleado en la producción de este tipo de artefactos, lo que podría indicar toda la materia prima fue destinada a producir artefactos de prestigio. Durante este período se produjo un cambio en el conjunto funcional metálico. Este estuvo relacionado con los cambios socioeconómicos que se desarrollaron durante este período y que produjeron la aparición de una serie de individuos de alto estatus social asociados a la guerra y que podrían haber sido representados en las estelas del Suroeste. A día de hoy no se han llevado a cabo excavaciones sistemáticas en extensión en poblados de este período, por lo que la información existente y las interpretaciones realizadas podrían cambiar en el futuro.

Las producciones de la Edad del Bronce Final se caracterizan por estar realizadas en bronces binarios y por tener entre un 9 y un 14% de Sn en su composición y unos niveles de Pb inferiores al 2% (se considera que el 3% es el límite a partir del cual se produjeron bronces ternarios). Esta situación es diferente de la que se documenta en la Submeseta Norte, en donde las producciones de la Edad del Bronce Final se caracterizan por tener una alta cantidad de plomo (Rovira Llorens, 2004).

La desviación estándar de las medidas y de la composición de los artefactos de este período se reduce, lo que indica que las producciones de la Edad del Bronce Final eran manufacturadas de manera muy homogénea. Durante el Bronce Final se produjo la aparición de nuevas técnicas metalúrgicas como por ejemplo la soldadura por fusión. Las producciones de esta etapa cronológica tienen unas características diferentes de las de las producciones de la Edad del Hierro I, en las cuales predominan los bronce ternarios con cantidades de Pb superiores al 2% (Gómez Ramos *et alii*, 1998: 110).

Los cambios que se desarrollaron dentro de la orfebrería fueron igual de importantes. La mayoría de los artefactos de oro del Bronce Final tienen una cantidad de plata inferior al 20% y de Cu menor al 1% (límites a partir de los cuales se considera que se producirían las aleaciones intencionadas (Montero Ruiz y Rovira Llorens, 1991). A pesar de esta situación, hay que señalar que se realizaron algunas aleaciones intencionadas, ya que en algunos casos se superan estos porcentajes. Asimismo, los artefactos de orfebrería de esta etapa tienen un mayor peso que los de los períodos precedentes y, en algunos casos, cuentan con soldaduras. Esto indica que se produjo un aumento del conocimiento técnico de las propiedades de las aleaciones.

Durante la Edad del Bronce Final se produjo la aparición de los primeros artefactos de hierro. Estos parece que llegaron a la península por la vía comercial mediterránea y pudieron ser empleados como artefactos de prestigio, ya que no han sido encontradas evidencias de producción de hierro anteriores al siglo VIII a.n.e. (Almagro Gorbea, 1993). También es importante señalar que durante este período se produjo la desaparición de los artefactos de plata, hecho que supone una ruptura respecto de la Edad del Bronce.

En conclusión se puede decir que durante la Edad del Bronce Final se produjo la aparición de dos zonas desde el punto de vista de las producciones metálicas: una situada en la Meseta norte, caracterizada por la producción de aleaciones de bronce ternarias, y otra Mediterránea y Suratlántica, caracterizada por la producción de bronce binarios pobres. El Suroeste queda incluido dentro de esta segunda zona, a pesar de que la cantidad de Sn de las producciones metálicas de este período es superior a la de los artefactos de otras zonas del Mediterráneo (Rovira Llorens, 1995: 56). Esto ha llevado a algunos investigadores a afirmar que el Suroeste sería un espacio de tránsito entre las producciones mediterráneas y atlánticas (Galán Domínguez, 2004).

La homogeneidad de la composición de las producciones y de las medidas de los artefactos metálicos, la aparición de nuevas técnicas metalúrgicas más complejas y la producción de aleaciones de bronce indican que fue necesario un conocimiento técnico mucho más complejo que en los períodos anteriores. Esto pudo estar relacionado con la aparición de un artesanado especializado durante este período, aunque desde el punto de vista del sistema productivo no se ha encontrado ninguna diferencia respecto de los períodos anteriores (Hunt Ortiz, 2003). Las producciones de base de cobre de la Edad del Bronce Final son diferentes de las de la Edad del Hierro I, que en el Suroeste se caracterizó por una generalización de los bronces ternarios (Rovira Llorens, 2004). Esta diferencia también se observa entre los artefactos de orfebrería de ambos períodos. Durante la Edad del Hierro I se produjo la introducción de algunas técnicas de origen oriental y que no tenían precedentes en la Península Ibérica.

La Edad del Bronce Final esta mal caracterizada desde el punto de vista arqueográfico en otros campos de investigación, aunque no en el campo de estudio de la Arqueometalurgia. Es de esperar que en el futuro la información arqueometalúrgica sirva para conocer mejor un período sobre el cual queda mucho por debatir.

9 BIBLIOGRAFÍA

ALDAY RUIZ, A. (1992): "La primera industria del oro en el País Vasco y La Rioja", *Munibe*, 43, p. 43-55.

ALGABA, M.; COLLADO, H. y FERNÁNDEZ, J. Mª (2000): *Cavidades en Extremadura (España): Patrimonio Natural y Arqueológico*, BAR Internacional Series 826, Oxford.

ALMAGRO BASCH, M. (1943): "Tres nuevos hallazgos del Bronce Final en España", *Ampurias*, 5, p. 270-280.

ALMAGRO BASCH, M. (1962): "El ajuar del "Dolmen de La Pastora" de Valencina del Alcor (Sevilla). Sus paralelos y su cronología", *Trabajos de Prehistoria*, Separata del Seminario de Historia Primitiva del Hombre, Madrid.

ALMAGRO BASCH, M. (1965): "Los dos dólmenes de la Dehesa de la Muela (La Roca de la Sierra, Badajoz)", *Trabajos de Prehistoria* 16, Separata.

ALMAGRO BASCH, M. (1970): *Prehistoria*, Espasa-Calpe, Madrid.

ALMAGRO GORBEA, M. (1977): *El Bronce Final y el Período Orientalizante en Extremadura*, Biblioteca Prehistórica Hispánica, 4, CSIC, Madrid.

ALMAGRO GORBEA, M. (1993): "La introducción del hierro en la Península Ibérica, contactos precoloniales en el período Protoorientalizante", *Complutum*, 4, p. 81-94.

ÁLVAREZ OSSORIO Y FARFÁN DE LOS GODOS, F. (1954): *Tesoros Antiguos Españoles en el Museo Arqueológico Nacional*, Editorial Maestre, Madrid.

AMORES CARREDANO, F. (1982): *Carta Arqueológica de los Alcores (Sevilla)*, Universidad de Sevilla, Sevilla.

AMORES CARREDANO, F.; CRUZ-AUÑÓN BRIONES, R. y RIVERO GALÁN, E. (1985): "Actuación de Urgencia en la Cueva Artificial de Antoniana, Gilena, Sevilla, 1985", *Anuario Arqueológico de Andalucía*, vol. III, Junta de Andalucía, Sevilla, p. 270-273.

ARAQUE ARANDA, F.; MURILLO DÍAZ, M. RUIZ, A.; RUIZ LÓPEZ, A. y RUIZ LÓPEZ, A. Mª. (1991): "Materiales calcolítico procedentes de "La Longuera" (El Viso, Córdoba)", *Anales de Arqueología Cordobesa*, 2, p. 53-98.

ARMADA PITA, X. L. y LÓPEZ PALOMO, L. A. (2003): "Los ganchos de carne con vástagos torsionados: un nuevo ejemplar en el depósito acuático del río Genil (Sevilla)", *Revista d`Arqueologia de Ponent*, nº 13, p. 167-190.

ARMBRUSTER, B. y PARREIRA, R. (1993): *Inventario do Museu Nacional de Arqueologia. Colecção de Ourivesaria*, Secretaria da Cultura, Lisboa.

ARNAUD, J. Mª (1993): "O povoado Calcolítico de Porto Torrão (Ferreira do Alentejo): Síntese das investigaçôes realizadas", *Vipasca*, 2, p. 41-60.

ARTEAGA MATUTE, O. (2002): "Las teorías explicativas de los cambios culturales durante la Prehistoria en Andalucía. Nuevas alternativas de investigación". En *III Actas del III Congreso de Historia de Andalucía*, vol, I. Prehistoria, Caja Sur, Córdoba, p. 247-311.

ARTEAGA MATUTE, O. y CABRERO GARCÍA, R. (1995): "El Sector Funerario de "Los Cabezuelos" (Valencina de la Concepción, Sevilla). Resultados Preliminares de una Excavación de Urgencia", *Anuario Arqueológico de Andalucía*, p. 589-599.

ARUDA, M.; GONÇALVES, V. S.; BRAGANÇA GIL, F. y FERREIRA, G. (1980): "A Necrópole da Idade do Bronze do Monte de Vale de Carvalho (Sítimos)", Clio, Arqueología, vol. 2, p. 59-66.

ASQUERINO FERNÁNDEZ, Mª D. (1985): "Prehistoria y Protohistoria de Córdoba". En GUARINOS CÁNOVAS, M. (Dir.): *Córdoba y su Provincia*, vol. II., Editora Gever, Sevilla.

AUBET SEMMLER, Mª E.; REMEDIOS SERNA, M. E.; ESCACENA CARRASCO, J. L. y RUIZ MATA, M. M. (1981): "Una sepultura de la Edad del Bronce en Setefilla (Sevilla)", *Trabajos de Prehistoria*, 38, p. 225-246.

AUBET SEMMLER, Mª E.; REMEDIOS SERNA, M.E.; ESCACENA CARRASCO, J. L. y RUIZ MATA, M. M. (1983): *La Mesa de Setefilla*, Excavaciones Arqueológicas es España, 122, Ministerio de Cultura, Madrid.

BARCELÓ, J. A. (2007): *Arqueología y Estadística*, Universidad Autónoma de Barcelona, Barcelona.

BELÉN DEAMOS, Mª y DEL AMO Y DE LA HERA, M. (1985): "Investigaciones sobre el Megalitismo en la Provincia de Huelva. Los sepulcros de las Plazuelas y de El Tejar", *Huelva Arqueológica*, VII, p. 7-93.

BENITEZ MORA, R.; MATA ALMONTE, E. y GONZÁLEZ TORAYA, B. (1992): "Intervención Arqueológica de Urgencia en la Loma del Puerco, Chiclana de la Frontera (Cádiz)", *Anuario Arqueológico de Andalucía*, volumen III, p. 90-96.

BERDICHEWSKY SCHER, B. (1964): *Los Enterramientos en Cuevas Artificiales Del Bronce I Hispano*, Biblioteca Praehistórica Hispana, vol. VI, CSIC, Madrid.

BERNIER LUQUE, J.; SÁNCHEZ ROMERO, C. y JIMÉNEZ URBANO, J. (1981): *Nuevos yacimientos arqueológicos en Córdoba y Jaén*, Monte de Piedad y Caja de Ahorros de Córdoba, Córdoba.

BERROCAL RANGEL, L. (1989): *El Asentamiento "Céltico" del Castrejón de Capote (Higuera la Real, Badajoz)*, Universidad Autónoma de Madrid, Madrid.

BLANCO FREIJEIRO, B. y ROTHENBERG, B. (1981): *Exploración Arqueometalúrgica de Huelva (EAH)*, Editorial Labor, Barcelona.

BLANCO RUIZ, A. (1989): "Excavación de Urgencia en el solar de la C/ Duero, nº 39. Valencina de la Concepción (Sevilla)", *Anuario Arqueológico de Andalucía*, volumen III, p. 430-431.

BLAZQUEZ Y DELGADO-AGUILERA, A. (1923): "Antigüedades Prehistóricas en la Provincia de Huelva", *Boletín de la Real Academia de la Historia*, LXXXIII, p. 35-44.

BLAZQUEZ MARTÍNEZ, J. M. (1988): "La Loba. Mina y Almacenes de Finales de la República Romana (120-80a.C.) en Fuenteovejuna", *Historia* 16, 146, p. 118-128.
-BONSOR, G. E. (1899): *Les Colonies Agricoles Pre-romaines de la Vallée du Betís*, Editorial Ernest Leroux, París.

BRAGANZA GIL, F. y GUERRA, M. F. (1987): "O povoado fortificado calcolítico do Monte de Tumba. V- Estudio do Espolio metálico por fluorescência de raios-X", *Setúbal Arqueológica*, 8, p. 145-153.

BRANDHERM, D. (2003): *Die Dolche und Stabdolche der Steinkupfer und der älteren Bronzezeit auf der Iberischen Halbinsel*, Prähistorische Bronzefunde, Abteilung, VI, 12 Band, Franz Steiner Verlag, Stuttgart.

BRANDHERM, D. (2007): *Las espadas del Bronce Final en la Península Ibérica y Baleares*, Prähistorische Bronzefunde, Band 16, Franz Steiner Verlag, Stuttgart.

BRILL, R. H.; BARNES, I. L.; TONG, S. S. C.; JOEL, E. C. y MURTANGH, M. J. (1987): "Laboratory Studies of some European Artifacts Excavated on San Salvador, Ireland". En GERACE, D.T. (Ed.) *1st San Salvador Conference: Columbus and his World*, CCFL, Bahamian Field Station, p. 247-262.

BUDD, P. (1990): "Eneolíthic Arsenical Copper: Heat Treatment and the Metallographic Interpretation of manufacturing Processes". En PERNICKA, E. y WAGNER, G. (Eds.): *Archaometry 90*, Birkhäuser Verlag Basel, Heidelberg, p. 55-65.

CABRÉ AGUILÓ, J. (1920): "Espoli funerari, amb diadema d'or, d'una sepultura de la primera Edat del bronze de Montilla (Córdova)", *Anuari de l'Institut d'Estudis Catalans*, IV, p. 1-8.

CABRERO GARCÍA, R. (1978): "El Conjunto Megalítico de Los Gabrieles", *Huelva Arqueológica*, IV, p. 79-143.

CABRERO GARCÍA, R. (1985): *El Sepulcro Megalítico de Caño Ronco (Camas, Sevilla) y su vinculación con el yacimiento Calcolítico de Valencina de la Concepción*, Prehistoria 1, Departamento de Prehistoria y Arqueología de la Universidad de Sevilla, Sevilla.

CABRERO GARCÍA, R. (1987): "Informe preliminar sobre las excavaciones realizadas en el yacimiento de Amarguillo II (Los Molares, Sevilla). Informe preliminar tras la excavación sistemática de 1987", *Anuario Arqueológico de Andalucía*, volumen II, p. 276-277.

CABRERO GARCÍA, R. (1988): *El Yacimiento Calcolítico de los Delgados, Fuente Obejuna, (Córdoba)*, Monte de Piedad y Caja de Ahorros de Córdoba, Córdoba.

CABRERO GARCÍA, R. (1990): "El poblado de la Edad del Cobre denominados Amarguillo II (Los Molares, Sevilla)", *Anuario Arqueológico de Andalucía*, 1986, volumen II, p. 180-185.
CALADO, M. (1993): *Carta Arqueológica do Alandroal*, Câmara Municipal do Alandroal, Alandroal.

CAMPILLO VALERO, D. (1977): *Paleopatología del cráneo en Cataluña, Levante y Baleares*, Ed. Montblanc-Martín, Barcelona.

CANDAU Y PIZARRO, F. (1894): *Prehistoria de la Provincia de Sevilla*, Imprenta de C. Salas, Sevilla.

CAÑAL Y MIGOLLA, C. (1894): *Sevilla Prehistórica*, Librería de Fernando Fé, Madrid.

CARDOSO, J. L. (1992): "A lapa do Bugio", *Setúbal Arqueológica*, 9-10, p. 89-225.

CARDOSO, J. L.; MONGE SOARES, A. M. y DE FÁTIMA ARAUJO, Mª (2002): "O espolio metálico do Outeiro de São Bernardo (Moura)", *O Arqueólogo Português*, serie IV, Vol. 20, p. 77-114.

CARO BELLIDO, A. (1991): *Lebrija, la Ciudad y la y su Entorno, I, Prehistoria y Protohistoria I*, Ayuntamiento de Lebrija, Cádiz.

CARO BELLIDO, A. y LAVADO FLORIDO, Mª L. (1986): "Nueva espada de lengua de carpa de la costa de Huelva", *Anales de la Universidad de Cádiz*, nº 3-4, p. 71-78.

CARRASCO RUS, J. y PACHÓN ROMERO, J. (2006): "La fíbula de codo tipo Huela. Una aproximación a su tipología", *Complutum*, 17, p. 103-119.

CARREIRA, J. R. (1996): "A ocupação da Prè-História recente do Alto de Chibanes (Palmela), Setúbal", *Trabalhos de Arqueologia da EAM*, 3-4, p. 123-213

CARRIAZO Y ARROQUIA, J. DE M. (1973): *Tartesos y el Carambolo. Investigaciones arqueológicas sobre la Prehistoria Reciente de la Baja Andalucía*, Dirección General de Bellas Artes, Ministerio de Educación y Ciencia, Madrid.

CARRIAZO Y ARROQUIA, J. DE M. (1980): *Protohistoria de Sevilla*, Ayuntamiento de Sevilla, Sevilla.

CARRILLERO MILLÁN, M., MARTÍNEZ FERNÁNDEZ, G. y MARTÍNEZ J. (1982): "El yacimiento de Morales (Castro del Río, Córdoba). La cultura de los silos en Andalucía Occidental", *Cuadernos de Prehistoria de la Universidad de Granada*, 7, 171-207.

CARRILLERO MILLÁN, M. y MARTÍNEZ FERNÁNDEZ, G. (1985): "El yacimiento de Guta (Castro del Río, Córdoba) y la Prehistoria reciente de la Campiña cordobesa", *Cuadernos de Prehistoria de la Universidad de Granada*, 10, p. 187-225.

CARTAILHAC, E. (1886): *Les Âges préhistoriques de l'Espagne et du Portugal, C. Reinwald*, Paris.

CASTAÑOS UGARTE, P. M. (1998): "Evolución de las faunas protohistóricas en Extremadura". En RODRÍGUEZ DÍAZ, A. (Coord.): *Extremadura Protohistórica: Paleoambiente, Economía y Poblamiento*, Universidad de Extremadura, Cáceres, p. 63-72.

CASTRO MARTÍNEZ, P. V.; LULL SANTIAGO, V. y MICÓ PÉREZ, R. (1996): *Cronología de la Prehistoria Reciente de la Península Ibérica y Baleares (c. 2800-900 cal ANE)*, BAR, Int. Series, 652, BAR Publishing, Oxford.

CELESTINO PÉREZ, S. (2001): *Estelas de guerrero y estelas diademadas. La Precolonización y formación del mundo tartésico*, Ediciones Bellaterra, Barcelona.

CERDÁN MÁRQUEZ, C.; LEISNER, G. y LEISNER, V. (1975): "Los Sepulcros Megalíticos de Huelva". En ALMAGRO BASCH, M. (Dir.): *Huelva: Prehistoria y Antigüedad*, Editora Nacional, Madrid, p. 41-108.

CERRILLO CUENCA, E. y PRADA GALLARDO, A. (2004): "Hallazgo de un enterramiento en fosa de la transición Calcolítico-Edad del Bronce en Valencia del Ventoso (Badajoz)", *Revista de Estudios Extremeños*, Vol. 60, nº 2, p. 451-473.

CHAMPION, T. (1988): *Prehistoria de Europa*, Editorial Crítica, Barcelona.

CHERNIJ, J.; AVIVOLA, L.; BARSTEVA, T.; ORLOVSKAYA, L. y TENEIHVILI, T. (1990): "El sistema de la provincia metalúrgica circumpóntica", *Trabajos de Prehistoria*, 47, p. 63-101.

CNA (2006): *Centro Nacional de Aceleradores*, Junta de Andalucía, Universidad de Sevilla y CSIC, Sevilla.

COFFYN, A. (1983): "La fin de l'Age du Bronze dans le centre-Portugal", *O Arqueólogo Português*, serie IV, Vol. 1, p. 169-196.

COLLANTES DE TERÁN, F. (1969): "El Dólmen de Matarrubilla". En *Actas del V Simposio de Prehistoria Peninsular, Tartessos y sus Problemas*, Barcelona., p. 47-61.

COMENDADOR REY, B. (1998): "Los inicios de la metalurgia en el Noroeste de la Península Ibérica", *Brigantium*, 11, p. 1-262.

COMENDADOR REY, B. (1999): "Cambios en la escala de producción metalúrgica durante las fases finales de la Edad del Bronce en el noroeste peninsular", *Guimarães*, volumen especial, II, p. 515-537.

CORDERO RUIZ, T.; GARCÍA SANJUÁN, L.; HURTADO PÉREZ, V.; MARTÍN RAMIREZ, J. Mª; POLVORINOS DEL RÍO, A. y TAYLOR, R. (2006): "La Arqueometría de materiales cerámicos: una evaluación de la experiencia andaluza", *Trabajos de Prehistoria*, 63, vol. 1, p. 9-35.

CORREIA, V. N. H. (1988): "Um punhal do Bronze Final de Arraiolos", *Arqueología*, nº 17, Grupo de Estudios Arqueológicos de Porto, O Porto, p. 201-203.

CORTÉS COUSO, D.; SANCHEZ RUIZ, Mª G. y DOMÍNGUEZ MORA, F. M. (1994): "Prospección Superficial con Carácter de Urgencia del Yacimiento de "La Peregrina (Calañas, Huelva)", *Anuario Arqueológico de Andalucía*, volumen III, p. 207-212.

CRUZ-AUÑON BRIONES, R. y RIVERO GALÁN, E. (1985): "Sepultura Calcolítica del Junquillo (Utrera, Sevilla). Excavación de Urgencia en 1985", *Anuario Arqueológico de Andalucia*, volumen III, p. 277-278.

CRUZ-AUÑÓN BRIONES, R.; MORENO, E. y CÁCERES, P. (1991): "Campaña de 1989 en el yacimiento del Negrón (Gilena, Sevilla)", *Anuario Arqueológico de Andalucía*, 1989, volumen III, p. 315-320.

DA VEIGA FERREIRA, O. (1970): "Um esconderijo de fundidor encontrado no castro de São Bernardo", *O Arqueólogo Português*, serie III, V, p. 139-143.

DA VEIGA FERREIRA, O. y DE ALMEIDA, F. (1971): "A necrópole do Bronze Meridional Portugês da Heredade do Peral (Évora)", *Madrider Mitteilungen*, 12, p. 115-122.

DA VEIGA FERREIRA, O.; ZBYSEWSKI, G.; LEITÀO, M.; NORTH, C. T. y REYNOLDS DE SOUZA, H. (1975): "A contribuçâo do "agro setubalense" para o conhecimento da Cultura do Vaso Campaniforme em Portugal", *Setúbal Arqueológica*, 1, p. 45-51.

DA VEIGA FERRERIA, O. y LEITÃO, M. (1990): *Portugal Pré-Histórico seu enquadramento no Mediterrâneo*, Publicaçoes Europa-América, Sintra.

DE MATOS SILVA, M. (1896): "Noticia das Antiguidades prehistóricas do Concelho de Avis", *O Arqueólogo Português*, Serie I, Volúmen II, p. 239-240.

DE MERGELINA Y LUNA, C. (1924): "Los focos dolménicos de la laguna de La Janda. Nucleo dolménico de Purenque-Larraez". En *Actas y Memorias de la Sociedad Española de Antropología, Etnología y Prehistoria*, vol III, Sociedad Española de Antropología, Etnología y Prehistoria, Madrid.

DEL AMO Y DE LA HERA, M., (1975a): "Enterramientos en Cista de la provincia de Huelva". En ALMAGRO BASCH, M. (Dir.): *Huelva: Prehistoria y Antigüedad*, Editora Nacional, Madrid, p. 109-182.

DEL AMO Y DE LA HERA, M. (1975b): "Nuevas aportaciones para el estudio de la Edad del Bronce en el Suroeste peninsular: los enterramientos en cista de la provincia de Huelva", *Actas del XIII Congreso Nacional de Arqueología*, Universidad de Zaragoza, Zaragoza, p. 433-454.

DELIBES DE CASTRO, G. (1977): *El vaso Campaniforme en la Meseta Norte Española*, Universidad de Valladolid, Valladolid.

DELIBES DE CASTRO, G. FERNÁNDEZ-MIRANDA, M. y ROVIRA LLORENS, S. (1988): *Armas y utensilios de bronce en la Prehistoria de las Islas Baleares*, Universidad de Valladolid, Valladolid.

DELIBES DE CASTRO, G. y MONTERO RUIZ, I. (1999): *Las Primeras Etapas Metalúrgicas en la Península Ibérica: II Estudios regionales*, Instituto Universitario Ortega y Gasset, Madrid.

DOMERGUE, C. (1980): *Catalogue des Mines et des fonderies antiques de la Péninsule Iberique*, Casa de Velazquez, Madrid.

DRENNAN, R. (1996): *Statistics for Archaeologists: a commonsense approach*, Plenum Press, New York.

DURÁN RECIO, V. y PÁDILLA MONGE, A. (1990): *Evolución del poblamiento Antiguo en el Término Municipal de Écija*, Editorial gráfica Sol, Écija (Sevilla).

ENRÍQUEZ NAVASCUES, J. J. (1990): *El Calcolítico o Edad del Cobre de la Cuenca extremeña del Guadiana: los poblados*, Museo Arqueológico Provincial de Badajoz, Badajoz.

ENRÍQUEZ NAVASCUES, J. J. e INIESTA MENA, J. (1985): "Notas sobre los poblados calcolíticos de la Comarca de Llerena". En *Estudios de Arqueología Extremeña. Homenaje a D. Jesús Canovas Pesini*, Diputación de Badajoz, Badajoz, p. 15-24.

ENRÍQUEZ NAVASCUES, J. J. y CARRASCO MARTÍN, Mª. J. (1995): "La Necrópolis de Cistas de Las Arquetas (Fregenal de la Sierra, Badajoz) y otros restos de Necrópolis de Cistas en las estribaciones occidentales de la Sierra Morena Extremeña", *Spal*, 4, 101-129.

ENRÍQUEZ NAVASCUES, J. J. y DRAKE GARCÍA, B. (2007): *El campo de Hoyos del Bronce del Carrascalejo (Badajoz)*, Memorias de Arqueología Extremeña, 7, Junta de Extremadura, Mérida.

ESCACENA CARRASCO, J. L. y DE FRUTOS REYES, G. (1985a): "Estratigrafía de la edad del Bronce en Monte Berrueco, Medina Sidonia, Cádiz", *Noticiario Arqueológico Hispánico*, 24, p. 7-90.

ESCACENA CARRASCO, J. L. y BERRIATURA, N. (1985b). "El Berrueco de Medina Sidonia (Cádiz). Testimonios de una probable expansión argárica hacia el Oeste", *Cuadernos de Prehistoria de la Universidad de Granada*, 10, p. 225-242.

ESTACIO DA VEIGA, S. F. M. (1878): *Antiguidades Monumentaes do Algarve*, Museu Etnográphico Português, Lisboa.

ESTACIO DA VEIGA, S. F. M. (1889): *Antiguidades Monumentaes do Algarve*, Museu Etnográphico Português, Lisboa.

ETXEBARRÍA GABILONDO, F. y VEGAS ARAMBURU, J. I. (1988): "¿Agresividad social o guerra? Durante el Neo-Enelolítico en la cuenca media del Valle del Ebro, a propósito de San Juan Ante Portam Latinam (Rioja Alavesa)", *Munibe*, suplemento 6, p. 105-112.

ETXEBARRÍA GABILONDO, F. y VEGAS ARAMBURU, J. I. (1992): "Heridas de flecha durante la Prehistoria en la Península Ibérica", *Munibe*, Suplemento 8, p. 129-136.

FARNIÉ LOBENSTEINER, C. y QUESADA SANZ, F. (2005): *Espadas de Hierro, Grebas de Bronce. Símbolos de poder e instrumentos de guerra a comienzos de la Edad del Hierro en la Península Ibérica*, Comunidad de la Región de Murcia, Murcia.

FELIÚ ORTEGA, M. J.; LAZARICH GONZÁLEZ, Mª y MARTÍN CALLEJA, J. (1999): "Estudio de sierras metálicas de los inicios de la metalurgia en Andalucía Occidental". En *Actas del II Congreso Nacional de Arqueometría, Caesaraugusta*, nº 73, Institución Fernando el Católico, Institución Fernando el Católico, Diputación de Zaragoza y CSIC, Zaragoza, p. 185-192.

FERNÁNDEZ ALVAREZ, G. (1975): "Los Yacimientos de sulfuros polimetálicos del Suroeste Ibérico y sus métodos de prospección", *Studia Geologica Salmanticensia*, IX, p. 65-102.

FERNÁNDEZ CACHO, S. y GARCÍA SANJUÁN, L. (2000): "Site looting and the illicit trade of archaeological objects in Andalusia, Spain". En *Culture without Context. The Newsletter of the Illicit Antiquities Research Centre* 7, Institute of Illicit Antiquities Research Centre, Cambridge, Cambridge University, p. 17-24.

FERNÁNDEZ-CHICARRO, C. (1948): "Un puñal de tipo argárico procedente de Itálica (Sevilla)", *Cuadernos de Historia Primitiva*, III (1), p. 133-135.

FERNÁNDEZ-CHICARRO, C. (1953): "Museo Arqueológico de Sevilla. Adquisiciones", *Memoria de los Museos Arqueológicos Provinciales, 1950-1951, XI-XII*, p. 47-60.

FERNÁNDEZ-CHICARRO, C. (1963): "Catálogo de la Exposición de Arqueología celebrada en Sevilla con motivo del Congreso". En *Actas de VIII Congreso Nacional de Arqueología*, Universidad de Zaragoza, Zaragoza, p. 99-114.

FERNANDEZ GARCÍA, S. (1995): "Los puñales tipo "Porto de Mos" en el Bronce Final de la Península Ibérica", *Complutum*, 8, p. 97-124.

FERNÁNDEZ GÓMEZ, F. y DE LA SIERRA FERNÁNDEZ, J. A. (1985): "Un fondo de cabaña campaniforme en la Universidad Laboral de Sevilla", *Noticiario Arqueológico Hispánico*, 22, p. 9-26.

FERNÁNDEZ GÓMEZ, F.; RUIZ MATA, D. y SANCHA FERNÁNDEZ, S. (1976): "Los Enterramientos en Cistas del Cortijo de Chichina (Sanlúcar la Mayor, Sevilla)", *Trabajos de Prehistoria*, 33, p. 338-344.

FERNÁNDEZ GÓMEZ, F. y OLIVA ALONSO, D. (1980): "Los Ídolos Calcolíticos del Cerro de la Cabeza (Valencina de la Concepción, Sevilla)", *Madrider Mitteilungen*, 21, p. 20-44.

FERNÁNDEZ GÓMEZ, F. y OLIVA ALONSO, D. (1985): "Excavaciones en el Yacimiento Calcolítico de Valencina de la Concepción (Sevilla). El Corte C (La Perrera)", *Noticiario Arqueológico Hispánico*, 25, p. 9-131.

FERNÁNDEZ-MIRANDA, M., MONTERO RUIZ, I. y ROVIRA LLORENS, S. (1995): "Los primeros artefactos de bronce en el Occidente de Europa", *Trabajos de Prehistoria*, nº 52, volumen 1, p. 57-70.

FERREIRA, G. P. y GIL, F. P. (1979): "Análise por Fluorescência de Raios-X de um fragmento de cadinho de fundição do cemitério dos Mouros (Pessegueiro, Sines)", *Setúbal Arqueológica*, 5, p. 154-157.

FERRER ALBELDA, E.; VELASCO CARRILLO DE ALBORNOZ, V.; ESCOBAR PÉREZ, B.; ORIA SEGURA, M.; GARCÍA VARGAS, E.; MANCEBO DÁVALOS, J.; OTERO MORÁN, P.; RODRÍGUEZ MORALES, A.; PÉREZ PAZ, A. y SIERRA ALONSO, F. (1987): "Avance a la Carta Arqueológica de Montellano (Sevilla)", *Anuario Arqueológico de Andalucía*, volumen II, p. 151-156.

FERRER ALBELDA, E.; VELASCO CARRILLO DE ALBORNOZ, V.; ESCOBAR PÉREZ, B.; ORIA SEGURA, M.; GARCÍA VARGAS, E.; MANCEBO DÁVALOS, J.; OTERO MORÁN, P.; RODRÍGUEZ MORALES, A.; PÉREZ PAZ, A. y SIERRA ALONSO, F. (1990): *El Poblamiento Antiguo en la Sierra Sur de Sevilla: zona de Montellano*, Ayuntamiento de Montellano, Sevilla.

FERRER ALBELDA, E.; GARCÍA FERNÑANDEZ, F. J.; GONZÁLEZ ACUÑA, D.; MUÑOZ GARCÍA, E., y MORO BERRAQUERO, F. J. (1997): "Dos notas sobre el depósito de la Ría de Huelva", *Spal*, 6, p. 67-86.

GALÁN DOMINGUEZ, E. (2004): "Noroeste y Suroeste: dos espacios para el tránsito", PEREA CAVEDA, A. (Dir.): *Ámbitos tecnológicos, ámbitos de poder. La Transición Bronce Final Hierro en la Península Ibérica*, Madrid.

GARCÍA BELLIDO, Mª P. (1993): *Álbum de dibujos de la colección de bronces antiguos de Antonio Vives Escudero*, Archivo Español de Arqueología, CSIC, Madrid.

GARCÍA SANJUÁN, L. (Ed.) (1998): *La Traviesa. Ritual Funerario y Jerarquización Social en una Comunidad de la Edad del Bronce de Sierra Morena Occidental*, Universidad de Sevilla y Ayuntamiento de Almáden de la Plata, Sevilla.

GARCÍA SANJUÁN, L. (1999): *Bronce del Suroeste de la Península Ibérica: (Sierra Morena Occidental c. 1700-1100 a.n.e./2100-1300 A.N.E.)*, BAR Publishing, Oxford.

GARCÍA SANJUÁN, L. (2006): "Funerary ideology and social inequality in the Late Prehistory of the Iberian South-west (c. 3300-850 cal BC)". En DÍAZ DEL RÍO, P. y -GARCÍA SANJUÁN, L. (Ed.): *Social inequality in Iberian late prehistory*, BAR Publishing, Oxford, p. 149-170.

GAVILÁN CEBALLOS, B. (1985): “Puñal y brazalete de arquero de la cueva de Huerto Anguita”, *Boletín de la Real Academia de Córdoba de Ciencias, Bellas Letras y Nobles Artes*, nº, 121, p. 363-371.

GAVILÁN CEBALLOS, B. (1985a): “Excavación Arqueológica de urgencia en el yacimiento de Sierra Palacios (Bélmez, Córdoba), 1985”, *Anuario Arqueológico de Andalucía*, volumen III, p. 102-104.

GAVILÁN CEBALLOS, B. (1985b): “Materiales de la Edad de los Metales de la Cueva de la Murcielaguina (Priego)”, *Corduba Archaeologica*, 14, p. 5-10.

GAVILÁN CEBALLOS, B. (1986): “Excavación arqueológica de urgencia en el "Dolmen de las Casas de San Pedro", *Anuario Arqueológico de Andalucía*, volumen III. Tomo I, p. 118-120.

GAVILÁN CEBALLOS, B. y MORENO ROSA, A. (1987): “Avances sobre el enterramiento Argárico de la Cueva de la Detrita (Priego de Córdoba)”. En *Actas del XVIII Congreso Nacional de Arqueología*, Universidad de Zaragoza, Zaragoza, p. 363-371.

GAVILAN CEBALLOS, B. y VERA RODRIGUEZ, J. C. (1990): “La Edad del Cobre en el Alto Valle del Guadiato (tramo Fuente Obejuna-Bélmez, Cordoba): Características de los asentamientos y evolución diacrónica”, *Cuadernos de Prehistoria de la Universidad de Granada*, 14-15, p. 137-157.

GIL-MASCARELL BOSCA, M.; RODRÍGUEZ DIAZ, A. y ENRÍQUEZ NAVASCUES, J. J. (1986): “Enterramientos en Cista de la Edad del Bronce en la Baja Extremadura”, *Saguntum PLAV*, 20, p. 9-42.

GIL-MASCARELL, B. y RODRÍGUEZ DÍAZ, A. (1988): “Los Cortinales, un yacimiento Calcolítico en Villafranca de los Barros (Badajoz)”, *Extremadura Arqueológica, I*, p. 55-68.

GODOY DELGADO, F. (1986): “Excavación Arqueológica de Urgencia en el Yacimiento de La Calva, Santaella”, *Anuario Arqueológico de Andalucía*, volumen III, p. 127-131.

GÓMEZ MORENO, Mª T. y CONLIN, E. (2000): “Excavaciones Arqueológicas de Urgencia en la Calle dolores Quintanilla, nº 12. Carmona (Sevilla)”, Anuario Arqueológico de Andalucía, volumen III, tomo II, p. 1263.

GOMEZ RAMOS, P. (1997): “Historiografía de la metalurgia en España”, *Boletín de la Asociación Española de Amigos de la Arqueología*, 37, p. 139-150.

GÓMEZ RAMOS, P. (1999): *Obtención de metales en la Prehistoria de la Península Ibérica*, BAR Int. Series, 753, BAR Publishing, Oxford.

GÓMEZ RAMOS, P.; MONTERO RUIZ, I. y ROVIRA LLORENS, S (1998): “Metalurgia Protohistórica Extremeña en el marco del Suroeste Peninsular”. En RODRÍGUEZ DIAZ, A. (Coord.): *Extremadura Protohistórica: Paleoambiente, Economía y Poblamiento*, Universidad de Extremadura, Cáceres, p. 97-118.

GÓMEZ RAMOS, P.; MONTERO RUIZ, I. y ROVIRA LLORENS, S (1999): “La Metalurgia Prehistórica en la Sierra de Aracena (Huelva). En *Actas de las XII Jornadas del Patrimonio de la Comarca de la Sierra de Aracena*, Aracena (Huelva), Federación de Comunidades de la Sierra de Huelva y Diputación de de Huelva, p. 237-253.

GÓMEZ SAUCEDO, Mª T. y CONLIN HAYES, E. (2000): “Excavaciones Arqueológicas de Urgencia en la Calle dolores Quintanilla, nº 12. Carmona (Sevilla)”, *Anuario arqueológico de Andalucía*, volumen III, tomo II, p. 1257-1265.

GÓMEZ TOSCANO, F.; CAMPOS CARRASCO, J.; BORJA BARRERA; CASTIÑEIRA SÁNCHEZ, J. y GARCÍA RINCÓN, J. M. (1994): “Territorio y ocupación en la tierra llana de Huelva”. En CAMPOS CARRASCO, J. M.; PEREZ MACIAS, J. A. y GÓMEZ TOSCANOS, F. (Coord.): *Arqueología en el entorno del Bajo Guadiana: actas del Encuentro Internacional de Arqueología del Suroeste*, Universidad de Huelva, Huelva, p. 329-350.

GÓMEZ TOSCANOS, F.; PÉREZ MACIAS, J. A.; ÁLVAREZ G. y FLORES, E. (1991): *Documentación de la Minería Antigua en las Minas de Río Tinto*, Ayuntamiento de Minas de Río Tinto, Huelva.

GÓMEZ TUBÍO, B. (1992): *Análisis de Bronces Arqueológicos Mediante Técnicas Nucleares*, tesis doctoral inédita.

GONÇALVES, V. S. (1987): “O povoado pré-histórico da Sala 1 (Pedrogão, Vidigueira). Notas sobre a campanha 1(88)”, *Portugalia*, Nova serie, 8, p. 7-17.

GONÇALVES, V. S. (1989): *Megalistimo e metalurgia no alto Algarve Oriental*, Instituto Nacional de Investigação Científica, Lisboa.

GONÇALVES, V. S. (1993): “A ocupação pré-histórica do Monte Novo dos Albardeiros”, *Portugalia*, IX-X, p. 49-61.

GONÇALVES, V. S. (2003): *A idade do Bronze em Portugal. Dicursos de Poder*, Instituto Português de Museus, Secretaría de Estado da Cultura y Museo Nacional de Arqueologia, Lisboa.

GONÇALVES, V. S.; VALERIO, P. y ARAUJO, M. de F. (2005): “The copper archaeometallurgy at Monte Novos dos Albardeiros (Reguengos de Monsaraz, Évora)”, *O Arqueólogo Português*, serie IV, vol. 23, p. 231-255.

GONGORA Y MARTÍNEZ, M. (1868): *Antigüedades Prehistóricas de Andalucía*, C. Moro, Madrid.

GONZÁLEZ GONZÁLEZ, B.; RODRÍGUEZ GARCÍA, L. y RODRÍGUEZ RODRÍGUEZ, J. Mª. (2004): "Intervención Arqueológica Preventiva Realizada En Las Parcelas R-17.3 Y R-18.7 Del Plan Parcial Sector Nº 1 De "Puente Esury" De Ayamonte (Huelva)", *Anuario Arqueológico de Andalucía*, 2004, p. 1679-1681.

GONZÁLEZ RODRÍGUEZ, R.; BARRIONUEVO CONTRERAS, F. y AGUILAR MOYA, L. (1997): *El Museo Arqueológico Municipal de Jerez de la Frontera*, Ayuntamiento de Jerez de la Frontera, Jerez de la Frontera.

HARDAKER, R. J. (1976). "Las hachas de cubo en la Península Ibérica", *Cuadernos de Prehistoria y Arqueología Castellonense*, nº 3, p. 151-172.

HARRISON, R. J. (1974a): "Nota acerca de algunas espadas del bronce final en la Península Ibérica", *Ampurias*, 36, p. 225-233.

HARRISON, R. J. (1974b): "A closed find from Cañada Rosal and two bell beakers", *Madrider Mitteilungen*, 15, p. 77-94.

HARRISON, R. J. (1977a): "The Bell Beaker Cultures of Spain and Portugal", *American School of Prehistoric Research Bulletin*, 35.

HARRISON, R. J. (1977b): "Bronze Age Grave Group from Merida", *Madrider Mitteilungen*, 18, p. 18-29.

HARRISON, R. J.; BUBNER, T. y HIBBS, A. (1976): "The Beaker Pottery from El Acebuchal, Carmona (Prov. Sevilla)", *Madrider Mitteilungen*, 17, p. 79-141.

HARRISON, R. J.; CRADDOCK, P. T. y HUGUES, M. J. (1981): "A study of the Bronze Age Metalwork form the Iberian Peninsula in the British Museum", *Ampurias*, 43, p. 113-179.

HARTMANN, A. (1982): *Prähistorische Goldfunde aus Europa*, Studien zu den Anfängen der Metallurgie, Band 5, Gebr. Mann Verlag, Berlín.

HERNANDO GRANDE, A. (1983): "La orfebrería durante el Calcolítico y el Bronce Antiguo", *Trabajos de Prehistoria*, 40, p. 85-138.

HERNANDO GRANDE, A. (1992): *Materiales metálicos de la Edad del Bronce en la Meseta*, UNED, Madrid.

HERRÁN MARTÍNEZ, J. I. (2008): *Arqueometalurgia del Bronce en Castilla y León, Studia Archaeologica*, 95, Universidad de Valladolid, Valladolid.

HITOS URBANO, M. A. (1987): "Intervención Arqueológica de Urgencia en la Necrópolis de Valdearenas (Iznájar: Córdoba)", *Anuario Arqueológico de Andalucía*, volumen III, p. 186-188.

HITOS URBANO, M. A. (1991): "Espada inédita de la Edad del Bronce hallada en el término municipal de Priego de Córdoba", *Antiquitas*, 2, p. 42-46.

HUGUES, M. J.; COWEL, M. R. y CRADDOCK, P. T. (1976): "Atomic absortion techniques in archaeology", *Archaeometry*, 18, 1, pp.19-37.

HUNT ORTIZ, M. A. (1989): "Prospección Arqueológica Superficial en la Provincia de Sevilla", *Anuario Arqueológico de Andalucía*, volumen II, p. 133-134.

HUNT ORTIZ, M. A. (1993): "Prospección Arqueológica Superficial de Carácter Minero en los Términos Municipales de Zufre (Huelva) y Castillo de las Guardas (Sevilla)", *Anuario Arqueológico de Andalucía*, volumen II, p. 59-62.

-HUNT ORTIZ, M. A. (2000): "Intervención Arqueológica en el Coto Minero de Aznalcollar (Sevilla): el Yacimiento calcolítico de Los Páramos y la Necrópolis de Cistas de Las Mesas", *Anuario Arqueológico de Andalucía*, volumen III, tomo 2, 1196-1202.

HUNT ORTIZ, M. A. (2001): "Análisis arqueometalúrgico del yacimiento calcolítico de La Pijotilla (Badajoz)". En RESPALDIZA, M. A.; GÓMEZ TUBÍO, B, Mª y PARDO RODRÍGUEZ, Mª L. (Eds.): *III Congreso Peninsular de Arqueometría*, Universidad de Sevilla y Fundación el Monte, Sevilla, p. 467-466.

HUNT ORTIZ, M. A. (2001): "El Depósito de la Ría de Huelva: datos isotópicos para la determinación de su procedencia". En RESPALDIZA, M. A.; GÓMEZ TUBÍO, B, Mª y PARDO RODRÍGUEZ, Mª L. (Eds.): *III Congreso Peninsular de Arqueometría*, Universidad de Sevilla, Fundación el Monte, Sevilla, p. 487-497.

HUNT ORTIZ, M. A. (2003): *Prehistoric Mining and Metallurgy in South best Iberian Peninsula*, BAR, Int. Series, 1188, Oxford.

HUNT ORTIZ, M. A.; HURTADO PÉREZ, V.; MONTERO RUIZ, I.; ROVIRA LLORENS, S. y SANTOS ZALDUEGUI, F. J. (2009): "Chalcolithic metal production and provenance in the site of San Blás (Cheles, Badajoz, Spain)", *Actas de Archaeometallurgy in Europe, 2007*, Assoziacione Italiana di Metallurgia, Milán.

HURTADO PÉREZ, V. (1984): *El Yacimiento de "La Pijotilla" (Badajoz): Estudio de Relaciones Culturales*, tesis doctoral inédita.

HURTADO PÉREZ, V. (1986): "El Calcolítico en la Cuenca Media del Guadiana y la necrópolis de La Pijotilla". En *Actas de la Mesa Redonda sobre*

Megalitismo Peninsular, Asociación Española de Amigos de la Arqueología, Madrid. P. 51-75.

HURTADO PÉREZ, V. (1993): "Análisis y Definición de los procesos culturales del II milenio a.C. en el Suroeste peninsular", *Proyectos de Investigación 1985-1992*, p. 374-382.

HURTADO PÉREZ, V. y AMORES CARREDANO, F. (1984): "El tholos de Las Canteras y los enterramientos del Bronce en la Necrópolis de El Gandul", *Cuadernos de Prehistoria de la Universidad de Granada*, 9, p. 147-174.

HURTADO PÉREZ, V. y ENRÍQUEZ NAVASCUES, J. J. (1991): "Excavaciones en Palacio Quemado (Alange, Badajoz). Informe Preliminar", *Extremadura Arqueológica*, II, p. 69-87.

HURTADO PÉREZ, V. y GARCÍA SANJUÁN, L. (1994): "La necrópolis de Guadajira (Badajoz)", *Spal*, 3, p. 95-144.

HURTADO PÉREZ, V. y PERDIGONES MORENO, L. (1983): "Ídolos Inéditos del Calcolítico en el sudoeste Hispano", *Madrider Mitteilungen*, 24, p. 46-58.

IGLESIAS GARCÍA, L. y AGUILERA COLLADO, E. (1995): "Proyecto General de Investigación "El Área Minera entre la Sierra de Aracena y el Valle del Guadalquivir: un Análisis Histórico". Primer Acercamiento a la Explicación de su Proceso Histórico", *Anuario Arqueológico de Andalucía*, II, p. 70-79.

JÚDICE GAMITO, T. (1996): "O estanho de aluvião e a metalurgia do Bronze no Castro do Baldio", *Vipasca*, 5, p. 29-50.

JUNGHANS, S., SANGMEISTER, E. y SCHÖDER, M. (1960): *Metallanalysen Kupfereitlicher und Frühbronzezeitlicher aus Europa*, Verlag Gebr. Mann, Berlín.

JUNGHANS, S.; SANGMEISTER, E. y SCHÖDER, M. (1968): *Studien zu den Anfängen der Metallurgie (SAM)*, Verlag Gebr Mann, Berlín.

KAISER, J. Mª (2003): "Puntas de flecha de la Edad del Bronce en la Península Ibérica, Producción, circulación y cronología", *Complutum*, 14, p.73-106.

KASSIANIDOU, V. (1992): *Monte Romero (Huelva), A silver producing workshop of the tartessian Period in South West Spain*, University College London, London.

LAGO, M.; DUARTE, C.; VALERA, A.; ALBERGARIA, J.; ALMEIDA, F. e FAUSTINO CARVALHO, A. (1998): "Povoado dos Perdigões (Reguengos de Monsaraz): dados preliminares dos trabalhos arqueológicos realizados em 1997", *Revista Portuguesa de Arqueologia*, vol. 1, nº 1, p. 45-152.

-LARA MONTERO, D. A.; BARRAGÁN MALLOFRET, D. y GARRIDO MARTÍN, M. (2004): "El asentamiento calcolítico del Parque de Miraflores (Sevilla): resultados preliminares", *Spal*, 13, p. 245-255.

LAZARICH GÓNZÁLEZ, Mª (1987): *Aportación a los inicios de la metalurgia en el mediodía peninsular: el Bajo Guadalquivir*, Memoria de Licenciatura Inédita, Cádiz.

LAZARICH GÓNZÁLEZ, Mª (2003): *El Jadramil (Arcos de la Frontera). Estudio Arqueológico de un asentamiento agrícola en la campiña gaditana*, Ayuntamiento de Arcos de la Frontera, Arcos de la Frontera.

LAZARICH GÓNZÁLEZ, Mª (2005): "La producción metalúrgica del II Milenio a.C. en la Baja Andalucía: las puntas de tipo Palmela", *Aljamar*, II, p. 29-38.

LAZARICH GÓNZÁLEZ, Mª.; MARTÍN CALLEJA, J. y FELIÚ ORTEGA, Mª J. (1997): "Estudio Analítico y metalográfico de sierras metálicas de los inicios de la metalurgia en Andalucía occidental". En *Actas del II Congreso Nacional de Arqueometría, Caesaraugusta*, nº 73, Institución Fernando el Católico, Zaragoza. P. 185-192.

LEISNER, G. y LEISNER, V. (1943): *Die Megalithgräber der Iberischen Halbinsel: Erster Teil, der Süden*, Gruyter, Berlín.

- LEISNER, G. y LEISNER, V. (1951): *Antas do Concelho de Reguengos de Monsaraz*, Instituto da Cultura, Lisboa.

LEISNER, G. y LEISNER, V. (1959): *Die Megalithgräber der Iberischen Halbinsel: Der Western*, Gruyter, Berlín.

LOPERA DELGADO, Mª R. (1995): "El mundo funerario calcolítico en la provincia de córdoba. Recopilación y Actualización de los Datos", *Ariadna*, 15, p. 7-48.

LÓPEX, Mª de C. y VILAÇA, R. (1998): "Peça do Bronze Final Proveniente do «Pé do Castelo» (Trindade-Beja)", *Arquivo de Beja*, 3ª Série, nº 7-8, p. 63-84.

LÓPEZ ALDANA, P. M.; SÁNCHEZ LIRANZO, O.; PAJUELO PANDO, A.; RUIZ, S.; VERA RODRÍGUEZ, A.; GARCÍA, I. y VELASCO, M. (2001): "Excavación de urgencia de una estructura habitacioneal en Valencina de la Concepción (Sevilla)", *Anuario Arqueológico de Andalucía*, 1997, II, Junta de Andalucía, Sevilla, p. 623-633.

LÓPEZ PALOMO, L. A. (1978): "Pequeño Depósito de Bronces en el Río Genil", *Cuadernos de Prehistoria de la Universidad de Granada*, 3, p. 233-244.

LÓPEZ PALOMO, L. A. (1983a): "De la Edad del Bronce al mundo Ibérico en la Campiña del Genil". En *Actas del I Congreso de Historia de Andalucía. Tomo I: Prehistoria y Arqueología*, Monte de Piedad y Caja de Ahorros de Córdoba, Córdoba, p. 67-134.

LÓPEZ PALOMO, L. A. (1983b): "Significado y tipología del Campaniforme Cordobés", *Revista de Arqueología*, 17, p. 6-12.

LÓPEZ PALOMO, L. A. (1988): "Prospección Arqueológica con Sondeo Estratigráfico en el Yacimiento de Colina del Castillo de Monturque, en el Término Municipal de Monturque, Provincia de Córdoba", *Anuario Arqueológico de Andalucía*, II, p. 188.

LÓPEZ PALOMO, L. A. (1993): *Calcolítico y Edad del Bronce al Sur de Córdoba*, Publicaciones del Monte de Piedad y Caja de Ahorros de Córdoba, Córdoba.

LÓPEZ REY, N. (1994): "Armas inéditas de las Edades del Cobre o Bronce en el Museo de Priego", *Antiquitas*, 5, p. 22-32.

LULL SANTIAGO, V. (1975): "Contribución al estudio tipológico de las alabardas argáricas", *Crónica del XVI Congreso Arqueológico Nacional*, Universidad de Zaragoza, Zaragoza, p. 189-206.

LULL SANTIAGO, V. (1983): *La Cultura de El Argar. Un modelo para el estudio de las formaciones económico-sociales prehistóricas*, Akal, Madrid.

LYSTER FRANCO, M. y VIANA, A. (1948): Cemiterio da Idade do Bronze nos arrededores de Faro, *Trabalhos de Antropología e Etnología*, volúmen 9, fascículo 3-4, p. 299-305.

MARCOUX, E.; LEISTEL, J. M.; SOBEL, F.; MILESI, J. P.; LESCUYER, J. L. y LECA, X. (1992): "Signature isotopique du plomb des amas sulfurés de la province de Huelva, Espagne. Conséquences métallogéniques et géodynamiques", *C.R. Acad. Sci. Paris*, Tomo 314, Series II, p. 1469-1476.

MARQUES, T. (Coord.) (1992): *Carta Arqueológica de Portugal: Concelhos de Portimâo, Lagoa, Silves, Albufeira, Loulé e Säo Bras de Alportel*, Instituto Português de Patrimonio Arquitectónico e Arqueológico, Lisboa.

MARQUES DA COSTA, A. I. (1907): "Estações Prehistóricas dos Arrededores de Setúbal. Grutas sepulcrales da Quinta do Anjo", *O Arqueólogo Português*, Serie I, Volúmen XII, p. 321-338.

MARQUES DA COSTA, A. I. (1908): "Estações prehistóricas dos arredores de Setubal", *O Arqueólogo Português*, Serie 1, 13, p. 270-283.

MARQUES DA COSTA, A. I. (1910): "Estações Prehistóricas dos Arrededores de Setúbal. Idade eometallica (ou do cobre e bronze primitivos)", *O Arqueólogo Português*, Serie I, volúmen XII, p. 270-283.

MARQUEZ ROMERO, J. E. (2001): "De los campos de silos a los agujeros negros: sobre pozos, depósitos y zanjas en la Prehistoria Reciente del Sur de la Península Ibérica", *Spal*, 10, p. 207-220.

MÁRQUEZ ROMERO, J. E. (2006): "Neolithic and Copper Age ditched enclosures and social inequality in South of Iberian Peninsula (IV-III millennia cal BC)". En GARCÍA SANJUÁN, L. y DÍAZ DEL RÍO, P. (Eds): *Social inequality in Iberian late Prehistory*, BAR, Int. Series, 1525, BAR Publishing, Oxford.

MARTÍN CALLEJA, M.; FELIU ORTEGA, M. J. y PETROVA, V. (1994): "La microscopía electrónica de barrido como técnica de apoyo a la arqueología". En DE LA BANDERA ROMERO, M. L. y CHAVES TRISTÁN, Mª L.: *Métodos analíticos y su aplicación a la Arqueología*, Editorial Gráficas Sol, Écija, p. 131-143.

MARTÍN DE LA CRUZ, J. C. (1985): "La Campaña de 1985 en el Llanete de los Moros, Palomarejo (Montoro, Córdoba)", *Anuario Arqueológico de Andalucía*, volumen II, p. 313-318.

MARTÍN DE LA CRUZ, J. (1987): *El Llanete de los Moros, Montoro, Córdoba*, Ministerio de Educación y Ciencia, Madrid.

MARTÍN DE LA CRUZ, J. C.; SERRANO CARRILLO, J., y MORENA LÓPEZ, J. A. (1989): "Aportación al estudio del Calcolítico en la Campiña baja (Córdoba-Jaén)", *Cuadernos de Prehistoria de la Universidad Autónoma de Madrid*, 16, p. 43-72.

MARTÍN DE LA CRUZ, J. C.; GÓMEZ PASCUAL, Mª J.; SERRANO HERRERO, E. y CONSUEGRA RODRÍGUEZ, S. (1991): "Informe sobre la prospección arqueológica superficial de la subzona oeste del plan de regadío del río Chanza (Huelva)", *Anuario Arqueológico de Andalucía*, 1989, tomo II, p. 63-67.

MARTÍN ESPINOSA, A. y RUIZ MORENO, Mª T. (1990): "Excavación Calcolítica de Urgencia en la finca "La Gallega". 1ª Fase. Valencina de la Concepción Sevilla", *Anuario Arqueológico de Andalucía*, volumen III, p. 455-458.

MARTINI, M., MILAZZO, M. y PIACENTINI, M. (Eds.): *Physics Methods in Archaeometry*, IOS Press, Amsterdam.

MARTÍNEZ BOLOIX, J. (1983): "Córdoba y su Aportación a la Cultura del Vaso Campaniforme". En *Actas del I Congreso de Historia de Andalucía. Prehistoria y Arqueología*, Monte de Piedad y Caja de Ahorros de Córdoba, Córdoba, p. 135-148.

MARTÍNEZ BOLOIX, J. (2001): "Reciente Estudio sobre metalurgia prehistórica cordobesa". En *Actas del III*

Congreso de Historia de Andalucía, Tomo I, Caja Sur Publicaciones, Córdoba, p. 206-212.

MARTÍNEZ BOLOIX, J. (2002): *El Dolmen de las Casas de Don Pedro en Sierra Palacios (Bélmez, Córdoba). Estudio analítico y metalúrgico de su material de cobre y su incorporación a la serie campaniforme provincial*, Universidad de Córdoba, Córdoba.

MARTÍNEZ DE SANTA-OLALLA, J.; SAEZ MARTÍN, B.; POSAC MON, C. F.; SOPRANIS SALTO, J. A. y DEL VAL CATURLA, E. (1947): *Excavaciones en la Ciudad del Bronce Mediterráneo II, de la Bastida de Sotana (Murcia)*, Ministerio de Educación Nacional, Madrid.

MARTÍNEZ RODRÍGUEZ, F. (1990): "El poblado metalúrgico prehistórico del Cerro del Ahorcado (Puente Genil, Córdoba). Estudio de las hachas, puñales y puntas de cobre", *Boletín de la Asociación Española de Amigos de la Arqueología*, 29, p. 26-36.

MARTÍNEZ RODRÍGUEZ, F. y PEREDA ACIÉN, C. (1991): "El Dolmen de El Carnerín (Alcalá del Valle, Cádiz). Una sepultura "megalítica" de la Edad del Bronce en la Sierra gaditana", *Anuario Arqueológico de Andalucía*, tomo III, p. 66-70.

MATA ALMONTE, E. (1991): "Informe sobre la Intervención arqueológica en el Yacimiento de Los Algarves, Tarifa (Cádiz)", *Anuario Arqueológico de Andalucía*, volumen III, p. 83-93.

MATALOTO, R.; ESTRELA, S. y ALVES, C. (2007): "As fortificações calcolíticas de São Pedro (Redondo, Alentejo Central, Portugal)". En CERRILLO CUENCA, E. Y VALADÉS SIERRA, J. M. (EDS): *Los Primeros Campesinos de La Raya. Aportaciones recientes al conocimiento del Neolítico y Calcolítico en Extremadura y el Alentejo* Museo de Cáceres, Cáceres, p. 113-141.

MATALOTO, R. y ROCHA, E. (2008): "O monumento do Caladinho (Redondo, Évora): Estudo preliminar de um sepulcro megalítico no Redondo". En Actas do *III Encontro do Arqueologia do Sudoeste Peninsular*, Câmara Municipal de Aljustrel, Aljustrel, p. 107-116.

MEIJIDE CASAMELLE, G. (1988): *Las espadas del Bronce Final de la Península Ibérica*, Universidad de Santiago de Compostela, Santiago de Compostela.

MELERO CASADO, A. y TRUJILLO DOMENECH, F. (2001): *Colección fotográfica de Jorge Bonsor*, Junta de Andalucía, Sevilla.

MELIDA Y ALINARI, J. R. (1920): "Adquisiciones del Museo Arqueológico Nacional en 1919", *Revista de Archivos, Bibliotecas y Museos*, 41, p. 481-496.

MELIDA Y ALINARI, J. R. (1924): *Catalogo Monumental de España, Provincia de Badajoz (1907-1910)*, Ministerio de Instrucción Pública y Bellas Artes, Madrid.

MERIDETH, C. (1998): *An Archeometallurgical Survey for Ancient Tin Mines and Smelting Sites in Spain and Portugal. Mid central Western Iberian Geographical Region*, BAR International Series 714, Oxford.

MILAZZO, M. (2004): "Quantitative XRF analysis in archaeometryc applications". En MARTINI, M.; MILAZZO, M. y PIACENTINI, M. (Eds.): *Physics Methods in Archaeometry*, IOS Press, Amsterdam, p. 227-249.

MOHEN, P. (1992): *Metalurgia Prehistórica. Introducción a la Paleometalurgia*, Ed. Masson, Barcelona.

MOLINA LEMOS, L. (1977): "El Lobo, un poblado de época y cultura megalítica (unos 4000 años de antigüedad) a las afueras de Badajoz", *Revista de Estudios Extremeños*, 33, volumen 3, p. 537-553.

MOLINA LEMOS, L. (1979): "Extraordinario ajuar del sepulcro megalítico de los Fresnos", *Revista de Estudios Extremeños*, 35, III, p. 631-642.

MOLINA LEMOS, L. (1980): "El poblado del Bronce I El Lobo (Badajoz)", *Noticiario Arqueológico Hispánico*, 9, p. 91-130.

MONTEAGUDO, L. (1977): *Die Beile auf der Iberischen Halbinsel*, Prähestorische Bronzefunde, IX, 6, C. H. Beck'sche Verlagsbuchhandlung, Munich.

MONTEIRO RODRIGUES, Mª da C. (1975): *Carta Arqueológica do Concelho de Castelo de Vide*, Junta Distrital do Portalegre, Lisboa.

MONTERO RUIZ, I. (1992): *Estudio Arqueometalúrgico en el sudeste de la Península Ibérica*, Universidad Complutense de Madrid, Madrid.

MONTERO RUIZ, I. (1992b): "La actividad metalúrgica en la Edad del Bronce del sudeste de la Península Ibérica: tecnología e interpretación cultural", *Trabajos de Prehistoria*, 49, p. 189-215.

MONTERO RUIZ, I. (1994): *El Origen de la Metalurgia en el Sureste Peninsular*, Instituto de Estudios Almerienses, Almería.

MONTERO RUIZ, I. (2000): *Arqueometalurgia en el Mediterráneo*, Centro de Estudios del Próximo Oriente, Ediciones Clásicas, Madrid.

MONTERO RUIZ, I. (2002): "Metal y circulación de bienes en la Prehistoria Reciente", *Cypsela*, 14, p. 55-68.

MONTERO RUIZ, I.; ROVIRA LLORENS, S. y GÓMEZ RAMOS, P. (1995): "Plata argárica", *Boletín de la Asociación Española de Amigos de la Arqueología*, 35, p. 97-106.

MONTERO RUIZ, I. y ROVIRA LLORENS, S. (1991): "El Oro y sus Aleaciones en la Orfebrería Prerromana", *Archivo Español de Arqueología*, 64, p. 7-21.

MONTERO RUIZ, I. y TENEISHVILI, T. O. (1996): "Estudio actualizado de las puntas de jabalina del dolmen de La Pastora", *Trabajos de Prehistoria*, 53, volumen 1, p. 73-90.

MONTERO RUIZ, I. y RUIZ TABOADA, A. (1996a): "Enterramiento colectivo y metalurgia en el yacimiento neolítico de Cerro Virtud (Cuevas de Almanzora, Almería)", *Trabajos de Prehistoria*, nº 53, volumen 2, p. 55-76.

MONTERO RUIZ, I.; GARCÍA HERAS, M. y LÓPEZ ROMERO, E. (1997): "Arqueometría: cambios y tendencias actuales", *Trabajos de Prehistoria*, 64, Vol. 1, p. 23-40.

MORAIS ARNAUD, J. (1979): "Corõa do Frade. Fortificação do Bronze Final do Arredores de Èvora-Escavações de 1971/1972", *Madrider Mitteilungen*, 20, p. 56-100.

MORAN, E.; PARREIRA, R. y SANTA-RITA, J. (2007): *Alcalar: monumentos megalíticos*, Roteiros de Arqueologia Portuguesa, 10, IGESPAR, Lisboa.

MURILLO DÍAZ, Mª T. (1989): "Excavaciones de Urgencia en el Poblado Calcolítico de Valencina de la Concepción (Sevilla), 1988-1989", *Anuario Arqueológico de Andalucía*, volumen III, p. 555-562.

MURILLO REDONDO, J. F. (1986): "Nuevos Yacimientos calcolítico en el sector noroccidental de la provincia de Córdoba", *Estudios de Prehistoria Cordobesa*, 1, p. 77-94.

MURILLO REDONDO, J. F. (1989): "Estado de la cuestión sobre el poblamiento durante el Calcolítico y la Edad del Bronce en las subbéticas cordobesas", *Anales de Arqueología Cordobesa*, nº 1, p. 53-80.

MURILLO REDONDO, J. F. y ARAQUE ARANDA, F. (1987): "Excavación Arqueológica de Urgencia en la Saetilla. Palma del Río (Córdoba)", *Anuario Arqueológico de Andalucía*, volumen III, p. 212-214.

MURILLO REDONDO, T.; CRUZ-AUÑON BRIONES, R. y HURTADO PÉREZ, V. (1988): "Excavaciones de Urgencia en el yacimiento Calcolítico del Polideportivo de Valencina de la Concepción (Sevilla)", *Anuario Arqueológico*, volumen III, p. 354-359.

NOCETE CALVO, F, (1994): "Estudio del Material arqueológico de la Primera Campaña de Excavación de Cabezo Juré (Alonso, Huelva). Proyecto Odiel". En *Anuario Arqueológico de Andalucía*, volumen II, p. 93-104.

NOCETE CALVO, F.; ORIHUELA PARRALES, A.; PERAMO, A.; ESCALERA, P.; LINARES CATELA, J. A.; LIZCANO PRESTEL, R.; OTERO R. y ROMERO, J.C. (1997): *Catálogo de la Exposición "Cabezo Juré, 2500 a.C. (Alosno, Huelva)*, Junta de Andalucía y Excmo. Ayuntamiento de Alosno, Huelva.

NOCETE CALVO, F. (Coord.) (2004): *Odiel. Proyecto de Investigación Arqueológica para el Análisis del Origen de la Desigualdad Social en el Suroeste de la Península Ibérica*, Junta de Andalucía, Sevilla.

NOCETE CALVO, F.; QUEIPO, G.; SAEZ RAMOS, R.; NIETO LIÑAN, J. M.; INÁCIO, M.; RODRÍGUEZ BAYONA, M. R.; PERAMO, A.; VARGAS JIMÉNEZ, J. M.; CRUZ-AUÑÓN BRIONES, R.; GIL IBARGUCHI, J. L. y SANTOS ZALDUEGUI, J. F. (2007): "The smelting quarter of Valencina de la Concepción (Seville, Spain): the specialised copper industry in a political centre of the Guadalquivir Valley during the Third millennium BC (2750-2500 BC)", *Journal of Archaeological Science*, 20, p. 1-16.

NORTHOVER, P. (1989): "Properties and use of copper-arsenical alloys". En HAUPTMAN, A.; PERNICA, E. y WAGNER A. G. (Ed.): *Proceedings of the International Symposium on Old World Archaeometallurgy*, Heidelberg, 1987, Deutschen Bergbaum-Museums, Bochum: 111-118.

OBERMAIER, H. (1991): *El Dolmen de Soto (Trigueros, Huelva)*, Clásicos de la Arqueología de Huelva, 4, Diputación de Huelva, Huelva.

ODRIOZOLA LLORET, C.; HURTADO PÉREZ, V.; DIAS, I. y PRUDENCIO, I. (2008): "Datación por técnicas luminiscentes de la tumba 3 y el conjunto Campaniforme de la Pijotilla (Badajoz, España)". En ROVIRA LLORENS, S.; GARCÍA-HERAS, M.; GENER MORET, M. y MONTERO RUIZ, I. (Eds): *Actas del VII Congreso Ibérico de Arqueometría*, CSIC, Madrid, p. 211-225.

OLIVA ALONSO, D. y CHASCO VILA, R. (1976): "Una estela funeraria con escudo de escotadura en "U" en la provincia de Sevilla", *Trabajos de Prehistoria*, 33, p. 387-395.

OTTAWAY, S. B. y ROBERT, B. (2003): "The use and significance of socketed axes during the Late Bronze Age", *European Journal of Archaeology*, 6, p. 119-140.

PADILLA MONGE, A.; GARCÍA OLIVARES, A., RIOS PÉREZ, M. A. (2003): *Novedades de Arqueología Loreña*, Ayuntamiento de Lora del Río (Sevilla), Lora del Río.

PARREIRA, R. (1983): "O Cerro dos Castelos de São Brás (Serpa). Relatorio preliminar dos trabalhos arqueológicos de 1979 e 1980", *O Arqueológo Português*, serie IV, Vol. 1, p. 149-168.

PARREIRA, R. y MONGE SOARES, A. (1980): "Zu einingen bronzezeitlichen Höhensiedlungen in Südportugal", *Madrider Mitteilungen*, 21, p. 109-130.

PAVÓN SOLDEVILA, I. (1993):"La Solana del Castillo de Alange: un yacimiento de la Edad del Bronce en la cuenca media del Guadiana", *SPAL*, 2, p. 147-168.

PAVÓN SOLDEVILA, I. (1994): *Aproximación al estudio de la Edad del Bronce en la cuenca Media del Guadiana: La Solana del Castillo de Alange (1987)*, Institución Cultural El Brocense y Diputación Provincial de Cáceres, Cáceres.

PAVÓN SOLDEVILA, I. (1995): *El Tránsito del II al I Milenio a. C. en las Cuencas Medias de los Ríos Tajo y Guadiana: La Edad del Bronce*, Universidad de Extremadura, Cáceres.

PAVÓN SOLDEVILA, I. (1996): "La Edad del Bronce", *Extremadura Arqueológica*, IV, p. 35-66.

PAVÓN SOLDEVILA, I. (1998): *El Cerro del Castillo de Alange (Badajoz). Intervenciones arqueológicas (1993)*, Memorias de Arqueología Extremeñas, I, Junta de Extremadura, Badajoz.

PAVÓN SOLDEVILA, I. (2008): *El mundo funerario de la Edad del Bronce en la Tierra de Barros: una aproximación desde la bio-arqueología de las Minitas: memoria de la Campaña de Urgencia de 1994, Almendralejo (Badajoz)*, Memorias de Arqueología Extremeña, 9, Junta de Extremadura, Mérida.

PAVÓN SOLDEVILA, I.; GONZÁLEZ CARBALLO, J. L., y PLAZA SOTO, J. F. (1993): "Las Minitas (Almendralejo, Badajoz): Una necrópolis de cistas del Bronce del Suroeste en la Tierra de Barros (Campaña de Urgencia de 1994)", *Norba, Revista de Estudios Extremeños*, 13, p. 11-37.

PEREA CAVEDA, A. (1989): *Arqueología del Oro, un estudio sobre la orfebrería prehistórica en el sur de la Península Ibérica*, Universidad Complutense de Madrid, Madrid.

PEREA CAVEDA, A. (1990): "Estudio microscópico y microanalítico de las soldaduras y otros procesos técnicos en la orfebrería prehistórica del sur de la Península Ibérica", *Trabajos de Prehistoria*, 47, p. 103-160.

PEREA CAVEDA, A. (1991): *Orfebrería Prerromana. Arqueología del Oro*, Caja Madrid, Madrid.

PÉREIDA DA COSTA, F. A. (1867): *Monuments megalitiques du Portugal*, Paris.

PÉREZ MACIAS, J. A. (1987): *Carta Arqueológica de los Picos de Aroche*, Diputación Provincial de Huelva, Huelva.

PÉREZ MACIAS, J. A. (1996): *Metalurgia Extractiva Prerromana en Huelva*, Universidad de Huelva, Huelva.

PÉREZ MACIAS, J. A. (1997): "Anotaciones sobre el Bronce del Suroeste: Necrópolis de Cistas en el entorno del embalse del Aracena", *Huelva en su Historia*, 6, p. 9.30.

PÉREZ MACIAS, J. A. y RUIZ DELGADO, M. M. (1986): "Nuevas necrópolis de cistas en la provincia de Huelva", *Huelva en su Historia*, 1, p. 76-81.

PÉREZ MACIAS, J. A. y FRIAS, C. (1990): "La necrópolis de Cista de la Parrita (Nerva, Huelva) y los Inicios de la plata en las minas de Río Tinto", *Cuadernos del Suroeste*, 1, Ayuntamiento de Nerva, Huelva.

PÉREZ MACIAS, J. A.; CRUZ-AUÑON BRIONES, R. y RIVERO GALÁN, E. (1990): "Estudio estratigráfico de la Cueva de la Mora (Jabugo, Huelva)", *Huelva en su Historia*, 3, p. 11-45.

PÉREZ MACIAS, J. A., RIVERA JIMÉNEZ, T. y ROMERO BOMBA, E. (2002): "Crisoles-hornos en el Bronce del Suroeste", *Bolskan*, 19, p. 65-73.

PEREZ MACÍAS, J. A. y RIVERA JIMÉNEZ, T. (2004): "Poblamiento en el grupo minero Sultana-San Rafael (Cala, Huelva) en la Edad de Bronce", *Antiquitas*, 16, p. 67-81.

PERNICKA, E. (2004): "Archaeometallurgy: examples of the application of scientific methods to the provenance of archaeological metal objects". En MARTINI, M., MILAZZO, M. y PIACENTINI, M. (Eds.): *Physics Methods in Archaeometry*, IOS Press, Amsterdam, p. 309-330.

PINEDO VARA, I. (1963): *Piritas de Huelva*, Summa, Madrid.

PINEDO VARA, I. (1971): "Minerales Complejos de la Cuenca de Huelva", *Revista de Industria Minera*, 125, p. 3-16.

PIÑON VARELA, F. (2004): *El Horizonte Cultural Megalítico en el Área de Huelva*, Junta de Andalucía, Sevilla.

POLVORINOS DEL RÍO, A. (2001): "Análisis arqueométrico del yacimiento de Trastejón". En RESPALDIZA, M. A.; GÓMEZ TUBÍO, B. Mª y PARDO RODRÍGUEZ, Mª L. (Eds.): *III Congreso Nacional de Arqueometría*, Universidad de Sevilla y Fundación El Monte, Sevilla p. 215-226.

POLLARD, M.; THOMAS, R. G.; WARE, D. P. y WILLIAMS, P. A. (1991): "Experimental smelting of secondary Copper Minerals: Implications for Early Bronze Age Metallurgy in Britain". En PERNICKA, E. y WAGNER, G. (Eds.): *Archaometry 90*, Birkhäuser Verlag Basel, Heidelberg, p. 127-136.

POSAC MON, C. (1975): "Los Algarves (Tarifa). Una necrópolis de la Edad del Bronce", *Noticiario Arqueológico Hispánico*, 4, p. 85-120.

QUESADA SANZ, F. (2005): *Espadas de hierro, grebas de bronce símbolos de poder e instrumentos de guerra a comienzos de la Edad del Hierro en la Península Ibérica*, Monografías de Museo de Arte Ibérico de El Cigarralero, 2, Comunidad Autónoma de la región de Murcia, Murcia.

RAMOS MUÑOZ, J. (1993): *El Hábitat Prehistórico de "El Estanquillo" (San Fernando)*, Ayuntamiento de San Fernando, San Fernando.

RAMOS MUÑOZ, J. y GONZÁLEZ RODRÍGUEZ, R. (1988): "Torre Melgarejo, un Sepulcro de Inhumación Colectiva en los Llanos de Caulina (Jerez, Cádiz)", *Anuario Arqueológico de Andalucía*, volumen III, p. 84-98.

REMEDIOS SERNA, M. (1989): "El vaso campaniforme en el valle del Guadalquivir". En AUBET SEMMLER, M. E. (Coord.): *Tartessos: Arqueología Protohistórica del Bajo Guadalquivir*, Ausa, Barcelona, p. 47.84.

RENDA PERIQUITO, I. Mª. (1968): *Arqueologia do Concelho de Loulé*, Universidade de Lisboa, Lisboa.

RIVERO GALÁN, E. (1988): *Análisis de las Cuevas Artificiales en Andalucía y Portugal*, Universidad de Sevilla, Sevilla.

RIVERO GALÁN, E. y VAZQUEZ RUIZ, Mª C. (1988): "Un enterramiento del Horizonte Ferradeira en la Provincia de Huelva". En *Actas de las II Jornadas de Patrimonio de la Sierra de Huelva*, Diputación de Huelva, Huelva, p. 216-220.

ROBERTS, B. y OTTAWAY, B. (2003): "The Use and Significance of Socketed Axes during the Late Bronze Age", *European Journal of Archaeology*, 6, pp. 119-140.

ROCHA, L. (1999): *Povoamento Megalítico de Pavía. Contributo para o conhecimiento da Pre-História Regional*, Câmara Municipal de Mora, Setúbal.

RODRÍGUEZ BAYONA, R. M.; NOCETE CALVO, F.; LIZCAINO PRESTEL, R.; ÁLEX TUR, E.; SÁEZ RAMOS, R.; NIETO LIÑÁN, J. M., y BARBA MÁRQUEZ, J. M. (2002): "Informe Preliminar de la Excavación Arqueológica de Urgencia en el Yacimiento de la Junta (Puebla de Guzmán, Huelva)", *Anuario Arqueológico de Andalucía*, III, vol. I, p. 552-572.

RODRÍGUEZ BAYONA, M (2008): *La Investigación de la actividad Metalúrgica durante el III Milenio A.N.E. en el Suroeste de la Península Ibérica. La Arqueometalurgia y la aplicación de análisis metalográficos y composicionales en el estudio de la producción de artefactos de metal*, BAR, Int. Reports, S1769, BAR Publishing, Oxford.

RODRÍGUEZ DE LA ESPERANZA, Mª J. (2005): *Metalurgia y metalúrgicos en el valle del Ebro (c. 2900-1500 cal A. C.)*, Real Academia de la Historia, Institución Fernando el Católico, Madrid.

RODRÍGUEZ DÍAZ, A. (1986): *Arqueología de Tierra de Barros*, Editora Regional de Extremadura, Zafra.

RODRÍGUEZ TEMIÑO, I. (1984): "El Eneolítico de la vega de Carmona: aplicación de un modelo de Gravedad", *Habis*, 15, p. 283-308.

ROMÁN RODRÍGUEZ, J. M. y CONLIN HAYES, E. (1997): "Excavaciones Arqueológicas de urgencia en la Calle Dolores Quintanilla, nº 6. Carmona (Sevilla)", *Anuario Arqueológico de Andalucía*, volumen III, p. 529-535.

ROMÁN RODRÍGUEZ, J. M. y CONLIN HAYES, E. (1997): "Excavaciones Arqueológicas de urgencia en la Calle Dolores Quintanilla, nº 6. Carmona (Sevilla)", *Anuario Arqueológico de Andalucía*, volumen III, 529-535.

ROMÁN RODRÍGUEZ, J. M. y CONLIN HAYES, E. (2001): "Nuevas Aportaciones al Poblado Calcolítico de Carmona (Sevilla): excavaciones en la Calle Calatrava, nº 4", *Anuario Arqueológico de Andalucía*, volumen III, tomo II, p. 326-343.

ROMÁN RODRÍGUEZ, J. M. y CONLIN HAYES, E. (2002): "Nuevas Aportaciones al Poblado Calcolítico de Carmona (Sevilla): excavaciones en la Calle Calatrava, nº 4", *Anuario Arqueológico de Andalucía*, III, volumen II, p. 326-343.

ROMERO BOMBA, E. (2000): "Intervención Arqueológica en la Necrópolis de Cistas de Valdegalaroza", *Anuario Arqueológico de Andalucía*, volumen III, tomo I, p. 675-680.

ROMERO BOMBA, E. y RIVERO JIMÉNEZ, T. (2004): "La cueva de la Mora (Jabugo, Huelva). Análisis de un Yacimiento Arqueológico Paradigmático". En *Actas de las XIX Jornadas del Patrimonio de la Comarca de la Sierra. Jabugo (Huelva)*, Federación de Asociaciones de la Sierra de Huelva, Huelva, p. 257-276.

ROQUE CARREIRA, J. (1996): "O conjunto metálico de Cano (Sousel)", *Vipasca*, 5, p. 59-70.

ROTHENBERG, B. y BLANCO FREIJEIRO, A. (1980): "Ancient Copper Mining and Smelting at Chinflon (Huelva, Sw Spain)". En CRADDOCK, P. (Ed.): *Scientific Studies in Early Mining and Extractive Metallurgy*, British Museum Occasional Paper, 20, London.

ROTHENBERG, B. y BLANCO FREIJEIRO, A. (1981): *Exploración Arqueometalúrgica de Huelva (EAH)*, Río Tinto Minera, S. A. y Labor S. A., Barcelona.

ROVIRA HORTALÁ, M. C. (1996): "Activités métallurgiques à l'extremé nord-est de la péninsule ibérique pendant l'Age du Bronze ancien-Moyen. Le site de Minferri", *Poster du colloque Internacional: Bronze' 96*, Dijón.

ROVIRA LLORENS, S. (1995): "Estudio arqueometalúrgico del Depósito de la Ría de Huelva". En RUIZ-GÁLVEZ PRIEGO, Mª L. (Ed.): *Ritos de Paso y Puntos de Paso. La Ría de Huelva en el Mundo del Bronce Final Europeo*, Universidad Complutense, Madrid, p. 33-58.

ROVIRA LLORENS, S. (1998): "Metalurgia campaniforme en España: resultados de quince años de investigación arqueometalúrgica", En FRÈRE-SAUTOT, M. (Dir.): *Paéométallurgie des cuivres. Actas du colloque de Bourg-en-Bresse et Beaune, 17-18 octubre 1997*, Éditions Monique Mergoil, Montagnac, p. 109-130.

ROVIRA LLORENS, S. (2001): "Análisis de Escorias de calcolíticas de fundición de cobre utilizando las microscopía electrónica de barrido". En RESPALDIZA GALISTEO, M. A., GÓMEZ TUBÍO, B, Mª y PARDO RODRÍGUEZ, Mª L. (Eds.): *III Congreso Peninsular de Arqueometría*, Universidad de Sevilla, Fundación el Monte, Sevilla, p. 477-487.

ROVIRA LLORENS, S.; MONTERO RUIZ, I. y CONSUEGRA RODRÍGUEZ, S. (1992): "Archaeometallurgical study of Palmela Arrowheads". En ANTONACCI, E. (Eds.): *Archeometallurgia Ricerche e Prospettive*, Editrice CLUEB, Bolonia, p. 269-291.

ROVIRA LLORENS, S. y GÓMEZ RAMOS, P. (1994): "Punzones y varillas metálicas en la Prehistoria reciente española: un estudio tecnológico", *Espacio, Tiempo y Forma*, Serie I, Prehistoria y Arqueología, Tomo 7, p. 371-402.

ROVIRA LLORENS, S. y MONTERO RUIZ, I. (1994): "Metales Prehistóricos del Entorno Gaditano". En RAMOS MUÑOZ, J.; SAEZ ESPLIGARES, E.; CASTAÑEDA FERNÁNDEZ, V. y PÉREZ RODRÍGUEZ, M. (Eds): *Aproximación a la Prehistoria de San Fernando*, Ayuntamiento de San Fernando, San Fernando, 297-309.

ROVIRA LLORENS, S.; MONTERO RUIZ, I. y CONSUEGRA RODRÍGUEZ, S. (1997): *Las Primeras Etapas Metalúrgicas en la Península Ibérica. I Análisis de Materiales*, Instituto Universitario Ortega y Gasset, Madrid.

ROVIRA LLORENS, S. y GÓMEZ RAMOS, P. (1998): "La metalurgia calcolítica en Carmona", *Spal,* 7, p. 69-80.

ROVIRA LLORENS, S. y AMBERT, P. (2002): "Vasijas cerámicas para reducir minerales de cobre en la Península Ibérica y en la Francia Meridional", *Trabajos de Prehistoria*, 59, nº 1, p. 89-106.

ROVIRA LLORENS, S. y GÓMEZ RAMOS, P. (2003): *Las Primeras Etapas Metalúrgicas en la Península Ibérica: III Estudios Metalográficos*, Instituto Universitario Ortega y Gasset, Madrid.

ROVIRA LLORENS, S. y DELIBES DE CASTRO, G. (2005): "Tecnología Metalúrgica Campaniforme en la Península Ibérica: coladas, moldeado y tratamientos postfundición". En ROJO GUERRA, M.; GARRIDO PENA, R. y GARCÍA MARTÍNEZ DE LAGRÁN, I. (Coord.): *El campaniforme en la Península Ibérica y su contexto europeo,* Universidad de Valladolid y Junta de Castilla y León, Valladolid, p. 495-512.

ROVIRA PORT, J. (1998): "Una punta de jabalina asimilable al tipo Palmela de Benquerencia (Badajoz)", *Quaderns de Prehistòria i Arqueologia de Castelló*, nº 19, 127-130.

RUIZ CECILIA, J. I. (2007): *Testimonio Arqueológicos de la Antigua Osuna*, Spal Monografías, VIII, Universidad de Sevilla, Sevilla.

RUIZ DELGADO, M. Mª (1985): *Carta Arqueológica de la Campiña Sevillana. Zona Sureste I*, Publicaciones de la Universidad de Sevilla. Serie Filosofía y Humanidades, nº 80, Sevilla.

RUIZ DELGADO, M. Mª (1988): "Un nuevo depósito de armas del Bronce Final en el Río Guadalquivir", *Trabajos de Prehistoria*, 45, nº 1, p. 273-280.

RUIZ DELGADO, M. Mª y HUNT ORTIZ, M. A. (1989): "A new Late Bronze Age Weapon Hoard from the Guadalquivir River in the Province of Seville, Spain", *Journal of the Historical Metallurgy Society*, 23/1, p. 31-33.

RUIZ LARA, D. (1987): "Prospección Arqueológica Superficial en los Términos Municipales de Aguilar de la Frontera, Castro del Río, Montalbán, La Rambla y Santaella", *Anuario Arqueológico de Andalucía*, volumen II, p. 104-106.

RUIZ LARA, D. (1989): "Excavación Arqueológica de Urgencia en La Minilla (La Rambla, Córdoba). Campaña de 1989", Anuario Arqueológico de Andalucía, volumen, III, p. 157-163.
RUIZ-GÁLVEZ PRIEGO, Mª L. (1995): "Catálogo Inventario de la Ría de Huelva". En RUIZ-GÁLVEZ PRIEGO, Mª L. (Ed.): *Ritos de paso y Puntos de Paso. La Ría de Huelva en el Mundo del Bronce Final Europeo*, Universidad Complutense de Madrid, Madrid, p. 185-250.

RUIZ GIL, J. A. y LÓPEZ AMADOR, J. J. (1997): "La Intervención de Urgencia de 1997, en el yacimiento de Pocito Chico, El Puerto de Santa María, Cádiz", *Anuario Arqueológico de Andalucía*, volumen III, p. 88-115.

RUIZ MATA, D. (1983): "El yacimiento de la Edad del Bronce de Valencina de la Concepción (Sevilla) en el marco cultural del Bajo Guadalquivir". En *Actas del I Congreso de Historia de Arqueología, Caja Sur*, Córdoba, p. 183-208.

RUIZ MATA, D (1985): "Excavación del Túmulo 1 de la necrópolis de las Cumbres (Puerto de Santa María, Cádiz)", *Anuario Arqueológico de Andalucía*, II, p. 158-160.

RUIZ MATA, D. y FERNÁNDEZ JURADO, J. (1986): "El yacimiento metalúrgico de época tartésica de San Bartolomé de Almonte (Huelva)", *Huelva Arqueológica*, VIII, Diputación de Huelva, Huelva.

RUIZ MORENO, Mª T. (1999): "Excavación arqueológica de urgencia en la urbanización "El Mirador de Itálica", Valencina de la Concepción, Sevilla", Anuario Arqueológico de Andalucía, 1994, III, p. 511-516.

RUIZ RODRÍGUEZ, A.; MOLINOS MOLINOS, M.; NOCETE CALVO, F. y CASTRO LÓPEZ, M. (1986): "Concepto de producto en Arqueología", *Arqueología Espacial*, 7, p. 63-80.

SÁEZ RAMOS, R.; NOCETE CALVO, F.; NIETO LIÑÁN, J.; CAPITAN SUÁREZ, M. A. y ROVIRA LLORENS, S. (2003): "The extractive metallurgy of copper from Cabezo Juré, Huelva, Spain: chemical and mineralogical study of slags dated to the third millenium B. C.", *The Canadian Mineralogist*, 41, p. 627-638.

SANCHEZ PALENCIA, F. J. y PÉREZ, L. C. (1989): "Los yacimientos auríferos de la península Ibérica. Posibilidades de explotación en la Península Ibérica". En GARCÍA CASTRO, J. A. (Dir.): *El oro en la España Prerromana*, Ediciones Zugarto, Madrid, p. 16-23.

SANTANA FALCÓN, I. (1991): "Excavación Arqueológica de Urgencia en el Algarrobillo, Valencina de la Concepción (Sevilla)", *Anuario Arqueológico de Andalucía, Junta de Andalucía*, volumen III, p. 548-552.

SANTOS ROCHA, A. (1897): *Memorias sobre a antigüidade*, Figueira da Foz.

SANTOS ZALDUEGUI, J. F.; GARCÍA DE MADINABEITIA, S. y GIL IBARGUCHI, J. I. (2004): "A Lead isotope database: The Los Pedroches–Alcudia Area (Spain); Implications for Archaeometallurgical Connections across Southwestern and Southeastern Iberia", *Archaeometry*, 46, p. 625-634.

SAÑA SEGUÍ, Mª; MONTERO RUIZ, I.; TOLEDO I MUR, A.; PANIAGUA, Ll.; MOLIST MONTAÑA, M. y ALCALDE GURT, G.; (1998): "Producciones metalúrgicas en el nordeste de la Península Ibérica durante el III milenio cal a.C.: el taller de la Bauma del Serra del Pont (Tortella, Gerona)", *Trabajos de Prehistoria*, 55, nº 1, p. 81-101.

SAVORY, H. N. (1949): "The Atlantic Bronze Age in South West Europe", *Proceedings of the Prehistoric Society*, 15, p. 128-155.

SCHUBART, H. (1964): "Grabungen auf dem bronzezeitlichen Gräberfeld von Atalaia in Südportugal", *Madrider Mitteilungen*, 5, p. 11-54.

SCHUBART, H. (1965a): "Zwei Belegungsphasen im Kuppelgrab von Monte do Outeiro bei Aljustrel in Portugal", *Madrider Mitteilungen*, 6, p. 65-73.

SCHUBART, H. (1965b): "As duas fases de ocupação do túmulo de cúpula do Monte do Outeiro, nos arredores de Aljustrel", *Revista de Guimarães*, 75, p. 195-204.

SCHUBART, H. (1971): "O Horizonte de Ferradeira. Sepulturas do Eneolítico final no Sudoeste da Península Ibérica", *Revista de Guimarães*, 81, 3-4, p. 189-215.

SCHUBART, H. (1973a): "Tumbas megalíticas con enterramientos secundarios de la Edad del Bronce, de Colada de Monte Nuevo (Olivenza)". En XII *Congreso Nacional de Arqueología*, Instituto Fernando el Católico, CSIC, Zaragoza, p. 175-190.

SCHUBART, H. (1973b): "Las alabardas de tipo Montejícar" *Estudios dedicados al Prof. Dr. Luis Pericot*, Publicaciones Eventuales, 23, Universidad de Barcelona, Barcelona. pp. 247-269.

SCHUBART, H. (1973c): "Tholos-Bauten von Colada de Monte Nuevo bei Olivenza (Prov. Badajoz)", *Madrider Mitteilungen*, 14, p. 11-40.

SCHUBART, H. (1974): "Novos achados sepulcrais do Bronze do Sudoeste II". En "Actas das II Jornadas Arqueológicas", Associação dos Arqueólogos Portugueses, Lisboa, p. 65-95.

SCHUBART, H. (1975): *The Bronzezeit im Südwesten der Ibersichen Halbinsel*, Madrider Forschungen, 91, Instituto Arqueológico Alemán, Berlín.

SERNA GONZÁLEZ, Mª R. (1989): "El Vaso Campaniforme en el Valle del Guadalquivir". En AUBET SEMMLER, M.E. (Coord.): *Tartessos. Arqueología Protohistórica del Bajo Guadalquivir*, Ausa, Barcelona, p. 47 81.

SERRA I RAFOLS, J. DE (1924): "Els començos de la minería i la metalurgia del coure a la Península Ibérica", *Butlletí de la Asocació Catalana de Anthropología, Etnología i Prehistoria*, Vol. 2, p. 147-186.

SERRANO CARRILLO, J. y MORENA LÓPEZ, J. A. (1984): *Arqueología Inédita de Córdoba y Jaén*, Colección de Estudios Cordobeses 35, Diputación Provincial de Córdoba, Córdoba.

SHANKS, M. y TILLEY, C. (1992): *Re-Constructing Archaeology*, Routledge, London and New York.

SHENNAN, S. (1991): *Arqueología Cuantitativa*, Editorial Crítica, Barcelona.

SILVA, A. C. (1999): *Salvamento Arqueológico no Guadiana*, Memorias d'Odiana. Estudos Arqueológicos do Alqueva, EDIA, Beja.

SILVA, A. y COSTEIRA DA SILVA, R. (2005): "Resultado da intervençao no sítio arqueológico de Barradas (Odiaxere, Lagos)", *Revista de Arqueologia Portuguesa*, 8, Vol. 2, p. 55-106.

SILVA, A. C. y BERROCAL RANGEL, A. (2007): "O Castro dos Ratinhos (Barragem de Alqueva, Moura) da descoberta em meados do Século XX, à valorização científica e patrimonial no início do Século XXI", En *Actas del III encuentro de Arqueología del Suroeste Peninsular*, Câmara Municipal de Aljustrel, Aljustrel, p. 219-231.

SILVA, M. de M. (1895): "Noticias das Antiguidades do Concelho de Avis", *O Arqueólogo Português*, serie 1, 2, p. 239-240.

SIMÓN GARCÍA, J. L. (1998): *La Metalurgia Prehistórica Valenciana*, Diputación Provincial de Valencia, Valencia.

SOARES, A. M. (1977): "Uma cista do Bronze do Sudoeste em Aldeia Nova da São Bento (Serpa)", *Setúbal Arqueológica*, 2-3, p. 273-279.

SOARES, A. M. (1994): "O Bronze do Sudoeste na Margem Esquerda do Guadiana. As necrópoles do Concelho de Serpa". En *Actas das V Jornadas Arqueológicas*, volúmen II, Associação dos Arqueologos Portugueses, Lisboa, p. 179-197.

SOARES, A. M.; FÁTIMA ARAUJO, Mª DE y PEIXOTO, J. M. (1994): "Vestigios da práctica de metalurgia em povoados calcolíticos da bacia do Guadiana entre o Ardila e o Chança". En CAMPOS CARRASCO, J. M.; PEREZ MACIAS, J. A. y GÓMEZ TOSCANOS, F. (Coord.): *Arqueología en el entorno del Bajo Guadiana: Actas del Encuentro Internacional de Arqueología del Suroeste*, Universidad de Huelva, Huelva, p. 165-200.

SOARES, A. M. (1996): "Povoado da Misericordia (Margen esquerda do Guadiana, Serpa). Ocupações humanas e vestígios metalúrgicos", *Vipasca*, 5, p. 103-116.

SOARES, A. M. (2000): "Necrópole do Bronze do Sudoeste dos Bugalhos (Serpa)", *Vipasca*, 9, p. 47-52.

SOARES, A. M.; DE FÁTIMA ARAUJO, M. y CERQUEIRA ALVES, L. (2004): "Análise química não-destructiva de artefatos em ouro pré e protohistóricos: alguns exemplos", *Revista Portuguesa de Arqueologia*, vol. 7, nº 2, p. 125-138.

SOARES, J.; BARBIERI, N. y TAVARES DE SILVA, C. (1972): "Povoado calcolítico do Moinho da Fonte do Sol (Quinta do Anjo, Palmela)", Arqueologia e Historia, IV, p. 235-268.

SOARES, J. y TAVARES DA SILVA, C. (1975): "A ocupação pré-histórica do Pedrão e o Calcolítico da Região de Setúbal", *Setúbal Arqueológica*, 1, p. 53-154.

SOARES, J. y TAVARES DA SILVA, C. (1992): "Para o conhecimiento dos povoados do megalitismo de Reguengos", *Setúbal Arqueológica*, 9-10, p. 37-88.

SOMOGYI, A.; TUCOULOU, R.; MARTÍNEZ-CRIADO, G.; HOMS, J.; CAUZID, J.; BLEUEST, P.; BOHIC, S. y SIMIONOVICI, A. (2005): "ID22: a multitechnique hard-x ray microprobe beamline at the European Synchrotron Radiation Facility" *Journal of Synchrotron Radiation*, vol. 12, nº 2, p. 208-215.

SPINDLER, K. y FERREIRA, O. DA VEIGA (1973): "Der spätbronzezeitliche Kuppelbau von der Roça do Casal do Meio in Portugal", *Madrider Mitteilungen*, 14, p. 60-108.

SUAREZ OTERO, J. (2000): "Las hachas de talón sin anillas. Sobre la Introducción del Bronce Atlántico en el Noroeste Hispánico", *Boletín Auriense*, nº 30, pp. 9-46.

TAVARES DA SILVA, C. (1967): "O Povoado Pré-Histórico da Rotura", *Arquivo de Beja*, vol. 23-24, p. 164-172.

TAVARES DA SILVA, C. y SOARES, J. (1977): "Contribução para o conhecimento dos povoados calcolíticos do Baixo Alentejo e Algarve", *Setúbal Arqueológica*, 2-3, p. 179-272.

TAVARES DA SILVA, C. y SOARES, J. (1978) "Uma jazida do Bronze Final na Cerradinha (Lagoa de Santo André, Santiago do Cacém)", *Setúbal Arqueológica*, 4, p. 71-101.

TAVARES DA SILVA, C. y SOARES, J. (1980): "Cemitérios de cistas da Idade do Bronce da área de Sines", *Arqueología*, 1, p. 24-28.

TAVARES DA SILVA, C. y SOARES, J. (1981): *Pré-Historia da Área de Sines*, Gabinete da Área do Sines, Lisboa.

TAVARES DA SILVA, C. y OSARES, J. (1984): "Resumos de Intervenções em Escoural (Montemor-o-Novo) e Monte da Tumba (Torrão)", *Clio, Arqueología*, vol, 1, p. 77-79.

TAVARES DA SILVA, C. y SOARES, J. (1985): "Monte da Tumba (Torrão): eine befestigtesiedlung der kupferzeitim Baixo Alentejo (Portugal)", *Madrider Mitteilungen*, 26, p. 1-21.

TAVARES DA SILVA, C. y SOARES, J. (1987): "O povoado fortificado calcolítico do Monte de Tumba. I- Escavação arqueológicas de 1982-1986 (resultados preliminares)", *Setúbal Arqueológica*, 8, p. 29-81.

TORRES ORTIZ, M. (2002): "Armamento y Guerra". En TORRES ORTIZ, M. (Dir.): *Tartessos*, Real Academia de la Historia, Madrid, p. 161-170.

VALERA, A. C. (1999). "O Monte do Tosco I: uma análise preliminar no contexto do povoamento calcolítico e do Inicio da Idade do Bronze na margem esquerda do Guadiana", *Era*, 2, p. 33-5

VALERA, A. C. (2000): "A ocupação pre-histórica do sitio do Mercador (Mourão). A campanha de 2000", *Era*, 3, p. 44-56.

VALERA, A. C. y FELIPE, I. (2004): "O Povoado de Porto Torrão", *Era Arqueología*, 5, p. 28-61.

VALERA, A. C.; LAGO, M.; DIAS, I. DUARTE, C. y PRUDÊNCIO, I. (2007): "Investigação no complexo Arqueológico dos Perdigões: ponto da situação de dados e problemas". OLIVEIRA JORGE, S.; BETTENCOUT, A. Mª y FIGUEIRAL, S. (Eds): *A concepçâo das paisagens e dos espaços na Arqueología da Península Ibérica. Actas do IV congresso de arqueología peninsular, Universidade do Algave*, Faro, p. 53-66.

VARELA GOMES, M. (1994): *A necrópole de Alfarrobeira (Sâo Bartolomeu de Messines) E A Idade do Bronze no Concelho de Silves*, Câmara Municipal de Silves, Silves.
-VARELA GOMES, M.; CALADO, D. y NIETO, J. M. (2004): "Machado de bronze da Bernardinheiro (Tavira)", Revista Portuguesa de Arqueologia, vol. 1, nº 1, p. 119-124.

VALERA GOMES, M.; CALADO, D.; SERRA, P. Y NIETO, J. M. (2006): "Bracelete da Idade do Bronze de Almargem (Benafim, Loulé)", *Al-Ulya*, nº 11, p. 7-14.

VARELA GOMES, M.; VARELA GOMES, R.; DE MELLO BEIRÃO, C.; DE MATOS, J. L.; SANTINHO CUNHA, A.; TAVARES DA SILVA, C.; BRAGANZA GIL, F.; GUERRA, M. F. y BARREIRA, G. (1986): *A necrópole de Vinha do Casão (Vilamoura, Algarve) no contexto da Idade do Bronze do Sudoeste Peninsular*, Instituto Português do Patrimonio Cultural, Lisboa.

VALERIO, P.; MONGE SOARES, A. M.; ARAÚJO, Mª de F.; TAVARES DA SILVA, C. y SOARES, J. (2007): "Vestigios arqueometalúrgicos do povoado calcolítico fortificado do Porto das Carretas (Mourão)", *O Arqueólogo Português*, serie 4, 25, p. 177-194

VARGAS JIMÉNEZ, M. A. (2003): *Carta Arqueológica Municipal de Valencina de la Concepción, Arqueología*, Monografías, Consejería de Cultura, Junta de Andalucía, Sevilla.

VAQUERIZO GIL, D. (Coord.): *Minería y Metalurgia en la España Prerromana y Romana*, Diputación Provincial de Córdoba, Córdoba.

VAQUERIZO GIL, D.; MURILLO REDONDO, J. F.; CARRILLO, J. R.; MORENO, M. F.; LEÓN, A.; LUNA, M. D. y ZAMORANO, A. M. (1994): *El Valle Alto del Guadiato (Fuenteobejuna, Córdoba)*, Colección de Arqueología Cordobesa, Córdoba.

VASCONCELOS, J. de L. (1906). "Estudos sobre a época do Bronze em Portugal", *O Arqueólogo Português*, Serie I, Volúmen XI, p. 179-189.

VASCONCELOS, J. de L. (1908): "Estudos da Idade do Bronze em Portugal", *O Arqueólogo Português*, Serie I, 9, p. 300-313.

VASCONCELOS, J. de L. (1914): "Pelo Sul do Portugal", *O Arqueólogo Português*, Serie 1, 14, p. 300-323.

VASCONCELOS, J. de L. (1918): "Pelo Sul do Portugal", *O Arqueólogo Português*, Serie 1, 18, p. 104-138.

VASCONCELOS, J. de L. (1928): "Estudos da época do Bronze em Portugal", *O Arqueólogo Português*, serie 1, 28, p. 201-203.

VASCONCELOS, J. de L. (1929): "Antiguidades do Alentejo", *O Arqueólogo Português*, serie 1, 28, p. 158-203.

VERA CRUZ, E. y CARRASCO GÓMEZ, I. (1999): "I.A.U. realizada en los yacimientos SE-B y SE-F (Gerona y Salteras), incluidos dentro de los estudios de evaluación de impacto ambiental del proyecto minero "Las Cruces", *Anuario Arqueológico de Andalucía*, III, vol. II, p. 1087-1099.

VIANA, A. (1944): "Museu Regional de Beja. Ferragens artísticas, esculturas de osso proto-históricas, machados da Idade de Bronze, ferragens romanas, jóias de ouro, fivelas, amuletos e outros objetos", *Arquivo de Beja*, 1, fascículo 2, p. 155-166.

VIANA, A. (1950): "Contribução para a arqueologia dos arredadores de Elvas", *Trabalhos Antigos de Etnologia*, 12, p. 289-322.

VIANA, A. (1959): "Necrópole Pre-histórica da Atalaia", *Conímbriga*, 1, p. 83-96.

VIANA, A.; DA VEIGA FERREIRA, O. y FORMOSINHO, J. (1949): "Necrópolis de las Caldas de Monchique. Nuevas contribuciones para el conocimiento de la Edad del Bronce en el Algarve", *Archivo Español de Arqueología*, 49, p. 291-312.

VIANA, A.; FORMOSINHO, J. y DA VEIGA FERREIRA, O. (1953): "Algumas notas sobre o Bronze

Mediterrâneo do Museu Regional de Lagos", *Zephyrus*, 4, p. 97-117.

VILAÇA, R. (2006a): "Depósitos de Bronze do Território Portugûes. Um debate em aberto", *O Arqueólogo Português*, volúmen 24, p. 1-150.

VILAÇA, R. (2006b): "Artefatos de ferro em contextos do Bronze Final do território português: Novos contributos e reavaliação dos dados", *Complutum*, 17, p. 81-101.

VILAÇA, R. y LOPES, Mª C. (2005): "The tresaure of Baleizão, Beja (Alentejo, Portugal)", *Journal of Iberian Archaeology*, vol. 7, p. 177-184.

TAYLOR, J. (2000): "Cultural depositional processes and post-depositional problems". En FRANCOVICH, R. y PATTERSON, H. (Ed.): *Extracting Meaning from Ploughsoil Assemblages, the Archaeology of Mediterranean Landscapes*, 5, Oxbow Books, Oxford, p. 16-29.

TYLECOTE, R. F. (1964): "Metallurgy in Archaeology: A Prehistory of Metallurgy in the British Isles", *Technology and Culture*, vol. 5, nº 2, p. 254-255.

TYLECOTE, R. F. (1972): *A History of Metallurgy*, London Metals Society, London.

TYLECOTE, R. F.; GHAZNAVI, H. A. A & BOYDELL, P. (1977): "Partitioning of trace elements between the ores, fluxes, slags and metal during the smelting of Copper", *Journal of Achaeological Science*, 4, p. 305-333.

TYLECOTE, R. F.; ROTHEMBERG, B. y BOYDELL, P. J. (1978): *Chalcolithic Copper Smelting*, London Institute for Archaeometallurgical Studies, London.
TYLECOTE, R. F. (1979): "The effect of Soil Conditions on the long term Corrosion of Buried Tin-bronzes and Copper", *Journal of Achaeological Science*, 6, p. 345-368.

YOUNG, S. M. M.; BUDD, P.; HAGGERTY, R. y POLLARD, A. M. (1997): "Inductively Coupled Plasma-Mass Spectrometry for the analysis of ancient metals", *Archaeometry*, 39, nº 2, p. 389-392.

ZBYSZEWSKI, G. y DA VEIGA FERREIRA, O. (1967): "Acerca duma tholos encontrada em Castro Marim", *O Arqueólogo Português*, Serie III, volúmen I, p. 11-18.

10 ANEXO

Tabla 93: Listado de artefactos metálicos hallados en el Suroeste Peninsular/ *List of metallic artifacts found in Southwest Iberian Peninsula*

Español	English		Español	English
Agujas	*Needles*		Fíbulas	*Fibula*
Alabardas	*Halberds*		Hachas	*Axes*
Alambres	*Wires*		Hoces	*Sickles*
Amorfos	*Amorphous*		Hojas curvas	*Curved blades*
Anzuelos	*Hooks*		Laminas	*Metal sheets*
Aros	*Rings*		Lingotes	*Ingots*
Asa	*Handle*		Pasadores	*Pins*
Botones	*Buttons*		Pendiente	*Earring*
Brazaletes	*Bracelet*		Punta de jabalina	*Javelins*
Cademas-espirales	*spirals chain*		Punta de lanza	*Spearheads*
Cascos	*Helmets*		Puntas	*Tips*
Cinceles	*Chisels*		Puntas de flecha	*Arrowheads*
Cuchillos	*Knives*		Punzones	*Awls*
Cuenta	*Beads*		Puñales	*Daggers*
Diademas	*Diadem*		Regatones	*Metal caps*
Espadas	*Swords*		Sierras	*Saws*
Espátulas	*Spatulas*		Torques	*Torcs*
Espirales	*Spirals*		Tubo	*Pipe*
			Varillas	*Rods*

www.ingramcontent.com/pod-product-compliance
Lightning Source LLC
LaVergne TN
LVHW072256300926
849160LV00018B/1675